改訂 入門Verilog HDL記述
ハードウェア記述言語の速習＆実践

小林 優 著

CQ出版社

まえがき

　近年の半導体技術の進歩はめざましく，1チップに集積可能な論理回路の規模は飛躍的に増大し続けています．そして1990年代の初頭以降，日本を含め世界の政治・経済情勢の変化に呼応するかのように，論理回路設計手法にも大きな変革がもたらされました．論理回路を設計する手段が，「回路図」から「ハードウェア記述言語(HDL：hardware description language)」へと移り変わりつつあります．今後，HDLによる設計が論理回路設計の主流になることはまちがいないでしょう．

　数あるHDLの中でも，Verilog HDLは簡潔にハードウェアを記述でき，ASIC設計にもっとも利用されているHDLです．1995年にIEEE 1364として標準化され，名実ともに業界標準のHDLといえます．本書は論理回路設計者のためのVerilog HDL入門書です．

　各地で行われるVerilog HDL関連のセミナは大盛況です．幸運にも著者は，そのセミナのいくつかに講師としてかかわることができました．本書は，このセミナ経験を生かし，次のような点に留意して構成しました．

- 短時間でテンポよく学習できる．
- 文法中心ではなく，記述例を中心に解説する．
- 記述例は短く，すぐ理解できる大きさとする．
- 回路図に慣れ親しんだ方にも理解しやすいように，ブロック図などの回路図を併記する．
- ハンドブックとしても利用できるよう，例題を数多く載せる．
- Verilog HDLのすべてを説明するのではなく，実際の論理回路設計に役立つ部分を中心に解説する．

　また，Verilog HDL記述が，主にASICやFPGAの設計に利用される点を考慮して，回路記述例はすべて論理合成可能としました．そして，HDL設計のメリットの一つであるシミュレーション用の記述に関しても多くのページを割いて解説しました．

　本書を読むうえでVerilog HDLの予備知識はいっさい必要ではありません．初めての方にもわかりやすく説明したつもりです．さらに論理回路やC言語の知識があれば，いっそう理解が早いでしょう．従来の手法と対比したり，文法的に類推ができるからです．一方，論理回路のエキスパートの方のために，ASICやFPGAにインプリメントする手法や，シミュレーション手法についても解説しています．

　本書の記述例は，代表的なHDLツールである米国Cadence Design Systems社のVerilog-XL 2.1.2 (Verilog HDLシミュレータ)，米国Synopsys社のDesign Compiler 3.1b(論理合成ツール)で確認しました．しかし，特殊な記述を用いていませんので，上記以外のシミュレータや論理合成ツールでも動作可能なはずです．

《《本書の構成》》

　第1章は，初めてVerilog HDLを学習する方のために，非常に簡単な例(加算回路とカウンタ)を用いて，回路記述，シミュレーション，論理合成といった一連のHDL設計の手順を解説します．

　第2章では，もう少し進んだ例題として，電子サイコロと電子錠を取り上げ，さらに理解が深まるように解説しました．すでにVerilog HDLによる設計経験のある方は，第1章，第2章をとばしても

かまいません．

　第3章は，文法と基本記述スタイルを論理合成可能な範囲にしぼって解説しました．回路記述に必要とされる文法上の事項は，それほど多くはありません．

　第4章，第5章は，組み合わせ回路と順序回路の記述例を数多く提示しました．すべて論理合成可能な記述です．また，ハンドブックとして利用できるように，機能別に整理し，さまざまな記述スタイルを紹介しています．

　第6章，第7章は，HDL設計のメリットの一つであるシミュレーション用記述について詳しく解説しました．従来の回路図入力設計に比べて非常に柔軟なシミュレーション記述により，大幅な検証精度の向上が望めます．論理回路のエキスパートの方にじっくりと読んでいただきたい部分です．

　第8章では，システム記述例として，1/100秒ストップ・ウォッチについて解説します[注]．FPGAなどにインプリメントできることを前提にした，論理合成可能で同期設計手法を用いた記述例です．

　巻末のAppendixには，Verilog HDLの文法一覧(IEEE 1364)，FPGAを用いた回路の実例，ASIC化手法などを解説しました．

謝辞

　本書は，多くの方々の協力を得てでき上がりました．まず，的確で高度な質問をしてくださったセミナ受講者の皆様，ネットワーク上のフォーラムやメーリング・リストなどで多くのヒントを与えてくれたHDLユーザの皆様に感謝します．

　次に，原稿の査読を通じて，多くの誤りや勘違いを指摘，修正していただいた長谷川裕恭氏(エッチ・ディー・ラボ)，鳥海佳孝氏(設計コンサルタント，清水稲荷神社)，岡村好容氏(伊藤忠テクノサイエンス)，松原正雄氏(カシオ計算機)に感謝いたします．

　そして，著者のわがままな注文に応えてくださったイラストの早起き工房，いつも著者を励ましてくださったCQ出版の増田久喜部長，本書の企画段階から数多くの助言をいただき，さらに本書の校正担当までしていただいた山本潔編集長に感謝いたします．

　最後に，本書を手にしてくださった読者の皆様に感謝いたします．不明瞭な点，説明不足な点がありましたら，ご指摘いただけたら幸いです．

1996年5月　著者

注：次ページの「改訂版の前書き」に記したように，本改訂版においては内容を差し替えた．

改訂版のまえがき

　半導体技術の進歩はとどまるところを知らず，本書初版の出版当時，ようやく100万ゲートに到達しつつあったASICは，今やその10倍の1,000万ゲート・クラスの設計が行われています．Verilog HDLやVHDLによる設計はもはや日常となり，HDLに代わると言われるC言語ベースの設計例も報告されるようになってきました．

　本書もVerilog HDLによる設計のための入門書として多くの読者に支持されてきました．本書の内容は，Verilog HDLによる設計のれい明期に著者が会得した内容を整理し，1冊にまとめたものです．著者の主な業務が，設計から(広義の)コンサルティングに変わり，多くの設計事例や記述例を見るに至り，本書の内容にひとりよがりで思い込みの部分が少なからず目に付いてきました．

　そこで，半導体理工学研究センター(STARC)が策定した「設計スタイルガイド」に準拠して，本書の記述例や解説を見直しました．おもな修正点は以下の通りです．

- 他言語(主にVHDL)の予約語と同じ識別子を使わない
- 回路記述に使う定数では，基数とビット幅を明示する
- 順序回路には非同期リセットを付加する
- case文にはdefaultを付加する
- レジスタへの複数箇所代入は行わない
- always文による組み合わせ回路もできるだけ紹介する

さらに，

- コラムの見直し(時代にそぐわない内容を入れ替え)
- 第8章の内容を，より本格的な記述例をもとに全面書き直し
- Appendixを入れ替え，Verilog-2001(IEEE 1364-2001)の解説を追加
- ブロードバンド時代では必要性の低下したCD-ROM添付をやめ，価格を改定

　第8章の書き換えには次のような経緯がありました．もともと本書の初版には，原稿執筆時点で本格的な記述例を解説した第9章が存在しました．したがって第8章は簡単な記述例(1/100秒ストップ・ウォッチ)で十分でした．しかし，第9章は連載をまとめたもので70～80ページもあり，全体のページ数が多くなりすぎました．このままでは入門書にしては価格が高くなってしまうとのことで，泣く泣く削除し，概略だけをAppendixに残しました．結果的に本格的な記述例がなくなってしまいました．そこで今回の改訂を機に，第8章を差し替えることにしました．

　なお，今回の改訂でVerilog-2001を全面的に取り入れることも検討しました．しかし，HDL設計の今後を考えても，Verilog-2001を全面採用することにさほどメリットを感じませんでしたので，Appendixで紹介するにとどめました．

　論理回路記号を並べた回路図ベースの設計も主流ではないものの，いまだに実施されています．HDLによる設計も，将来的には別の方法に主役の座を譲るときが来るのでしょうが，設計手法として受け継がれていくものと信じています．Verilog HDLによる設計手法を知ったうえで，新しい設計手法の習得が必要になることでしょう．本書の役割も変化しつつあるのでしょうが，末永く利用していた

だきたいと思います．

　最後に，本書改訂版を粘り強く待っていただき，ときには確認と称して怠惰な著者にむち打っていただいたデザインウェーブマガジンの中山俊一編集長に感謝いたします．

2004年4月　著者

Contents

第一部　入門編

第1章　やさしいVerilog HDL記述入門 ……………………………… 14
  1.1　HDLって何だ？ ………………………………………………………… 14
      1.1.1　HDL記述と論理合成 ……………………………………………… 14
      1.1.2　HDL設計のメリット/デメリット …………………………………… 16
      1.1.3　記述レベル ………………………………………………………… 18
  1.2　加算回路のHDL記述 …………………………………………………… 19
      1.2.1　加算演算子による加算回路 ……………………………………… 19
      1.2.2　フル・アダー呼び出しによる加算回路1──ポート・リスト順の接続 …… 21
      1.2.3　フル・アダー呼び出しによる加算回路2──名まえによる接続 ……… 24
      1.2.4　セル呼び出しによる加算回路 …………………………………… 25
  1.3　カウンタのHDL記述 …………………………………………………… 26
      1.3.1　加算演算子によるバイナリ・カウンタ …………………………… 26
      1.3.2　1ビットのカウンタ・ユニット呼び出しによるバイナリ・カウンタ …… 28
      1.3.3　セル呼び出しによるバイナリ・カウンタ …………………………… 29
  1.4　シミュレーションしてみよう …………………………………………… 29
      1.4.1　加算回路のシミュレーション記述 ………………………………… 29
      1.4.2　加算回路のシミュレーション結果 ………………………………… 33
      1.4.3　カウンタのシミュレーション記述 ………………………………… 34
      1.4.4　カウンタのシミュレーション結果 ………………………………… 35
  1.5　論理合成してみよう …………………………………………………… 35
      1.5.1　論理合成できるのはVerilog HDLの一部 ……………………… 36
      1.5.2　加算回路の論理合成 ……………………………………………… 37
      1.5.3　カウンタの論理合成 ……………………………………………… 38

第2章　もう少し進んだVerilog HDL記述 ………………………… 40
  2.1　電子サイコロ …………………………………………………………… 40
      2.1.1　電子サイコロの仕様 ……………………………………………… 40
      2.1.2　電子サイコロ回路概要 …………………………………………… 40
      2.1.3　電子サイコロのHDL記述 ………………………………………… 41
      2.1.4　電子サイコロのシミュレーション記述と結果 …………………… 44

2.2 電子錠 ··46
2.2.1 電子錠の仕様··46
2.2.2 電子錠の回路概要··47
2.2.3 電子錠のHDL記述···47
2.2.4 電子錠のシミュレーション記述と結果···52

2.3 電子サイコロと電子錠の論理合成 ···53

第二部　回路記述編

第3章　文法概略と基本記述スタイル ···56
3.1 文法を少々 ···56
3.1.1 モジュール構造···56
3.1.2 論理値と数値表現··58
3.1.3 データ型···58
3.1.4 多ビット信号···60
3.1.5 演算子と演算優先順位··62
3.1.6 等号演算と関係演算··64
3.1.7 連接演算···64
3.1.8 リダクション演算··66
3.1.9 回路記述に必要な構文··67

3.2 回路記述早わかり ···69
3.2.1 assign文による組み合わせ回路 ··69
3.2.2 functionによる組み合わせ回路 ··70
3.2.3 always文による順序回路 ··71
3.2.4 下位モジュール呼び出し··72

第4章　組み合わせ回路のHDL記述 ···75
4.1 基本ゲート回路 ··75
4.1.1 プリミティブ・ゲートを用いたゲート回路····································75
4.1.2 論理式を用いたゲート回路··76

4.2 セレクタ ···77
4.2.1 2 to 1セレクタ ···77
4.2.2 4 to 1セレクタ ···80
4.2.3 3 to 1セレクタ ···83

4.3 デコーダ ···85
4.3.1 等号演算によるデコーダ··85
4.3.2 if文によるデコーダ ··85
4.3.3 case文によるデコーダ ··86

4.4 エンコーダ ·· 87
    4.4.1 if文によるエンコーダ ································ 87
    4.4.2 casex文によるエンコーダ ·························· 88
    4.4.3 for文によるエンコーダ ······························ 88
    4.4.4 always文によるエンコーダ ·························· 91

4.5 演算回路 ··· 92
    4.5.1 加算回路 ··· 92
    4.5.2 減算回路 ··· 93
    4.5.3 定数加算回路 ··· 95
    4.5.4 バレル・シフタ ·· 96
    4.5.5 乗算回路 ··· 96

4.6 比較回路 ··· 97
4.7 組み合わせ回路で作るROM ······································· 97
4.8 3ステート信号の記述 ··· 99
4.9 組み合わせ回路の論理合成 ······································· 102

第5章 順序回路のHDL記述 ··· 103
5.1 非同期型フリップフロップ ······································· 103
    5.1.1 SRフリップフロップ ·································· 103
    5.1.2 Dラッチ ··· 104
    5.1.3 Dフリップフロップ ···································· 105
    5.1.4 非同期セット/リセット付きDフリップフロップ ······ 105
    5.1.5 非同期セット/リセット付きJKフリップフロップ ······ 107
    5.1.6 非同期リセット付きTフリップフロップ ······ 108

5.2 同期型フリップフロップ ··· 108
    5.2.1 同期SRフリップフロップ ·························· 108
    5.2.2 同期セット/リセット付きDフリップフロップ ······ 109
    5.2.3 同期セット/リセット付きJKフリップフロップ ······ 110
    5.2.4 同期リセット付きTフリップフロップ ······ 111
    5.2.5 同期設計用フリップフロップの構成 ·········· 111

5.3 各種カウンタ ··· 113
    5.3.1 バイナリ・カウンタ ·································· 113
    5.3.2 アップ/ダウン・カウンタ ························ 113
    5.3.3 グレイ・コード・カウンタ ······················ 114
    5.3.4 手抜きグレイ・コード・カウンタ ············ 116
    5.3.5 ジョンソン・カウンタ ······························ 117
    5.3.6 不正ループ対策版ジョンソン・カウンタ ······ 118
    5.3.7 リング・カウンタ ······································ 119
    5.3.8 ディバイダ(分周回路) ······························· 120

5.4 シフト・レジスタ …………………………………………………… 122
- 5.4.1 シリアル・パラレル変換 ………………………………… 122
- 5.4.2 シリアル・パラレル変換：NG編その1 ………………… 123
- 5.4.3 シリアル・パラレル変換：NG編その2 ………………… 123
- 5.4.4 究極のシリアル・パラレル変換 ………………………… 124
- 5.4.5 パラレル・シリアル変換 ………………………………… 126

5.5 レジスタ・ファイル ……………………………………………… 127

5.6 ステート・マシン ………………………………………………… 128
- 5.6.1 ステート・マシンの目的 ………………………………… 128
- 5.6.2 ステート・マシンの構成法 ……………………………… 130
- 5.6.3 ステート・マシンの記述例 ……………………………… 130

5.7 順序回路の論理合成 ……………………………………………… 137

第三部　シミュレーション&応用編

第6章 シミュレーション・モデル …………………………………… 140

6.1 シミュレーション・モデルの必要性 …………………………… 140
- 6.1.1 論理回路シミュレーションの今昔 ……………………… 140
- 6.1.2 シミュレーション・モデルとは ………………………… 142

6.2 シミュレーション・モデルの記述例 …………………………… 142
- 6.2.1 ROMシミュレーション・モデル ………………………… 143
- 6.2.2 RAMシミュレーション・モデル ………………………… 144
- 6.2.3 A-D変換シミュレーション・モデル …………………… 146
- 6.2.4 D-A変換シミュレーション・モデル …………………… 148

6.3 タスクによるシミュレーション・モデル ……………………… 150

6.4 シミュレーション・モデルの使いかた ………………………… 153

第7章 シミュレーション記述 ………………………………………… 155

7.1 シミュレーション記述概要 ……………………………………… 155
- 7.1.1 シミュレーションの入力記述 …………………………… 156
- 7.1.2 シミュレーションの出力記述 …………………………… 157
- 7.1.3 論理合成後のシミュレーション ………………………… 159
- 7.1.4 シミュレーションの流れ ………………………………… 159
- 7.1.5 モジュール・アイテムとステートメント ……………… 160
- 7.1.6 initial文とalways文 ……………………………………… 161

7.2 ステートメント …………………………………………………… 163
- 7.2.1 for文 ………………………………………………………… 163
- 7.2.2 while文 ……………………………………………………… 163

		7.2.3	repeat文 ···	164
		7.2.4	forever文 ··	164
		7.2.5	タイミング制御 ···	164
		7.2.6	wait文 ···	165
		7.2.7	イベント宣言とイベント起動 ··	165
		7.2.8	begin～endとfork～join ··	167
	7.3	タスク ···		167
		7.3.1	CPUによるRead/Writeモデル ·····································	167
		7.3.2	各種タスク・テクニック ···	169
	7.4	システム・タスク ···		172
		7.4.1	ファイルRead/Writeシステム・タスク ·························	172
		7.4.2	表示用システム・タスク ···	173
		7.4.3	フォーマットされたファイル出力システム・タスク ·········	175
		7.4.4	値を返すシステム・タスク ···	176
		7.4.5	シミュレーションの実行を制御するシステム・タスク ······	176
	7.5	その他のシミュレーション記述 ··		177
		7.5.1	force文とrelease文 ··	177
		7.5.2	さまざまな遅延 ··	177
		7.5.3	階層アクセス ···	178
		7.5.4	コンパイラ指示子 ···	179
		7.5.5	コメント ···	181

第8章　電子錠の拡張 ·· 183

8.1	回路仕様 ···	183
8.2	クロック生成部 ··	185
8.3	キー入力部 ···	186
8.4	電子錠本体 ···	190
8.5	表示部 ··	198
8.6	回路検証 ···	202
8.7	FPGAによる動作確認 ···	210

Appendix I　Verilog HDL文法概要 ·· 216

	I.1	Verilog HDL文法 ···		216
		I.1.1	ソース・テキスト ··	216
		I.1.2	宣言 ···	217
		I.1.3	プリミティブ・インスタンス ····································	218
		I.1.4	モジュール・インスタンス生成 ································	219
		I.1.5	UDP宣言とインスタンス生成 ···································	220

　　　　Ⅰ.1.6　動作記述……………………………………………………………220
　　　　Ⅰ.1.7　specify記述………………………………………………………222
　　　　Ⅰ.1.8　式…………………………………………………………………224
　　　　Ⅰ.1.9　一般事項…………………………………………………………226
　　　　Ⅰ.1.10　予約語一覧………………………………………………………226
　Ⅰ.2　文法要約……………………………………………………………………227
　　　　Ⅰ.2.1　モジュール構造…………………………………………………227
　　　　Ⅰ.2.2　モジュール構成要素……………………………………………227
　　　　Ⅰ.2.3　ステートメント…………………………………………………231
　　　　Ⅰ.2.4　式…………………………………………………………………234
　　　　Ⅰ.2.5　識別子……………………………………………………………235

Appendix Ⅱ　Verilog-2001 …………………………………………236
　Ⅱ.1　回路記述向きの拡張………………………………………………………236
　　　　Ⅱ.1.1　宣言の拡張………………………………………………………236
　　　　Ⅱ.1.2　構文の拡張………………………………………………………238
　　　　Ⅱ.1.3　配列や演算の拡張………………………………………………242
　Ⅱ.2　テストベンチ向きの拡張…………………………………………………245
　Ⅱ.3　コンパイル時の拡張………………………………………………………249

コラムA	信号名の付けかた	23
コラムB	ライブラリって何種類ある？	31
コラムC	組み合わせ回路と順序回路	33
コラムD	always文は重要	65
コラムE	always文による組み合わせ回路	74
コラムF	functionかalwaysか	82
コラムG	代入記号の使い分け	90
コラムH	case文のdefaultの役割	100
コラムI	論理合成がうまくいかない例	117
コラムJ	ブロッキング代入文とノン・ブロッキング代入文	124
コラムK	「HDL流」記述スタイル	136
コラムL	順序回路の初期化は非同期リセット	145
コラムM	specifyブロック	148
コラムN	乱数を入れちゃえ	170
コラムO	呪われたシミュレーション	178
コラムP	厳密より現実　～セット/リセット付きD-FFは正確に表現できない～	201

参考文献……………………………………………………………………………250
索　引………………………………………………………………………………251

カバーデザイン／奥村 恒夫

第一部

入門編

第1章 やさしいVerilog HDL記述入門

本章では，まずVerilog HDLで記述し，シミュレーションするところから始めます．細かい文法のことは後回しにして，記述例をお見せします．「加算回路」と「カウンタ」を例に，Verilog HDLの記述スタイルを紹介します．Verilog HDLによるシステム記述の基本構造がどのようになっているかを理解してください．

1.1 HDLって何だ？

1.1.1 HDL記述と論理合成

● HDLとは？

HDL(hardware description language；ハードウェア記述言語)は，文字どおりハードウェアを記述するための言語です．ここでいうハードウェアとは，おもに論理回路です．OPアンプやトランジスタなどを扱うアナログ回路ではありません．HDL自体は，とくに新しい概念ではありません．以前から研究や実用化がなされてきました．しかし，近年にわかに脚光を浴びているのは，
- 論理合成ツールが実用レベルに達した
- ワークステーション，パーソナル・コンピュータの低価格化，高性能化

などの理由によります．そして，HDLが注目される最大の理由は，
- 大規模論理回路を短期間で設計する必要が生じた

からです．

半導体技術の向上やコスト低下により，大規模論理回路を実現することが可能となりました．技術の向上に合わせて，市場がより高性能，低価格の商品を要求するようになりました．そして，主要部品である論理回路ICをより大規模化することが要求に対する答えとなったのです．しかし，従来の「回路図による論理回路設計」には限界が見えはじめてきました．より効率的な設計手法が必要とされたのです．そして，回路図に代わる設計手法がHDL設計なのです．

● HDLの種類

HDLには，**表1.1**に示すような多数の種類があります．これらの言語の中でもっともよく用いられ

表1.1　HDLの種類

種　類	特　徴
Verilog HDL	C言語に似た文法体系．ASIC開発においては，ライブラリの充実，採用実績多数などの理由で，実質的な業界標準．1995年にIEEE 1364として標準化された．
VHDL	米国国防省を中心に，いち早く標準化(IEEE 1076)されたHDL．言語仕様が豊富でかつ厳格．
UDL/I	日本電子工業振興協会(電子協)の標準化委員会で採択された純国産の標準HDL．実用的な処理系(シミュレータ，論理合成ツール)がないため，利用されていない．
SFL	論理合成ツールPARTHENON(NTT)用のHDL．同期回路に用途を限定したため，記述や処理系が簡潔．いくつかのASIC開発実績はある．

ているのが，"Verilog HDL"と"VHDL"です．この両言語は，ことあるごとに比較されます．そしてさまざまな立場(EDAベンダ，半導体ベンダ，教育関係者，社内設計ツール支援部門，設計マネージャ，設計者)によって，意見の相違が見られます．

そこで，実際に使う設計者の立場に立って(著者の主観も一部含めて)Verilog HDLのVHDLに対する優位性を示します．

(1) C言語をベースにした文法体系であり，記述が簡潔．
(2) 構文や演算子がC言語とほぼ同じなので，類推によって記述でき，習得が容易．
(3) シミュレーション用言語として誕生した経緯もあって，シミュレーション向けの記述力が充実している．例えば，従来，シミュレータ環境の中で行ってきたこと(プローブを立てて信号観測/信号印加，ROM/RAMデータのファイル・アクセスなど)が記述の中でできる．
(4) 言語体系が簡素なためシミュレータが高速．さらに，VHDLのようなパッケージ・ファイル(データ・タイプや演算をすべて定義したファイル)が不要なため，シミュレータの負担が軽い．
(5) ASICの開発実績が多数ある．このため，シミュレーション用のライブラリやツール類がVHDLに比べて充実している．

● 論理合成とは？

現状の論理合成ツールは，HDLで記述された論理機能を実際のゲート回路に変換します．入力するHDLは，論理式や真理値表で表現したものや，条件分岐や繰り返し構造などにより動作表現したものです．論理合成による出力は，目的のASICやFPGA用の**ネットリスト**です．「ネットリスト」とは，「回路部品(セル)の接続関係をテキストで表現したもの」です．

HDLによってASICやFPGAを設計する手順を**図1.1**に示します．
(1) 回路は，テキスト・エディタなどの上でHDLによって記述・作成する．
(2) 記述されたものは，HDLシミュレータを用いて動作の確認を行う．
(3) 動作確認がOKであれば，これを論理合成ツールに通す．

これらの手順で，所望のネットリストが生成されます．

HDL記述では，ASICやFPGAなどの設計対象を意識せずに設計できます．論理合成時に使用する合成ライブラリを変えることで，ターゲットをFPGAやゲートアレイなどに変えることができます．したがって，「FPGAで試作検証」を行い，「ASICで商品化」する，ということが容易に行えるのです．

ただし，論理合成は，現状ではASICやFPGA向きです．TTLなどのプログラマブルでない回路に

図1.1　HDLによるASICおよびFPGAの開発手順

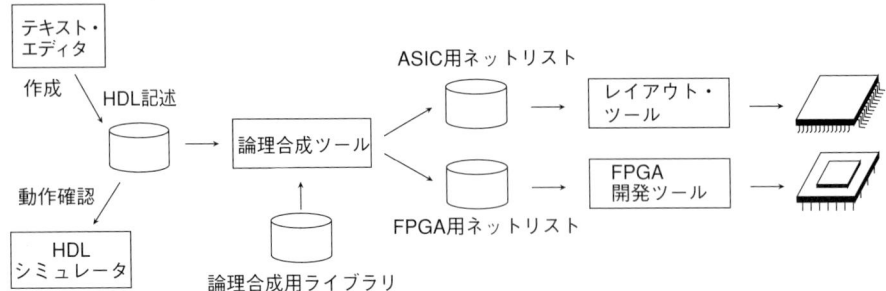

は，適用できません．しかし，HDLは回路記述だけでなく，ボード・レベル・シミュレーションなどにも利用できます．つまり，すべての論理回路に用いることができるのです．

1.1.2　HDL設計のメリット/デメリット

● HDL設計のメリット──設計の効率化

(1) 半導体ベンダにとらわれない（ベンダ・フリー）設計が可能

　従来ですと，ベンダとASICの品種が決定してから詳細設計に着手していました．回路図入力で用いるライブラリがベンダごとに，シリーズごとに異なっていたからです．HDLを用いれば，設計してから半導体ベンダを選ぶことすらできます．論理合成時に用いるライブラリを換えるだけで，各社のネットリストに変換できるからです．

(2) 論理合成による設計期間短縮

　「カルノー図を書いてゲート数を減らす」などという作業は，過去のものとなりました．論理圧縮や遅延量の制御は，論理合成の得意とするところです．論理式から回路を生成する点においては，驚くほどの期間短縮を達成できます．

(3) 設計資産の活用

　半導体ベンダにとらわれない設計ができる点だけでも，設計資産の活用といえます．さらに発展させて，HDLライブラリを構築することができます．カウンタ，シフト・レジスタなどの小規模なものから，オリジナルのCPUコア，画像圧縮伸張コアなどの大規模なものまでをライブラリ化すれば，強力な設計資産となりえます．いずれも論理合成できる記述とすることが前提ですし，できればテスト用の記述も含めてライブラリ化するべきでしょう．

● HDL設計のメリット──検証精度の向上

　ASICやFPGAに限らず，ボード設計においてもシミュレーションによる検証の重要性が増してきました．
- 回路規模の増大
- 動作周波数の向上
- 個々の部品の高機能化，高集積化

などのため，安易にボードを作成しても満足に動作しないケースが目立ってきました．

図1.2
システム・レベル検証

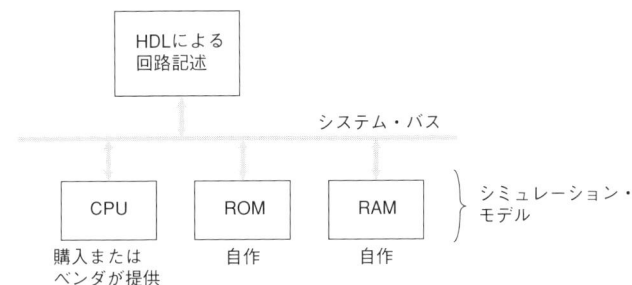

　このため，ボードを作成する前に，ASICを含めたボード全体のシミュレーションを行うことが，確実に動作させるための唯一の手段になりつつあります．
　HDL設計を利用すると，回路図設計の場合より「検証精度」を向上させることができます．その理由をいくつか挙げてみます．

(1) 設計の途中で検証できる

　HDLによる記述は，回路の「**概略設計の段階**」，「**詳細設計の段階**」，そして論理合成後の「**ゲート回路の段階**」で用いることができ，それぞれの段階でシミュレーションによる検証が可能です．
　概略設計の段階から検証できるので，根本的な誤りを早期に発見できます．また，概略設計のブロックと，論理合成後のゲート回路ブロックが混在したシミュレーション（ミックスト・レベル・シミュレーション）が可能です．これにより，各ブロック間の設計作業の進みぐあいに差があっても，全体の検証が行えます．

(2) 入力の印加，出力の観測・比較が容易

　回路検証のためには，回路の入力部に，動作に適した「**入力信号を印加させる必要**」があります．HDLでは，検証用の入力も同じ文法体系の中で記述できます．プログラム言語のようにきめ細かい記述が可能なので，例えばROM用のデータをファイルから読み込んだり，あらかじめ用意しておいた期待値との自動比較を行うこともできます．従来の手法では，回路図を書くこととシミュレーションのための入力を作成することはまったく別の作業でした．HDLでは可読性の高い検証入力を作成することができます．

(3) システム・レベルの検証が行える

　検証のために設計対象に接続する周辺回路を，HDLで記述することができます．これを「**シミュレーション・モデル**」と呼びます．シミュレーション・モデルは，設計対象の検証だけに用途を絞って，大幅に簡略化して記述してもかまいません．図1.2に示すように，周辺チップを含めたシステム・レベルの検証が可能です．ボードで検証する前に，シミュレーション上で基本的な動作を確認することができます．

● HDL設計のデメリット

　前記のようなメリットがある反面，HDLには次のようなデメリットもあります．

(1) 現状の論理合成は単相同期回路向き

　非同期回路や多相の回路では，タイミング条件が複雑なため，論理合成時の最適化が単相ほど容易

表1.2
HDLによる記述レベル

各種レベル	抽象度	論理合成	意　味
アーキテクチャ・レベル	高 ↑ ↓ 低	×	パイプラインやキャッシュなど，システム内の機能を表現したレベル
ビヘイビア・レベル		△	回路の動作やふるまいを表現したレベル．クロックの概念なし
レジスタ・トランスファ・レベル（RTL）		○	レジスタ間の動作を表現したレベル．クロックの概念あり
ゲート・レベル		○	フリップフロップ（FF）やゲート回路で表現したレベル（従来の回路図入力はこのレベル）
スイッチ・レベル		×	PMOS，NMOSなどのトランジスタ・レベル

ではありません．また，単相同期回路はクロックを常時印加する構成となるため，回路規模や消費電流が若干大きくなります．

(2) ツール類が高価

HDLの記述（ソース・ファイルの作成）は，OS付属のテキスト・エディタなどで十分行えます．しかし，HDLシミュレータと論理合成ツールの購入にはお金がかかります．HDLの普及とともに安価にはなってきましたが，気軽にHDLに移行できるほどではありません．

(3) ASICでは論理合成できない回路もある

ASICでは，ROM，RAM，乗算回路などのように論理合成を用いずにコンパイルド・セル（別途用意したブロック）を用いる回路があります．また，論理合成ツールや使用する合成ライブラリによっては，数多くの論理合成対象外の回路があります．こういった回路は，回路図入力で作成するか，セルを直接指定したネットリストをHDLで記述する必要があります．

1.1.3　記述レベル

HDLによる設計には，「HDL記述のレベル」がいくつかあり，目的と場合によって記述レベルを変えることが行われます．こうした複雑なことが起こるのは，HDLによる開発環境（おもに論理合成ツール）が発展途上であるため，記述段階でツールに合わせる必要があるからです．

● 5階層の記述レベル

よく使われる記述レベルは，**表1.2**に示すように，大まかに分類して5階層あります．実は，前述の理由から，これらの分類には明確な基準があるわけではなく，境界もあいまいです．しかし，用語として広く使われているので，概念だけでも理解してください．

なかでもよく用いられる「記述レベル」は，
- レジスタ・トランスファ・レベル（RTL）
- ビヘイビア・レベル

の二つです．

(1) レジスタ・トランスファ・レベル

一般的には，略して**RTL**と呼びます．RTLは「詳細なブロック図」のレベルです．つまり，回路の構成要素であるレジスタやカウンタなどと，それらの間におけるデータの転送状態（接続状態）を表現しているレベルです．さらに，これらを動作させるための「クロックの概念」が存在します．

一般に，論理合成を行うには，次に述べるビヘイビア・レベルではなく，RTLでなければなりません．また，本書の論理合成可能なHDL記述はRTLで書いてあります．

(2) ビヘイビア・レベル

これに対してビヘイビア・レベルは，「動作をクロックの概念なしに表現したもの」です．クロックを考慮に入れないので，プログラム言語のように記述できます．

例えば，RAMをクリアする回路があったとします．クロックごとにアドレスを進めて，書き込み信号を生成する記述がRTLです．RAMを配列として考えて，ループ構造とループ変数を用いてクリアするのがビヘイビア・レベルです．

ビヘイビア・レベルの用途は，

- ROM，RAM，CPU，周辺チップなどのシミュレーション・モデル記述
- 詳細な設計仕様が定まっていないブロックの記述

などです．回路全体の検証を優先したいとき，ブロック単位のシミュレーションだけできれば十分なので，簡略化したビヘイビア・レベルの記述が役立ちます．

近年，ビヘイビア・レベル記述のための合成ツール（ビヘイビア合成ツール）が登場しました．これは，RTLではなくても回路を合成できるツールです．しかし，多くの制約があり，用途が限定されています．

● 構造記述と機能記述

記述内容を表現する用語に構造記述，機能記述といった言いかたがあります．**構造記述**は，回路の接続関係だけの記述，つまりネットリストのことです．上位ブロックにおいて下位ブロックを配置し接続しただけの記述も，構造記述と呼びます．

機能記述は，論理合成を行う回路に対してはRTL記述を意味し，論理合成を前提としない回路に対してはRTLとビヘイビア・レベルの記述を意味します．

1.2 加算回路のHDL記述

まずは，HDLの簡単な記述例を示しながら，Verilog HDL記述の概要を見てみましょう．ここでは，組み合わせ回路の代表的な例である「**加算回路**」を記述します．

ソフトウェアでもそうであるように，目的を実現する記述には何通りもの方法があります．ここでは，4通りの記述スタイルを示します．仕様を図**1.3**に示します．

1.2.1 加算演算子による加算回路

図**1.4**に「加算演算子による加算回路」を示します．HDL記述は非常にシンプルです．順を追って説明します．

(1) コメントの記述

```
// 加算演算子による4ビット加算回路
```

図1.3 加算回路の仕様

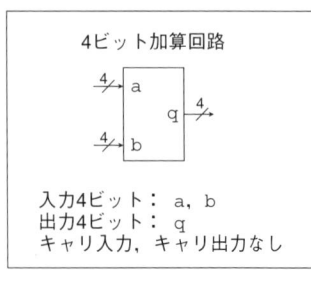

図1.4 加算演算子による加算回路

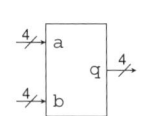

(a) 4ビット加算回路

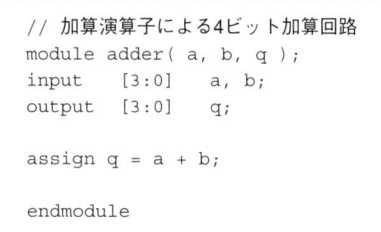

(b) Verilog HDL記述

//で始まる1行は，行末までコメント扱いです．ほかに，C言語と同様に，/* ～ */で囲われた（複数行も許される）コメントがあります．

(2) モジュールの宣言

```
module adder( a, b, q );
```

Verilog HDLによる記述は，すべてモジュールを基本単位とします．回路の記述でも，シミュレーション用の記述であっても，モジュールで構成されます．

モジュールは，

```
module
```

で始まり，

```
endmodule
```

で終わります．moduleのあとに**モジュール名**，さらに( )で囲われた**入出力のリスト（ポート・リスト）**が続きます．文の終わりにはセミコロン(;)を付けます．

(3) 入出力信号の宣言

```
input    [3:0]    a, b;
output   [3:0]    q;
```

ポート・リストに記述したそれぞれの信号の詳細（方向，ビット幅）を，ここで宣言します．入力信号はinputを用いて，出力信号はoutputを用いて宣言します．

[3:0]は，ビット幅を定義したものです．この場合，入出力ともに4ビットです．

(4) 加算回路の記述

```
assign q = a + b;
```

assign文と加算演算子を用いて，入力信号aとbの加算結果を出力信号qに代入しています．この代入文の中の信号には，ビット幅の表現は不要です．これらは入出力宣言部で宣言した4ビット幅の演算となります．

このようにassign文で，"簡単"な組み合わせ回路を記述できます．"簡単"とは，記述の論理が単純なことを意味します．論理合成後の回路規模が小さいという意味ではありません．

(5) モジュールの終わり

```
endmodule
```

モジュールの終わりを示すendmoduleまでが，記述の基本単位となります．

Verilog HDLは，C言語などと同様にフリー・フォーマットです．つまり，記述を見やすくするため，タブ，スペース，改行などの空白文字を任意に挿入できます．

1.2.2　フル・アダー呼び出しによる加算回路 1 ── ポート・リスト順の接続

次に「フル・アダー呼び出しによる加算回路」を示します．これは，1ビットのフル・アダー（全加算器）を4個用いて「リプル・キャリ型の4ビット加算回路」を構成したものです．下位モジュールとして，フル・アダー fulladd があり，これを上位モジュール adder_ripple 側から4個呼び出しています．

● **フル・アダー部（fulladd）の記述**

まず下位モジュールのフル・アダー（図1.5）から説明します．
(1) モジュールの宣言

```
module fulladd( A, B, CIN, Q, COUT );
```

入出力は，すべて1ビットの信号です．ポート・リストでは名まえだけ記述し，ビット幅は入出力宣言部で定義します．
(2) 入出力信号の宣言

```
input   A, B, CIN;
output  Q, COUT;
```

図1.5　フル・アダー

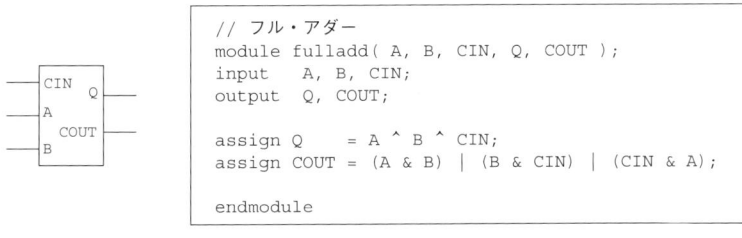
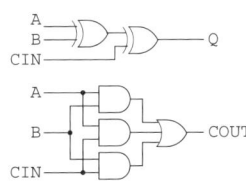

(a) フル・アダー　　　　　　　　(b) Verilog HDL記述　　　　　　　　(c) 内部回路

入出力の宣言部でビット幅を記述しなければ，1ビットの扱いです．入出力の宣言の順番は，任意です．ポート・リストに記述した入出力信号と名まえが一致していれば，どのような順番で記述してもかまいません．

(3) 加算出力とキャリ出力の記述

```
assign Q    = A ^ B ^ CIN;
assign COUT = (A & B) | (B & CIN) | (CIN & A);
```

フル・アダーの加算出力Qと，キャリ(けた上げ)出力COUTをassign文を用いて記述しています．Verilog HDLの演算子は，C言語とほぼ同じで，

&	ビットAND演算
|	ビットOR演算
^	ビットEX-OR演算

です．演算の優先順位もC言語とほぼ同じです．

● 上位モジュール(adder_ripple)の記述

次に，フル・アダーを呼び出す上位モジュールadder_ripple(図1.6)について説明します．

図1.6
フル・アダー呼び出しによる加算回路1

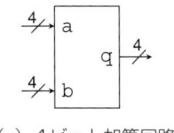

(a) 4ビット加算回路

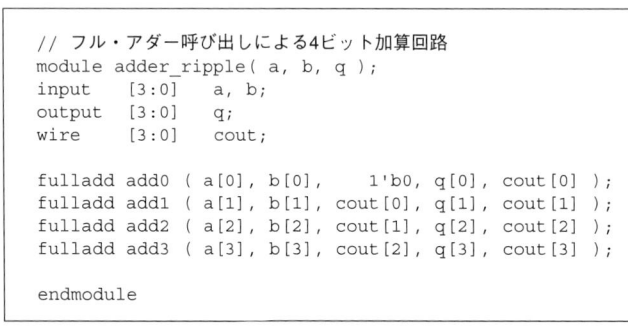

(b) Verilog HDL記述

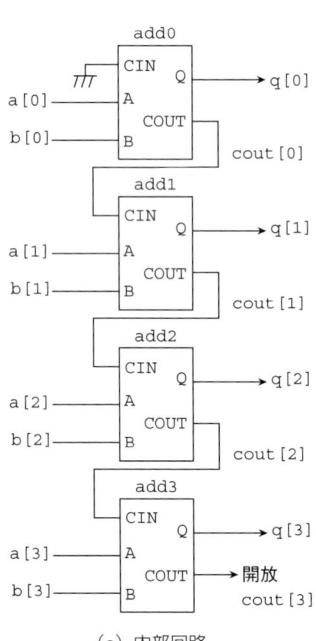

(c) 内部回路

(1) モジュールの宣言，入出力信号の宣言

```
module adder_ripple( a, b, q );
input    [3:0]   a, b;
output   [3:0]   q;
```

この部分は，前の例である加算演算子による加算回路と同じです．

(2) キャリ信号(内部信号)の宣言

```
wire     [3:0]   cout;
```

この4ビットのcout信号は，各フル・アダー間のキャリ信号です．内部信号で，外部には出力しません．Verilog HDLでは，使用する信号をすべて宣言する必要があります[注]．ここでは4ビットのcoutが**ネット型**(配線，ワイヤ)であると宣言しています．

注：wire宣言を省略できる場合もある．詳しくは第3章で説明する．

■コラムA■　**信号名の付けかた**

　本書では，論理値 '0' で動作する "L" アクティブな信号には，すべて B または b を信号名の末尾に付けています．例えば，
　　SB： '0' でセット
　　RB： '0' でリセット
などです．"L" アクティブな信号を _(アンダ・スコア)，#，/，-(マイナス)を付けて表現する文献もありますが，Verilog HDLではアンダ・スコア以外は文法エラーとなります．
　　　　　　　　　　　　＊
　HDL設計では，シミュレータや論理合成ツール，FPGA開発ツールなど，さまざまなツールの間でデータを共有します．モジュールや信号の名まえにはアルファベットだけしか用いないほうがトラブルが少なくてすむと考えられます．
　さらに著者はASICにHDL設計を用いる場合には，
- モジュール名やポート名は「8文字以内」とする
- 文字の大小が異なるだけの「同じ名まえを付けない」(予約語とも同じにしない)

としています．いずれも苦い経験をしたことがあるからです．論理合成まではうまくいっても，半導体ベンダ提供のネットリスト変換ツールやDRC(デザイン・ルール・チェック)ツールで引っかかってしまうことがあります(ASICができあがってみたら，文字の大小が異なるだけの同じ名まえの信号が，レイアウト上でショートしていた…なんてこともあった！)．

(3) モジュール呼び出し部の記述

```
fulladd add0 ( a[0], b[0],    1'b0, q[0], cout[0] );
fulladd add1 ( a[1], b[1], cout[0], q[1], cout[1] );
```

これは，1ビットの**フル・アダー・モジュール**`fulladd`の呼び出しです．最初にモジュール名の`fulladd`が，次に**インスタンス名**`add0`と`add1`がそれぞれ続きます．インスタンス名とは，呼び出したモジュールに付加した個別の名まえです．インスタンス名に続き，実際に接続される**ポート・リスト**を記述します．このポート・リストは，記述順に下位モジュールと接続されます．順番をまちがえると正しく接続されません．

ビット幅をもった信号を，1ビットずつ参照する場合は，

```
a[0], a[1], cout[0], cout[1]
```

のように記述します．

ビット幅を，

```
input [3:0] a;
```

と宣言した場合，`a[3]`がMSB，`a[0]`がLSBです．

定数にはビット幅，基数(何進数か)を付加することができます．最下位ビットのフル・アダーのキャリ入力は，'0'に固定しています．

```
1'b0
```

は，1ビットの2進数で'0'を示します．

1.2.3　フル・アダー呼び出しによる加算回路2──名まえによる接続

下位モジュール呼び出し時のポート接続には，**図1.7**に示すような，名まえによる接続もあります．

```
fulladd add0 ( .Q(q[0]), .COUT(cout[0]), .A(a[0]), .B(b[0]), .CIN( 1'b0) );
```

このように，

```
.定義側ポート名(接続信号)
```

とすることで，呼び出し時の信号の記述順序は任意となります．前例のような順番による接続と，名まえによる接続は，混在できません．混在すると文法誤りとなります．

```
fulladd add0 ( a[0], b[0], .Q(q[0]), .COUT(cout[0]), .CIN( 1'b0) );   // 文法エラー
```

図1.7 フル・アダー呼び出しによる加算回路2

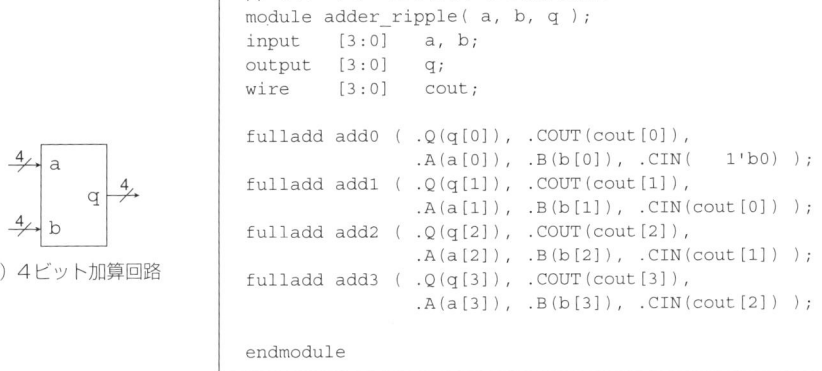

(a) 4ビット加算回路

```
// フル・アダー呼び出しによる加算回路2
module adder_ripple( a, b, q );
input    [3:0]   a, b;
output   [3:0]   q;
wire     [3:0]   cout;

fulladd add0 ( .Q(q[0]),   .COUT(cout[0]),
               .A(a[0]),   .B(b[0]),   .CIN(    1'b0) );
fulladd add1 ( .Q(q[1]),   .COUT(cout[1]),
               .A(a[1]),   .B(b[1]),   .CIN(cout[0]) );
fulladd add2 ( .Q(q[2]),   .COUT(cout[2]),
               .A(a[2]),   .B(b[2]),   .CIN(cout[1]) );
fulladd add3 ( .Q(q[3]),   .COUT(cout[3]),
               .A(a[3]),   .B(b[3]),   .CIN(cout[2]) );

endmodule
```

名まえによる接続では，記述の順番は任意
順番による接続との混在は不可

(b) Verilog HDL記述

図1.8 セル呼び出しによる加算回路

(a) 4ビット加算回路セル

```
// セル呼び出しによる4ビット加算回路
module adder_macro( a, b, q );
input    [3:0]   a, b;
output   [3:0]   q;

MKADD4 adder( .A1(a[0]), .A2(a[1]), .A3(a[2]), .A4(a[3]),
              .B1(b[0]), .B2(b[1]), .B3(b[2]), .B4(b[3]),
              .S1(q[0]), .S2(q[1]), .S3(q[2]), .S4(q[3]),
              .CI(1'b0) );

endmodule
```

(b) Verilog HDL記述

1.2.4　セル呼び出しによる加算回路

　回路図による設計の場合，回路図エディタとセル・ライブラリを用いて回路をしあげます．ASICのセル・ライブラリの中には，「4ビット加算回路セル」のような，面積・遅延ともに最適化されたセルがある場合もあります．

　論理合成を前提としたHDL設計でも，こういったセルを必要とする場合があります．このときは，目的のセルを直接呼び出す形で記述します．これを図1.8に示します．仮想の4ビット加算回路セルMKADD4を呼び出している例です．接続を確実にするため，名まえによる接続を行っています．

　セルのCO出力はどこにも接続せず，開放してあります．呼び出し側と定義側でポート数が一致しませんが，文法上は許されます．

1.3 カウンタのHDL記述

次に，順序回路の代表的な例である「バイナリ・カウンタ」を記述します．順序回路とは，フリップフロップ(以下，**FF**と表現)やラッチなどの記憶素子を含んだ回路です(p.33のコラムC「組み合わせ回路と順序回路」を参照)．加算回路と同様にさまざまな記述方法があります．ここでは，3通りの記述スタイルを示します．仕様を図1.9に示します．

1.3.1 加算演算子によるバイナリ・カウンタ

図1.10に「加算演算子によるバイナリ・カウンタ」を示します．新しいキーワードが登場しています．順を追って説明します．

(1) 宣言部の記述

```
module counter( ck, res, q );
input           ck, res;
output  [3:0]   q;
```

図1.9
バイナリ・カウンタの仕様

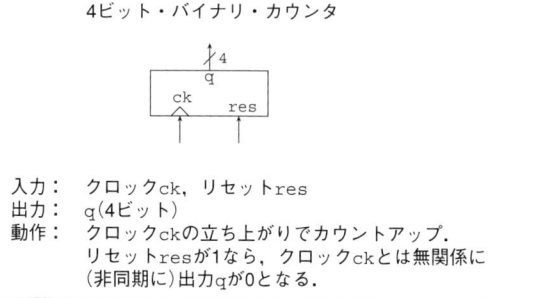

入力： クロックck，リセットres
出力： q(4ビット)
動作： クロックckの立ち上がりでカウントアップ．
　　　リセットresが1なら，クロックckとは無関係に
　　　(非同期に)出力qが0となる．

図1.10
加算演算子によるバイナリ・カウンタ

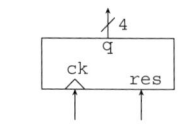

(a) 4ビット・バイナリ・カウンタ

```
// 加算演算子による4ビット・カウンタ
module counter( ck, res, q );
input           ck, res;
output  [3:0]   q;
reg     [3:0]   q;

always @( posedge ck or posedge res ) begin
    if ( res==1'b1 )
        q <= 4'h0;
    else
        q <= q + 4'h1;
end

endmodule
```

(b) Verilog HDL記述

ここは，「モジュール名，ポート・リスト」と「入出力宣言」です．必要なものをここで宣言します．

```
reg    [3:0]   q;
```

すでに定義してある出力信号qの「型宣言」です．regはレジスタ型です．レジスタ型は，値を保持（記憶）できるデータ型です．Verilog HDLには数種類のデータ型がありますが，論理合成でおもに用いられるのは，この**レジスタ型**(reg)と**ネット型**(wire)です．

順序回路で用いるFFやラッチは，すべてレジスタ宣言しておきます．論理合成では，宣言した数のFFやラッチを生成します(記述が正しければ)．

(2) 順序回路部の記述

```
always @( posedge ck or posedge res ) begin
    if ( res==1'b1 )
        q <= 4'h0;
    else
        q <= q + 4'h1;
end
```

順序回路は，always文で記述します．alwaysの詳細な解説は第3章で行うので，ここでは「順序回路＝always」と考えてください．

alwaysに続く，

```
@( posedge ck or posedge res )
```

は，begin以降の処理を行うための条件です．posedgeは立ち上がり(positive edge)の意味です．ckの立ち上がりまたはresの立ち上がりで，つねにbegin以降が実行されます．

(3) if文でカウント動作を記述

次の**if文**で，カウンタの具体的な動作を記述します．if文の記述スタイルもC言語と同様です．res入力が1なら，

```
q <= 4'h0;
```

を実行し，1でなければ，

```
q <= q + 4'h1;
```

を実行します．

4'h0は4ビット16進数表現の定数で，値は0です．

ifに続いたかっこ内に，真偽を判別する式を記述します．この中が成立して真ならかっこに続く文を実行し，不成立で偽ならelse以降を実行します．なお，かっこ内の条件判別式を，本書では「条件式」と呼ぶことにします．

図1.11　1ビット・カウンタ呼び出しによるバイナリ・カウンタ

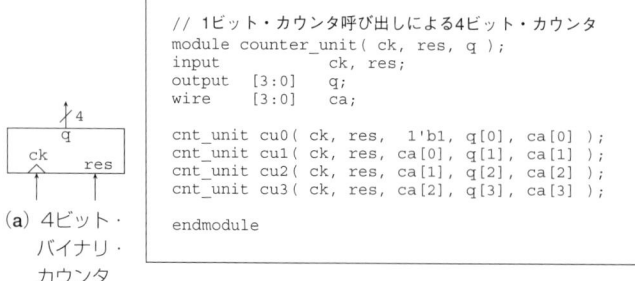

```
// 1ビット・カウンタ呼び出しによる4ビット・カウンタ
module counter_unit( ck, res, q );
    input         ck, res;
    output  [3:0] q;
    wire    [3:0] ca;

    cnt_unit cu0( ck, res,  1'b1, q[0], ca[0] );
    cnt_unit cu1( ck, res, ca[0], q[1], ca[1] );
    cnt_unit cu2( ck, res, ca[1], q[2], ca[2] );
    cnt_unit cu3( ck, res, ca[2], q[3], ca[3] );

endmodule
```

（a）4ビット・バイナリ・カウンタ　　（b）Verilog HDL記述　　（c）内部回路

図1.12　1ビット・カウンタ・ユニット

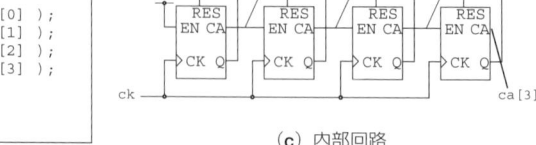

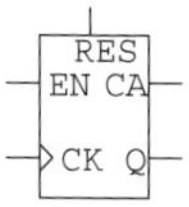

```
// 1ビット・カウンタ・ユニット
module cnt_unit( CK, RES, EN, Q, CA );
    input   CK, RES, EN;
    output  Q, CA;
    reg     Q;

    always @( posedge CK or posedge RES ) begin
        if ( RES==1'b1 )
            Q <= 1'b0;
        else if ( EN==1'b1 )
            Q <= ~Q;
    end

    assign CA = EN & Q;

endmodule
```

（a）カウンタ・ユニット　　（b）Verilog HDL記述

　if文が実行される条件にposedge resが含まれているので，リセット信号resの立ち上がりでリセット動作を行います．さらにクロックckが変化していなくてもリセットします．したがって，非同期リセットになります．

　4ビットのレジスタqへの代入には，<=を用いています．これは**ノン・ブロッキング代入**と呼ばれる代入文の一種です．=を用いた**ブロッキング代入**でも，文法上もシミュレーション動作もOKですが，論理合成を前提としたときは<=のほうが確実です．詳細は第5章で説明します．

1.3.2　1ビットのカウンタ・ユニット呼び出しによるバイナリ・カウンタ

　加算回路と同様に，1ビットのカウンタ・ユニットを4個用いて4ビットの「バイナリ・カウンタ」を構成できます（**図1.11**）．同期カウンタなので，各ユニットのクロックCKは共通に接続されます．各ユニット間は，けた上げ出力CAとイネーブル入力ENが接続されています．初段のイネーブル入力には，常時'1'が入力されます．最終段のけた上げ出力は開放しています．

● カウンタ・ユニット部の記述

　1ビットのカウンタ・ユニットを**図1.12**に示します．1ビットのユニットなので，入出力宣言とレ

図1.13 セル呼び出しによるバイナリ・カウンタ

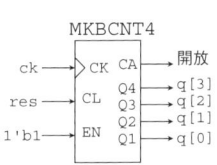

(a) 4ビット・カウンタ・セル

```
// セル呼び出しによる4ビット・カウンタ
module counter_cell( ck, res, q );
input           ck, res;
output  [3:0]   q;

MKBCNT4 counter( .CK(ck), .CL(res), .EN(1'b1),
     .Q1(q[0]), .Q2(q[1]), .Q3(q[2]), .Q4(q[3]) );

endmodule
```

(b) Verilog HDL記述

ジスタ宣言はすべて1ビットの信号です.

　always文で1ビットのレジスタQに対する動作を記述します. RES入力によってリセットし, EN入力によりQ出力を反転させます. ~はビットNOT演算です.

　@以降にposedge RESが含まれているので, 前例と同様にクロックCKとは非同期のリセットとなります.

```
    assign  CA = EN & Q;
```

次段へのけた上げ信号CAは, assign文で作成します.

1.3.3　セル呼び出しによるバイナリ・カウンタ

　加算回路でも示したように, ASICセル・ライブラリのセルを直接用いたい場合は, ネットリストを記述します. 図1.13に示すように, MKBCNT4というセル（これは仮想のセル）を直接記述の中に盛り込みます. 名まえによる接続を行っているのは, 接続を確実にするためです.

1.4　シミュレーションしてみよう

　いままでに記述した加算回路とバイナリ・カウンタについて, シミュレータを用いて「動作の確認」を行います. 動作対象だけではシミュレーションできません. 入力を与え, 信号を観測するためのモジュールが必要となります.

1.4.1　加算回路のシミュレーション記述

　図1.14に示すように, 入出力のない閉じたモジュールadder_tpを作り, この中でシミュレーション対象の加算回路adderを呼び出します. 入力にはレジスタ信号を接続します. このレジスタ信号に値を代入することにより, 入力を変化させることができます. 入出力信号を観測することにより, 動作の確認を行います.

　図1.15が, 加算回路adderのチェック用シミュレーション記述です. 順を追って説明します.

図1.14 加算回路シミュレーション・モジュール構成

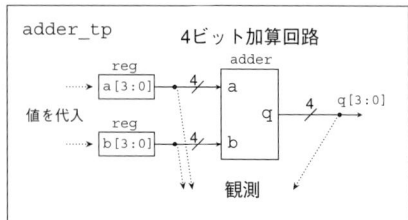

図1.15 加算回路のシミュレーション記述

```
// 1ユニットを1psに設定
`timescale 1ps/1ps

module adder_tp;
reg     [3:0]   a, b;       // 入力をreg宣言
wire    [3:0]   q;          // 出力をwire宣言

// 1クロック設定
parameter STEP = 100000;

// テスト対象呼び出し
adder adder( a, b, q );

// テスト入力
initial begin
            a = 4'h0;       b = 4'h0;
    #STEP   a = 4'h5;       b = 4'ha;
    #STEP   a = 4'h7;       b = 4'ha;
    #STEP   a = 4'h1;       b = 4'hf;
    #STEP   a = 4'hf;       b = 4'hf;
    #STEP   $finish;
end
// 表示
initial $monitor( $stime, " a=%h b=%h q=%h", a, b, q );

endmodule
```

(1) 時刻の単位付け

```
`timescale 1ps/1ps
```

シミュレーション時刻の単位付けを行います．シミュレーション時刻の基本単位である1ユニットを1psに設定します．/に続く1psは，タイミング計算上の丸め精度を設定します．通常，単位付けと同じ値を設定します．この

```
`timescale
```

は，**コンパイラ指示子**と呼ばれるものです．モジュールの外部に記述することができます．詳細は第7章で説明します．

(2) モジュールの宣言

```
module adder_tp;
```

シミュレーションのための記述も，モジュール構造の中に記述します．ただし，入出力のない閉じたモジュールにします．よってポート・リストがなく，モジュール名だけとなります．入出力がないので，入出力宣言もありません．

(3) 加算回路に接続する信号の宣言

```
reg  [3:0] a, b;    // 入力をreg宣言
wire [3:0] q;       // 出力をwire宣言
```

■コラムB■　ライブラリって何種類ある？

　HDL設計では「ライブラリ」ということばが数多く使用されます．HDL設計の熟練者でもまちがえるほどなので，初めての方が混乱するのは当然でしょう．表Bに，HDL設計で用いられるライブラリを整理してみました．
　この中でもっとも重要なライブラリが，
- シミュレーション・ライブラリ
- 論理合成用ターゲット・ライブラリ（合成用ライブラリともいう）

の二つです．
　「シミュレーション・ライブラリ」は，論理合成後のゲート・レベル・シミュレーションで用います．遅延を含んだ多数のセルから構成されています．そして合成用ライブラリは，「論理合成時のマッピング（セルを割り当てること）用」です．遅延量やサイズの情報を含んでいます．
　これらのライブラリは，半導体（FPGAも含む）ベンダより提供されます．「提供」といってもタダではない場合もあります（しかし，ライブラリに誤りがあって，「タダほど高いものはない」と思い知らされることもある…?!）．

表B　ライブラリの種類

	ライブラリ名	提供者	内容
HDLで記述されているもの	HDLライブラリ	ユーザ	論理合成可能な機能ブロックをユーザが蓄積
	シミュレーション・ライブラリ	半導体ベンダ	ゲート・レベル・シミュレーションに使用
	コンパイルド・セルのシミュレーション・モデル	半導体ベンダ	コンパイルド・セルを含む回路のシミュレーションに使用
	汎用シミュレーション・モデル	モデリング会社	ボード・レベル・シミュレーションに使用
論理合成ツールの内部形式	論理合成用ターゲット・ライブラリ	半導体ベンダ	論理合成に使用
	シンボル・ライブラリ	半導体ベンダ	論理合成結果の図面出力用
	論理合成ツールの内部ライブラリ	論理合成ツール・ベンダ	論理合成時に使用する，演算子などに対応した標準回路ライブラリ

　シミュレーション対象の加算回路に入力する信号をレジスタ宣言しておきます．このレジスタ信号に値を代入して，入力信号を変化させます．加算回路の出力信号は観測するだけなので，ネット宣言しておきます．

(4) 単位遅延量の設定

```
parameter STEP = 100000;
```

　parameter宣言により定数を定義できます．ここではシミュレーション時の1単位遅延量を設定しています．**1シミュレーション・ユニット**＝1psなので，1STEP＝100nsとなります．

(5) テスト対象の呼び出し

```
adder adder( a, b, q );
```

テスト対象を呼び出します．フル・アダー呼び出しによる加算回路同様に，テスト対象のadderを**下位モジュール**として呼び出します．呼び出すモジュールは一つなので，モジュール名＝インスタンス名としました．この記述は文法上可能です．

(6) 入力信号の変化

```
initial begin
              a = 4'h0;    b = 4'h0;
     #STEP    a = 4'h5;    b = 4'ha;
     #STEP    a = 4'h7;    b = 4'ha;
     #STEP    a = 4'h1;    b = 4'hf;
     #STEP    a = 4'hf;    b = 4'hf;
     #STEP    $finish;
end
```

入力を順次変化させるためにinitial文を用います．initial文はシミュレーション開始後に1回だけ実行されます．これに対して，always文はシミュレーション開始後，繰り返し実行されます．FFなどの記述は，「クロックCKの立ち上がり」を条件に繰り返し実行することで，動作を実現しています．

レジスタ信号であるaとbに値を代入することで，加算回路の入力を変えられます．

```
#<定数式>
```

の形式で遅延を付加できます．上記の例では，STEP = 100000ユニット(100ns)なので，100nsごとに加算回路の入力を変えています．

begin～endで複数の文を一つの文として扱うことができます．このinitial文の中には多数の代入文が含まれています．

$finishは，シミュレーションを終了させるシステム・タスクです．これ以降に実行すべき文が記述されていても，強制的にシミュレーションが終了します．

「システム・タスク」とは，シミュレータに備わっている「サブルーチンの一種」です．$で始まる識別子を用います．C言語のライブラリ関数のように，画面表示，ファイル・アクセスなどのシステム・タスクがあります．

(7) シミュレーション結果の表示

```
initial $monitor( $stime, " a=%h b=%h q=%h", a, b, q );
```

■コラムC■ 組み合わせ回路と順序回路

論理回路を「マクロ的に」分類すると
(1) **データパス系**　：演算などのデータ処理部分
(2) **制御系**　　　　：リセット信号，ロード信号，セレクト信号などの制御信号生成部分
に分かれます．一方「ミクロ的に」分類すると，
① **組み合わせ回路**：入力の変化が，すぐに出力に伝搬する回路．値を保持しない．
② **順序回路**　　　：入力の変化が，クロックの入力により出力に伝搬する回路．値を保持する．
に分かれます（図C）．

順序回路とは，本来は制御系をつくるシーケンサの意味ですが，本書では「レジスタ類の総称」として用いています．カウンタやシフト・レジスタ，さらには単なるフリップフロップまで，順序回路と呼ぶこととします．

HDL設計では，「組み合わせ回路」と「順序回路」に対する記述スタイルが異なります．したがって，設計時に回路がどちらに分類できるのかが明確になっている必要があります．論理合成後を意識しないでHDLを記述するべきではありません．文法的に正しくても，論理合成ツールが受け付けない場合や，論理合成後の回路が予期しないものになる場合があるからです．

さらに，現状の論理合成ツールは指定した数と異なるレジスタを生成することはありません（記述が正しければ）．言い換えれば，論理合成ツールは，
● 「組み合わせ回路」に対して論理合成し，
● 「順序回路」はレジスタに変換しているだけ，
ともいえます．

図C
組み合わせ回路と順序回路

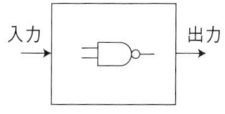

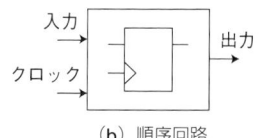

(a) 組み合わせ回路　　(b) 順序回路

---

initial文は，モジュールの中でいくつでも記述できます．並行動作の記述も可能です．ここではシミュレーション結果を表示するために，システム・タスクの$monitorだけを記述しています．$monitorは，指定した信号に変化があったときだけ表示するシステム・タスクです．一度呼び出されると，継続して実行されます．

ここではシミュレーション時刻を値とするシステム・タスクの$stimeと，加算回路の入出力a，b，qを表示しています．C言語のようにフォーマットされた出力が可能です．a，b，qの各信号はいずれも16進数で，a=などの文字列の後に表示されます．%hが16進数表示のフォーマット指定です．ほかに2進，8進，10進などを指定できます．フォーマット指定がなければ10進数扱いです．詳しくは，第7章で説明します．

1.4.2 加算回路のシミュレーション結果

図**1.16**に加算回路のシミュレーション結果を示します．コンパイル時のメッセージの後に，

図1.16
加算回路のシミュレーション例

```
// シミュレーション例
Compiling source file "adder_tp.v"
Compiling source file "adder.v"
Highest level modules:
adder_tp

        0 a=0 b=0 q=0
   100000 a=5 b=a q=f
   200000 a=7 b=a q=1
   300000 a=1 b=f q=0
   400000 a=f b=f q=e
L21 "adder_tp.v": $finish at
simulation time 500000
0 simulation events
```

図1.17
カウンタのシミュレーション記述

```verilog
// 1ユニットを1psに設定
`timescale 1ps/1ps

module count_tp;
reg              ck, res;   // 入力をreg宣言
wire     [3:0]   q;         // 出力をwire宣言

parameter STEP = 100000;    // 1周期 100ns

// テスト対象呼出し
counter counter( ck, res, q );
// クロック作成
always begin
    ck = 0; #(STEP/2);
    ck = 1; #(STEP/2);
end
// テスト入力
initial begin
             res = 0;
    #STEP    res = 1;
    #STEP    res = 0;
    #(STEP*20)
             $finish;
end
// 表示
initial $monitor( $stime, " ck=%b res=%b q=%h", ck, res, q);

endmodule
```

シミュレーション時刻，入力a，bの値，出力qの値

が，100,000ユニットごとに表示されています．

　論理回路のシミュレーション結果は，多くの場合，波形表示で確認します．波形表示の方法はシミュレータごとに大きく異なります．よって本書では，波形表示を扱いませんでした．しかし，HDLを用いた設計検証では，波形表示以上に検証精度を上げる手法が数多くあります．検証方法の詳細は第7章で述べます．

1.4.3　カウンタのシミュレーション記述

　図1.17に示すシミュレーション記述を用いて，カウンタの動作確認を行います．加算回路のシミュレーション記述と同様に，入出力のない閉じたモジュール count_tp の中でカウンタ counter を呼び出します．以下，加算回路と異なる部分を説明します．

(1) クロック信号の記述

```
always begin
    ck = 0; #(STEP/2);
    ck = 1; #(STEP/2);
end
```

　クロック信号ckは，周期的に'1'，'0'を繰り返す信号で，always文を用いて記述するのが一般的です．STEPは，すでにparameter宣言で100nsと定義してあります．'0'，'1'の値を設定したあと，それぞれ50ns遅延しているので，ckは周期が100ns，デューティが50%の信号となります．

(2) 入力信号の設定

```
initial begin
            res = 0;
    #STEP   res = 1;
    #STEP   res = 0;
    #(STEP*20)
            $finish;
end
```

　まずリセット入力resの初期値を与え，次にresを1周期の間'1'にして，20クロック後にシミュレーションを終了しています．

1.4.4　カウンタのシミュレーション結果

　図1.18にカウンタのシミュレーション結果を示します．クロックckが変化するたびに表示しています．カウンタ出力qは，シミュレーション開始直後は不定値'x'ですが，リセット入力resが'1'になるとリセットされ，'0'になります．リセット動作はクロックckに影響されないので，非同期リセットです．リセット入力resが'0'になってから，カウント・アップ動作を開始します．4ビット・バイナリ・カウンタなので，0から15(16進で"f")までカウントアップした後，また0から始まります．図1.18は一部を省略しています．

1.5　論理合成してみよう

　記述してシミュレーションしただけでは，絵に描いたもちかもしれません．これはこれで意味のないことではありませんが，本書ではFPGA化やASIC化を前提としているため，論理合成できて初めて使いものになるHDL記述であるとします．ここでは，1.2節，1.3節で取り上げた加算回路とカウンタを**論理合成**してみます．

図1.18
カウンタのシミュレーション例

```
// シミュレーション例
Compiling source file "count_tp.v"
Compiling source file "count.v"
Highest level modules:
count_tp

      0 ck=0 res=0 q=x
  50000 ck=1 res=0 q=x
 100000 ck=0 res=1 q=0
 150000 ck=1 res=1 q=0
 200000 ck=0 res=0 q=0
 250000 ck=1 res=0 q=1
 300000 ck=0 res=0 q=1
 350000 ck=1 res=0 q=2
 400000 ck=0 res=0 q=2
 450000 ck=1 res=0 q=3
 500000 ck=0 res=0 q=3
 550000 ck=1 res=0 q=4
 600000 ck=0 res=0 q=4
    ...
1550000 ck=1 res=0 q=e
1600000 ck=0 res=0 q=e
1650000 ck=1 res=0 q=f
1700000 ck=0 res=0 q=f
1750000 ck=1 res=0 q=0
1800000 ck=0 res=0 q=0
1850000 ck=1 res=0 q=1
    ...
```

1.5.1　論理合成できるのはVerilog HDLの一部

　前節までに紹介した例は，Verilog HDLのごく一部です．第4章以降にさまざまな記述例を紹介します．しかし，Verilog HDLで記述したものが，すべて論理合成できるわけではありません．**図1.19**に示すように，言語仕様の一部が論理合成可能です．前節までの例は，論理合成可能な記述の範囲の中で，いろいろな記述スタイルを紹介したものです．加算回路，カウンタいずれも論理合成可能です．

　回路記述を行う際には，**図1.19**のことを念頭に置いて記述し始めることをお勧めします．回路記述の目的が，FPGAやASICなど，実際にモノを作ることであれば，論理合成する部分とシミュレーションのためだけの部分に分けて記述します．検証は全モジュールで行い，論理合成は対象モジュールだけで行います．

図1.19　Verilog HDLの対応分野

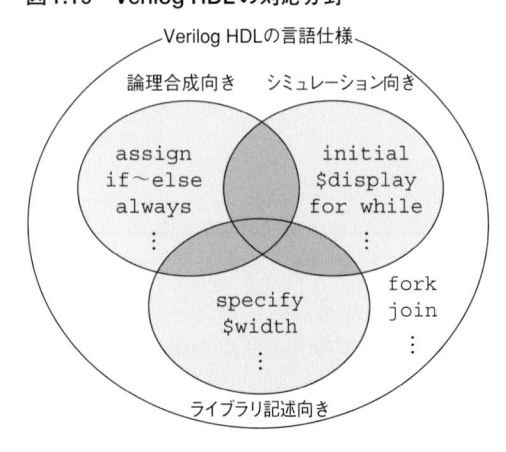

図1.20　加算回路における論理合成の対象

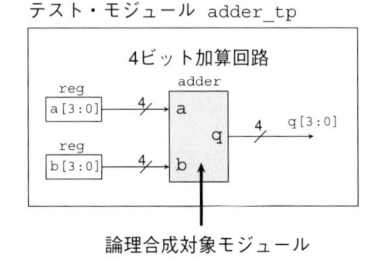

図 1.21
加算演算子による加算回路(adder)の論理合成結果

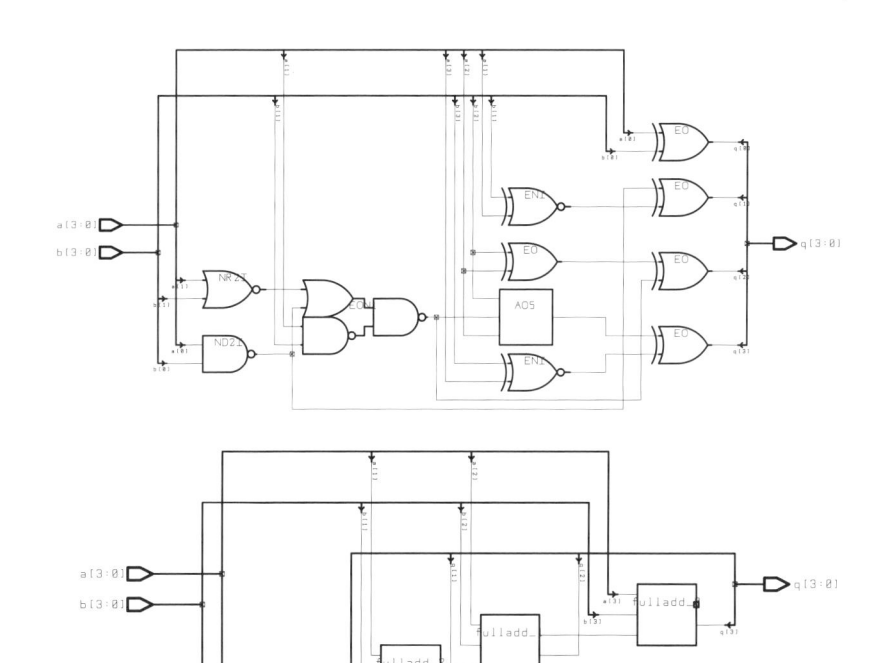

図 1.22
フル・アダー呼び出しによる加算回路(adder_ripple)の論理合成結果

　例えば，図1.20のように，加算回路の検証で用いた二つのモジュールadder_tp，adderでは，adderのみが論理合成可能です．adder_tpは検証のためだけのモジュールであり，当初から論理合成対象外であることを前提に記述しています．検証して正しければ，adderの部分を論理合成ツールにかけます．

1.5.2　加算回路の論理合成

● 加算演算子による加算回路の論理合成結果

　加算回路adderを論理合成した結果が図1.21です．これは，加算演算子による加算回路(図1.4)を論理合成したものです．

　論理合成ツールには，合成時にいろいろな制約条件を付加することができます．例えば，「回路規模」や「遅延量」，「出力段の駆動能力」などです．図1.21は，制約条件を付加してありません．論理合成ツール側のデフォルト設定として，回路規模最小となる条件で論理合成しています．

● フル・アダー呼び出しによる加算回路の論理合成結果

　1.2節では，加算回路の記述例をいくつか紹介しました．図1.21は，「加算演算子」による加算回路を論理合成したものでした．一方，「フル・アダー呼び出し」による加算回路(図1.6)を論理合成すると，図1.22となります．1ビットのフル・アダーを4個接続した記述だったので，論理合成結果にも記述の構造が反映されています．「個々のフル・アダー」を論理合成すると図1.23となります．さらに，図1.22の四つのフル・アダーの「階層をほぐして」再度論理合成すると，図1.24となります．図

図1.23
フル・アダー(fulladd)の論理合成結果

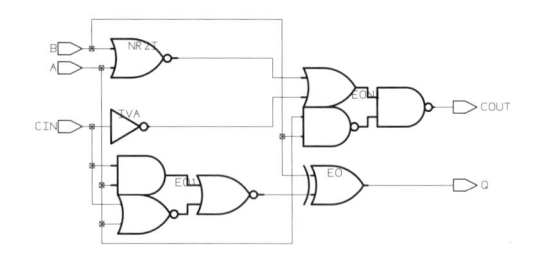

図1.24 フル・アダーの階層をほぐして再度論理合成した結果

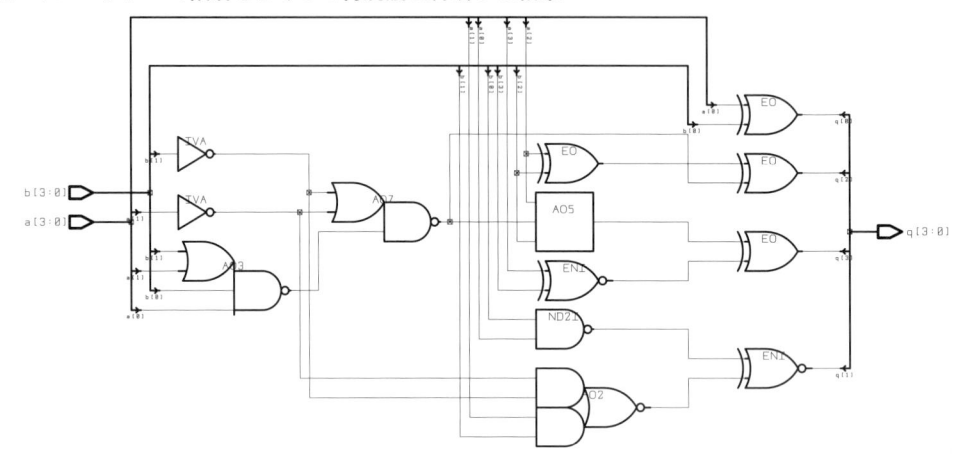

1.21と比べて回路規模に大差のないことがわかります．

フル・アダー呼び出しによる加算回路には，「名まえによる接続(**図1.7**)」がありました．しかし，記述の表現方法が異なるだけで，論理合成結果は同じです．

「セル呼び出し」による加算回路(**図1.8**)は，直接ネットリストで使用するセルを記述しているので，論理合成する必要はありません．

1.5.3 カウンタの論理合成

● 加算演算子によるバイナリ・カウンタの論理合成結果

図1.25に，加算演算子によるバイナリ・カウンタの論理合成結果を示します．長方形のシンボルであるFFが4個あり，それぞれのクロックとリセット入力が共通に接続されています．リセット入力resは，論理反転して直接FFのリセットに接続しているので，非同期リセットのカウンタになっています．

記述の中で，レジスタ宣言したビット数だけFFが生成されます．したがって，FFの生成に関して言えば，論理合成とは単なる変換にすぎません．FF周辺の組み合わせ回路を"合成"しただけともいえます．

● 1ビット・カウンタ呼び出しによるバイナリ・カウンタの論理合成結果

次に，「1ビット・カウンタ」呼び出しによるバイナリ・カウンタ(**図1.11**)の論理合成結果を**図1.26**

図1.25 バイナリ・カウンタ(counter)の論理合成結果

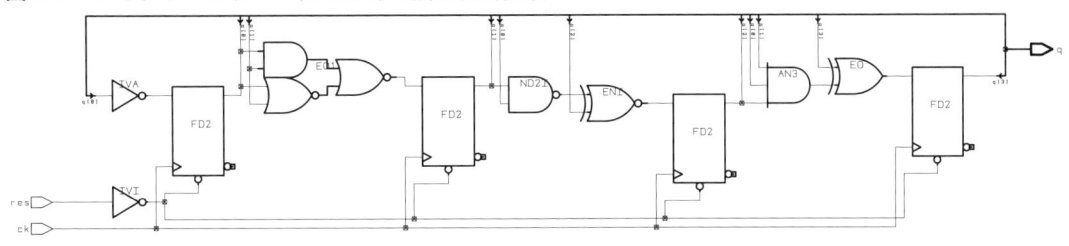

図1.26
1ビット・カウンタ呼び出しによる
バイナリ・カウンタ(counter_unit)
の論理合成結果

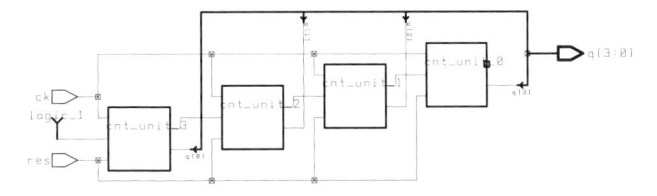

図1.27
1ビット・カウンタ・ユニット
(cnt_unit)の論理合成結果

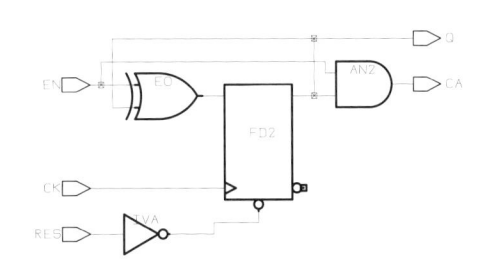

図1.28 1ビット・カウンタ・ユニットの階層をほぐして再度論理合成した結果

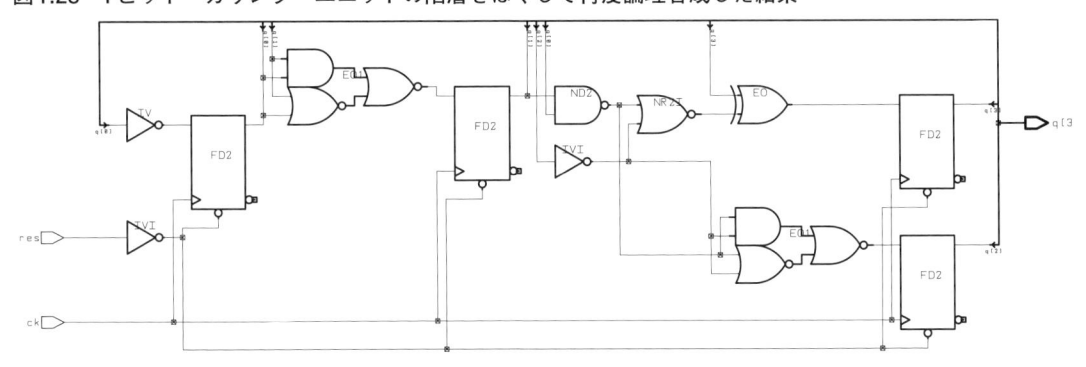

に示します．加算回路と同様に，記述の構造が反映されています．1ビット・カウンタが4個並び，キャリ出力が次段のイネーブル入力に接続されています．「個々のカウンタ・セル」を論理合成すると，図1.27となります．さらに図1.26の「四つのカウンタ・セルをほぐして」再度論理合成すると，図1.28になります．やはり回路規模は図1.25と大差ありません．

「セル呼び出し」によるバイナリ・カウンタ(図1.13)もまた，ネットリストで直接記述しているので，論理合成する必要はありません．

第2章 もう少し進んだVerilog HDL記述

　第1章では，加算回路やカウンタなど，プリミティブな回路例でVerilog HDL記述の構造を見てみました．ここでは，本当の回路らしい回路(?)というか，前例より少し複雑な機能をVerilog HDLで記述してみます．ここで取り上げる例は，「電子サイコロ」と「電子錠」です．これらの回路をそれぞれ記述し，シミュレーションし，論理合成します．新たに説明するキーワードや記述スタイルも，いくつか登場します．

2.1 電子サイコロ

2.1.1　電子サイコロの仕様

　LED(発光ダイオード)を7個用いて，「サイコロの目を表示する」電子サイコロを作ってみます．仕様を図2.1に示します．

　入出力は，論理信号のままとします．つまり，実際の回路作成に必要な部分，例えばスイッチ入力のチャタリング除去やLEDドライバなどは記述に含みません．

　入出力の仕様を図2.1(a)，(b)に示します．クロックckは，常時入力しておき，enable入力でサイコロの回転/停止を制御します．リセット入力resetによって初期化します．

　LED出力は，'1'のとき点灯とします．サイコロの目とランプ出力lamp[6:0]の対応を図2.1(c)に，サイコロの目の表示仕様を図2.1(d)に示します．この図は点灯箇所のみ '1' としてあります．

2.1.2　電子サイコロ回路概要

　図2.2に電子サイコロ回路のブロック図を示します．全体は，
- 6進のカウンタcnt
- サイコロの目デコーダdec

で構成されています．

　6進カウンタcntのenable入力は，クロックckの立ち上がりで動作します．いわゆる同期設計手法を用いた設計となっています．サイコロの目デコーダdecは，6進カウンタの出力3ビットを入力とし，サイコロの目のランプ駆動信号7ビットを出力とする組み合わせ回路です．

図2.1 電子サイコロの仕様

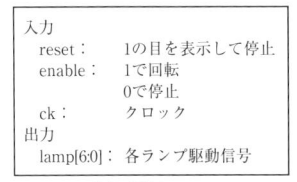

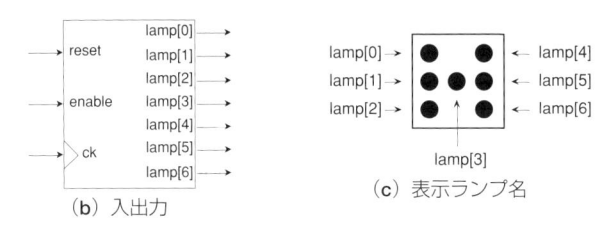

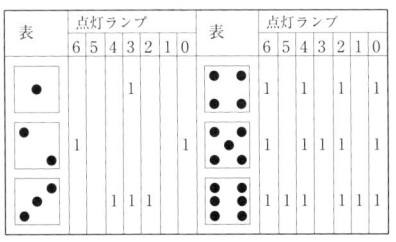

```
入力
  reset:    1の目を表示して停止
  enable:   1で回転
            0で停止
  ck:       クロック
出力
  lamp[6:0]: 各ランプ駆動信号
```
（a）機能

（b）入出力

（c）表示ランプ名

（d）表示とランプ出力（点灯箇所のみ1）

図2.2 電子サイコロのブロック図

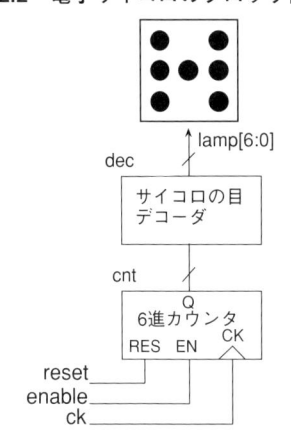

入出力の関係は，**図2.1**(d)に示したとおりです．

2.1.3 電子サイコロのHDL記述

リスト2.1に，電子サイコロのHDL記述を示します．この中に6進カウンタと，サイコロの目のデコーダが含まれます．新しい記述スタイルやキーワードを中心に，順を追って説明します．

● カウンタ部の記述

```
always @( posedge ck or posedge reset ) begin
    if ( reset==1'b1 )
        cnt <= 3'h1;
```

ここで用いた6進カウンタは，1から始まり6までの値をとるカウンタです．サイコロの目に合わせました．したがって，リセット入力によってカウンタは初期値1にリセットされます．

従来の回路図による設計では，0～5の値をとるカウンタを構成し，0の値をサイコロの6の目に割り当てていたことでしょう．しかし，どちらの場合でも，論理合成後の回路規模に大差はありません．したがって，HDL設計ではわかりやすさを最優先することができます．

第2章 もう少し進んだVerilog HDL記述

リスト2.1　電子サイコロのVerilog HDL記述

```
/* 電子サイコロ */

module saikoro( ck, reset, enable, lamp );
input          ck, reset, enable;
output [6:0]   lamp;
reg    [2:0]   cnt;

// 1始まりの6進カウンタ
always @( posedge ck or posedge reset ) begin
    if ( reset==1'b1 )
        cnt <= 3'h1;
    else if ( enable==1'b1 )
        if ( cnt==3'h6 )
            cnt <= 3'h1;
        else
            cnt <= cnt + 3'h1;
end

// サイコロ・デコーダ
function [6:0] dec;
input    [2:0] din;
    case( din )
        3'h1:    dec = 7'b0001000;
        3'h2:    dec = 7'b1000001;
        3'h3:    dec = 7'b0011100;
        3'h4:    dec = 7'b1010101;
        3'h5:    dec = 7'b1011101;
        3'h6:    dec = 7'b1110111;
        default:dec = 7'bxxxxxxx;
    endcase
endfunction

assign lamp = dec( cnt );

endmodule
```

(1) if文の入れ子構造

```
        else if ( enable==1'b1 )
            if ( cnt==3'h6 )
                cnt <= 3'h1;
            else
                cnt <= cnt + 3'h1;
    end
```

　if文は，入れ子構造が可能です．つまり，else以降にまたif文がきてもかまいません．C言語と同様に，elseは直前のifに対応します．直前のifに対応させたくなければ，そのifをbegin～

endでくくります．この対処の方法もC言語と同じです．
(2) 関係演算子

　関係演算子もC言語と同じです．

```
if ( cnt==3'h6 )
```

は，cntが6に等しければ真です．関係演算子にはこれ以外に，
- != 　等しくない
- > 　 より大きい　　< 　より小さい
- >= 　以上　　　　 <= 　以下

があります．

● サイコロの目デコーダ部の記述

　図2.1(d)の真理値表をもとに，サイコロの目デコーダを記述します．functionとcase文を用いて記述しています．

(1) function

```
function [6:0] dec;
input    [2:0] din;
```

　ファンクション(function)は，プログラム言語の関数に相当します．C言語の関数は，どちらかといえばサブルーチンでした．Verilog HDLでは，純粋に値を返すだけの関数です．functionに関するかぎり，C言語よりPascalに近い概念です．

　functionの後，戻り値のビット幅，ファンクション名が続きます．この場合，戻り値はサイコロの目なので7ビット，関数名はdecです．ファンクションの引き数は，input宣言で行います．ここでは3ビットのdinが引き数です．このdinは，ファンクションの中だけで有効な仮引き数です．

(2) case文

```
case( din )
    3'h1:   dec = 7'b0001000;
    3'h2:   dec = 7'b1000001;
    3'h3:   dec = 7'b0011100;
    3'h4:   dec = 7'b1010101;
    3'h5:   dec = 7'b1011101;
    3'h6:   dec = 7'b1110111;
    default:dec = 7'bxxxxxxx;
endcase
```

ファンクション内では，if～elseやcase文などを用いて機能を記述することができます．if文は2方向分岐ですが，case文は多方向への分岐を実現します．caseに続く（ ）内の値に応じて，一致したラベルの付いた文を実行します．

例えばdinが2なら，

```
dec=7'b1000001;
```

を実行します．そしてcase文の処理は終了します．この点はC言語と異なります．C言語では，分岐したあとに次の文を実行させないため，break文を必要としていましたが，Verilog HDLでは不要です．default以降は，ここまでに記述したラベルと一致しなかったときに実行する行です．例えばdinが0や7のとき，もしくは不定値になってしまったときに実行します．本来は取りえない値なので，functionの戻り値も不定値としています．endcaseによりcase文は終了します．

論理合成を前提とした場合，case文は真理値表を実現した組み合わせ回路となります．したがって，主にデコーダ，セレクタ，ROM（組み合わせ回路で構成したもの）などの記述に用いられます．この場合，**図2.1(d)** の真理値表を実現しています．

ファンクションdecの戻り値は，decへの代入によって行われます．よってcase文によって分岐し代入された値が，ファンクションdecの戻り値となります．

```
endfunction
```

endfunctionはファンクションの終わりを示します．

(3) functionの呼び出し

```
assign lamp = dec( cnt );
```

これは，ファンクションの呼び出しです．ファンクションは「式」として扱いますから，代入文の右辺に来ることができます．実引き数cntを与え，ファンクションdecを呼び出すことにより，出力lampにサイコロの目デコーダの出力が設定されます．

図2.2 のサイコロの目デコーダと，6進カウンタcntの接続が，HDL記述ではファンクション呼び出しによる代入になっています．きっすいのハードウェア技術者にはちょっとわかりにくいかもしれません．これがHDL設計の流儀だと思って理解してください．

2.1.4　電子サイコロのシミュレーション記述と結果

動作確認のためのシミュレーションを行うには，やはりシミュレーション用のモジュールが必要となります．これを**リスト2.2** に示します．enable信号を途中で'0'にしているのは，サイコロのカウンタをチェックするためです．カウント値が6になったときの動作を確認しています．

この電子サイコロの出力は，ランプ出力lampしかありません．内部のサイコロのカウンタcntも観測したいものです．この場合，インスタンス名がsaiであるsaikoroモジュールの内部信号なので，

リスト2.2 電子サイコロのシミュレーション記述

```
/* 電子サイコロ・シミュレーション記述 */

module saikoro_test;
reg             ck, reset, enable;
wire    [6:0]   lamp;

// 1周期1000ユニットに設定
parameter STEP=1000;

// クロックの定義
always begin
    ck = 0; #(STEP/2);
    ck = 1; #(STEP/2);
end

// 電子サイコロ呼び出し
saikoro sai( ck, reset, enable, lamp );

// テスト入力
initial begin
            reset = 0; enable = 0;
    #STEP   reset = 1;
    #STEP   reset = 0;
    #STEP   enable = 1;
    #(STEP*5)
            enable = 0; /* カウント値が6のときenableを0にしてみる */
    #STEP   enable = 1;
    #(STEP*5)
            $finish;
end

// 表示
initial $monitor( $stime, " reset=%b enable=%b saikoro=%h lamp=%b",
    reset, enable, sai.cnt, lamp
    );

endmodule
```

  sai.cnt

とすることにより，内部信号にアクセスできます．リスト2.2の$monitor文の中で用いているように，

  インスタンス名．インスタンス名．…．信号名

とすることで，どんなに深い階層の信号でもアクセスできます．

図 2.3
電子サイコロのシミュレーション例

```
Compiling source file "saikoro_tp.v"
Compiling source file "saikoro.v"
Highest level modules:
saikoro_test

       0 reset=0 enable=0 saikoro=x lamp=xxxxxxx
    1000 reset=1 enable=0 saikoro=1 lamp=0001000
    2000 reset=0 enable=0 saikoro=1 lamp=0001000
    3000 reset=0 enable=1 saikoro=1 lamp=0001000
    3500 reset=0 enable=1 saikoro=2 lamp=1000001
    4500 reset=0 enable=1 saikoro=3 lamp=0011100
    5500 reset=0 enable=1 saikoro=4 lamp=1010101
    6500 reset=0 enable=1 saikoro=5 lamp=1011101
    7500 reset=0 enable=1 saikoro=6 lamp=1110111
    8000 reset=0 enable=0 saikoro=6 lamp=1110111
    9000 reset=0 enable=1 saikoro=6 lamp=1110111
    9500 reset=0 enable=1 saikoro=1 lamp=0001000
   10500 reset=0 enable=1 saikoro=2 lamp=1000001
   11500 reset=0 enable=1 saikoro=3 lamp=0011100
   12500 reset=0 enable=1 saikoro=4 lamp=1010101
   13500 reset=0 enable=1 saikoro=5 lamp=1011101
```

図2.3にシミュレーション結果を示します．enable=1でサイコロ・カウンタcnt（表示中はsaikoro）がカウントを始め，サイコロ表示出力lampにサイコロの目が表示されています．サイコロ・カウンタと表示の関係は図2.1(d)のとおりになっています．

2.2　電子錠

次に，もう少し複雑な記述例として，電子錠を紹介します．テン・キーと，液晶表示付きの電子錠を，スポーツ・クラブのロッカーなどで見かけることができます．かぎの代わりがテン・キー入力による暗証番号なので，かぎを持ち歩く必要がなく便利です．ここで示す記述例は，この電子錠の簡易版です．

2.2.1　電子錠の仕様

図2.4に電子錠の仕様を示します．

一般のテン・キー式電子錠と比べると，機能を大幅に簡略化しています．出力は，かぎがかかっているか否かを示す信号lockだけです．錠出力信号lockが‘1’なら施錠，‘0’なら開錠です．クローズ・キー入力closeにより，錠出力lockが‘1’（施錠）になります．

テン・キー入力tenkey[9:0]には，0から9までの番号の付いたスイッチが接続されます．暗証番号を4けた入力し，一致していればlockが‘0’（開錠）になります．テン・キー入力は，最後に入力した4けたが有効になります．暗証番号は，装置に固有の番号とし，回路の中で固定しています．

ckには50Hz程度のクロックを入力します．テン・キー入力のチャタリング（ON/OFFが安定するまでの不安定状態）除去のためにもこの程度の速度が最適です．resetは，回路の初期化のための非同期リセット信号です．

図2.4 電子錠の仕様

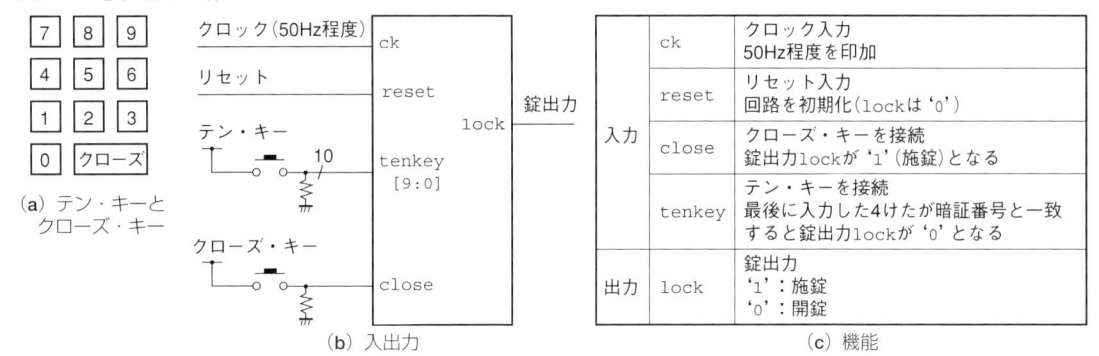

(a) テン・キーとクローズ・キー

(b) 入出力

(c) 機能

入力	ck	クロック入力 50Hz程度を印加
	reset	リセット入力 回路を初期化（lockは'0'）
	close	クローズ・キーを接続 錠出力lockが'1'（施錠）となる
	tenkey	テン・キーを接続 最後に入力した4けたが暗証番号と一致すると錠出力lockが'0'となる
出力	lock	錠出力 '1'：施錠 '0'：開錠

図2.5 電子錠のブロック図

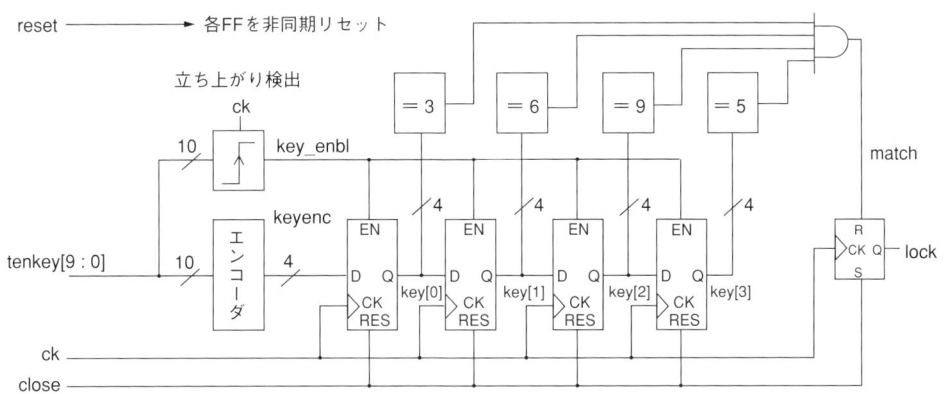

2.2.2 電子錠の回路概要

図2.5に電子錠のブロック図を示します．出力のlock信号には，同期型のセット/リセットFFを用います．クローズ信号closeにより，出力が'1'（施錠）になります．また，テン・キーによる暗証番号一致信号matchにより，出力が'0'（開錠）になります．

テン・キー入力tenkey[9:0]は10本の入力で，キー入力によって1本だけが'1'になるものとします．同時押しの対策は行っていません．テン・キー入力をkeyencでエンコードし，4ビットの値に変換します．これを4ビット×4段のシフト・レジスタに順次格納します．このシフト・レジスタのシフト・イネーブル信号key_enblは，tenkey入力の立ち上がりを検出して作成しています．この回路は，tenkey入力のチャタリング除去にもなっています．

シフト・レジスタの出力は，あらかじめ固定してある暗証番号と比較し，すべて一致していれば一致信号matchが'1'となります．ちなみに暗証番号は"5963"としました．

2.2.3 電子錠のHDL記述

リスト2.3に，電子錠のHDL記述を示します．新しく登場した記述スタイルなどを順に説明します．

リスト2.3　電子錠のVerilog HDL記述

```
/* 電子錠 */

module elelock( ck, reset, tenkey, close, lock );
input           ck, reset, close;
input    [9:0]  tenkey;
output          lock;

reg             lock, ke1, ke2;
reg      [3:0]  key [0:3];

wire            match, key_enbl;

// 暗証番号設定
parameter SECRET_3 = 4'h5, SECRET_2 = 4'h9, SECRET_1 = 4'h6, SECRET_0 = 4'h3;

// 暗証番号入力レジスタ
always @( posedge ck or posedge reset ) begin
    if ( reset==1'b1 ) begin
        key[3]  <= 4'b1111;
        key[2]  <= 4'b1111;
        key[1]  <= 4'b1111;
        key[0]  <= 4'b1111;
    end
    else if ( close==1'b1 ) begin
        key[3]  <= 4'b1111;
        key[2]  <= 4'b1111;
        key[1]  <= 4'b1111;
        key[0]  <= 4'b1111;
    end
    else if ( key_enbl==1'b1 ) begin
        key[3]  <= key[2];
        key[2]  <= key[1];
        key[1]  <= key[0];
        key[0]  <= keyenc( tenkey );
    end
end

// テン・キー入力チャッタ取り用
always @( posedge ck or posedge reset ) begin
    if ( reset==1'b1 ) begin
        ke2 <= 1'b0;
        ke1 <= 1'b0;
    end
    else begin
        ke2 <= ke1;
        ke1 <= | tenkey;
    end
end
```

```
// 電子錠出力
always @( posedge ck or posedge reset ) begin
    if ( reset==1'b1 )
        lock <= 1'b0;
    else if ( close==1'b1 )
        lock <= 1'b1;
    else if ( match==1'b1 )
        lock <= 1'b0;
end

// テン・キー入力エンコーダ
function [3:0] keyenc;
input      [9:0]   sw;
    case ( sw )
        10'b00000_00001: keyenc = 4'h0;
        10'b00000_00010: keyenc = 4'h1;
        10'b00000_00100: keyenc = 4'h2;
        10'b00000_01000: keyenc = 4'h3;
        10'b00000_10000: keyenc = 4'h4;
        10'b00001_00000: keyenc = 4'h5;
        10'b00010_00000: keyenc = 4'h6;
        10'b00100_00000: keyenc = 4'h7;
        10'b01000_00000: keyenc = 4'h8;
        10'b10000_00000: keyenc = 4'h9;
    endcase
endfunction

// 暗証番号一致信号
assign match = (key[0]==SECRET_0) && (key[1]==SECRET_1)
            && (key[2]==SECRET_2) && (key[3]==SECRET_3);

assign key_enbl = ~ke2 & ke1;

endmodule
```

(1) レジスタ配列の宣言

```
    reg [3:0]  key[0:3];
```

これはレジスタ配列です．ハードウェア的に言えば，レジスタ・ファイルです．4ビットのレジスタが4本からなります．このレジスタ配列に，エンコードされたキー入力を4けた格納できます．

(2) 定数(暗証番号)の宣言

```
    parameter SECRET_3 = 4'h5, SECRET_2 = 4'h9, SECRET_1 = 4'h6, SECRET_0 = 4'h3;
```

パラメータ宣言する定数のビット幅をあらかじめ宣言できます．この場合，すべてのパラメータは

4ビットの扱いです．このパラメータが暗証番号です．この値を変えることにより暗証番号を変えられますが，いずれにしても回路固有の値となります．

(3) レジスタ配列のアクセス

```
if ( reset==1'b1 ) begin
    key[3]  <= 4'b1111;
    key[2]  <= 4'b1111;
```

keyは，4ビット×4本のレジスタ配列です．key[3]は，レジスタ配列の3番目を示します．リセット信号によりkey[3]～key[0]に4ビットの信号4'b1111を代入しています．レジスタ配列は，ワード単位のアクセスのみ可能で，ビット単位ではアクセスできません．

(4) キー・エンコーダkeyencの呼び出し

```
key[0] <= keyenc(tenkey);
```

keyencは，10本のテン・キー入力をエンコードして4ビットを得るファンクションです．ファンクションを呼び出し，戻り値をレジスタに代入しています．ファンクションは，プログラム言語と同様の手法で用いることができます．

(5) リダクション演算の活用

```
ke2 <= |tenkey;
```

|はC言語と同じビットORの演算子です．ビット演算子を多ビット信号の頭に付けて単項演算子として用いると，全ビットにわたるビット演算になります．これをリダクション演算と呼びます．この場合，右辺は，

```
tenkey[0] | tenkey[1] | tenkey[2] | tenkey[3] | … | tenkey[9]
```

と等価です．ビット演算の&(AND)や^(EX-OR)も同様のことができるので，より簡潔に記述できます．

(6) キー・エンコーダの記述

```
function [3:0] keyenc;
input      [9:0]   sw;
    case ( sw )
        10'b00000_00001: keyenc = 4'h0;
        10'b00000_00010: keyenc = 4'h1;
```

リスト2.4 電子錠のシミュレーション記述

```
/* 電子錠のシミュレーション記述 */

module elelock_tp;
reg             ck, reset, close;
reg     [9:0]   tenkey;

// 1周期1000ユニットに設定
parameter STEP = 1000;

// クロックの定義
always begin
    ck = 0; #(STEP/2);
    ck = 1; #(STEP/2);
end

// 電子錠呼び出し
elelock elelock( ck, reset, tenkey, close, lock );

// テスト入力
initial begin
                reset = 0; tenkey = 0; close = 0;
    #STEP       reset=1;
    #STEP       reset=0;
    #(STEP*4)   close=1;
    #STEP       close=0;
    #(STEP*4)   tenkey[8]=1;
    #(STEP*4)   tenkey[8]=0;
    #(STEP*4)   tenkey[5]=1;
    #(STEP*4)   tenkey[5]=0;
    #(STEP*4)   tenkey[9]=1;
    #(STEP*4)   tenkey[9]=0;
    #(STEP*4)   tenkey[6]=1;
    #(STEP*4)   tenkey[6]=0;
    #(STEP*4)   tenkey[3]=1;
    #(STEP*4)   tenkey[3]=0;
    #(STEP*4)   tenkey[4]=1;
    #(STEP*4)   tenkey[4]=0;
    #(STEP*4)   close=1;
    #STEP       close=0;
    #(STEP*4)   $finish;
end

// 表示
initial $monitor( $stime, " reset=%b close=%b tenkey=%b key=%h%h%h%h lock=%b",
    reset, close, tenkey,
    elelock.key[3], elelock.key[2], elelock.key[1], elelock.key[0],
    lock
    );

endmodule
```

図2.6
電子錠のシミュレーション例

```
Compiling source file "elelock_tp.v"
Compiling source file "elelock.v"
Highest level modules:
elelock_tp

       0 reset=0 close=0 tenkey=0000000000 key=xxxx lock=x
    1000 reset=1 close=0 tenkey=0000000000 key=ffff lock=0
    2000 reset=0 close=0 tenkey=0000000000 key=ffff lock=0
    6000 reset=0 close=1 tenkey=0000000000 key=ffff lock=0
    6500 reset=0 close=1 tenkey=0000000000 key=ffff lock=1
    7000 reset=0 close=0 tenkey=0000000000 key=ffff lock=1
   11000 reset=0 close=0 tenkey=0100000000 key=ffff lock=1
   12500 reset=0 close=0 tenkey=0100000000 key=fff8 lock=1
   15000 reset=0 close=0 tenkey=0000000000 key=fff8 lock=1
   19000 reset=0 close=0 tenkey=0000100000 key=fff8 lock=1
   20500 reset=0 close=0 tenkey=0000100000 key=ff85 lock=1
   23000 reset=0 close=0 tenkey=0000000000 key=ff85 lock=1
   27000 reset=0 close=0 tenkey=1000000000 key=ff85 lock=1
   28500 reset=0 close=0 tenkey=1000000000 key=f859 lock=1
   31000 reset=0 close=0 tenkey=0000000000 key=f859 lock=1
   35000 reset=0 close=0 tenkey=0001000000 key=f859 lock=1
   36500 reset=0 close=0 tenkey=0001000000 key=8596 lock=1
   39000 reset=0 close=0 tenkey=0000000000 key=8596 lock=1
   43000 reset=0 close=0 tenkey=0000001000 key=8596 lock=1
   44500 reset=0 close=0 tenkey=0000001000 key=5963 lock=1
   45500 reset=0 close=0 tenkey=0000001000 key=5963 lock=0
   47000 reset=0 close=0 tenkey=0000000000 key=5963 lock=0
   51000 reset=0 close=0 tenkey=0000010000 key=5963 lock=0
   52500 reset=0 close=0 tenkey=0000010000 key=9634 lock=0
   55000 reset=0 close=0 tenkey=0000000000 key=9634 lock=0
   59000 reset=0 close=1 tenkey=0000000000 key=9634 lock=0
   59500 reset=0 close=1 tenkey=0000000000 key=ffff lock=1
   60000 reset=0 close=0 tenkey=0000000000 key=ffff lock=1
```

テン・キー入力のエンコーダです．10個のテン・キーのいずれか1個だけが'1'となるものとします．テン・キーの番号を4ビットで返すファンクションです．case文を用いてエンコーダを記述しています．定数の表現には，数値のほかに_を用いることができます．値は持ちませんが，区切りとして用いると記述が見やすくなります．この場合，10ビットの定数を5ビットで区切っています．

2.2.4 電子錠のシミュレーション記述と結果

リスト2.4に電子錠のシミュレーション記述を，図2.6にシミュレーション結果を示します．シミュレーション記述については，特に目新しいことはありません．

シミュレーション結果から，暗証番号5963のキーを順次入力することにより，錠出力が'1'から'0'に変化していることを確認できます．

本例題は，すでに暗証番号が決まっていました．したがって，実用性はないでしょう．やはり暗証番号を任意に設定できなくてはなりません．暗証番号レジスタを用意し，メモリ・スイッチを増設し，暗証番号が設定ずみかどうかを保持するレジスタを用意し…．第8章でこれらの拡張を行い，FPGAボードを用いて実際に動作させてみます．

図2.7
電子サイコロ(saikoro)の
論理合成結果

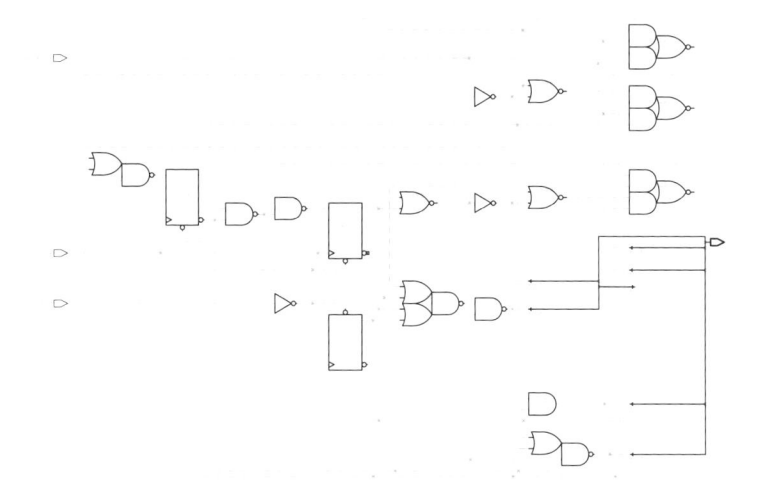

図2.8　電子錠(elelock)の論理合成結果

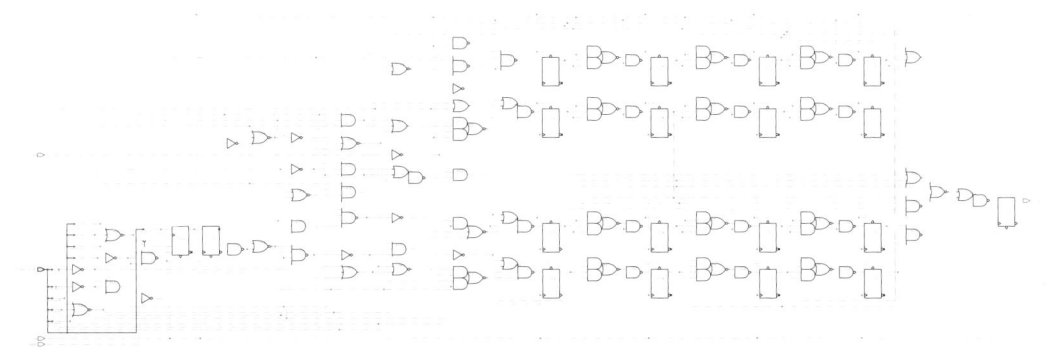

2.3　電子サイコロと電子錠の論理合成

　電子サイコロの論理合成結果を**図2.7**に示します．サイコロの6進カウンタは3ビットのFFから構成されています．サイコロの目デコーダは組み合わせ回路なので，ゲート回路です．このデコーダの出力の各ビットには，

```
lamp[0]==lamp[6],   lamp[1]==lamp[5],   lamp[2]==lamp[4]
```

の関係があります．表示デコーダの記述の段階で，すでにこの関係はありました(**リスト2.1**)．この部分は論理合成後，むだな回路にならず，同一信号は同一のゲート出力となります．
　電子錠の論理合成結果を**図2.8**に示します．レジスタ配列に用いたレジスタの数が多いことや，テン・キーのエンコーダ，暗証番号の比較回路などの組み合わせ回路などがあり，やや大きめの回路となっています．

第二部

回路記述編

第3章

文法概略と基本記述スタイル

記述例を本格的に紹介する前に，Verilog HDLの文法と基本的な記述スタイルについて説明します．論理合成が可能な範囲に限ると，憶えなければならない文法はごくわずかです．また，回路の記述スタイルもいくつかのタイプに限られます．ここでは，最低限知っておきたいVerilog HDLの基本的な文法をまとめてみました．

3.1 文法を少々

ここで解説する文法は，Verilog HDLのほんの一部です．しかし，第4章，第5章の記述例を理解するためには十分です．ここで示す文法をマスタすれば，Verilog HDL記述による回路設計の入り口くらいは通り抜けたことになるでしょう．

3.1.1 モジュール構造

回路を記述する基本構造がモジュールです（図3.1）．前にも述べましたが，「モジュール」は予約語のmoduleとendmoduleで囲まれ，回路表現からシミュレーション用の入力まで，すべてがこの中で記述されます．

moduleに続き，モジュール名，ポート・リストを記述します．「ポート・リスト」とは，入力，出

図3.1
モジュール構造

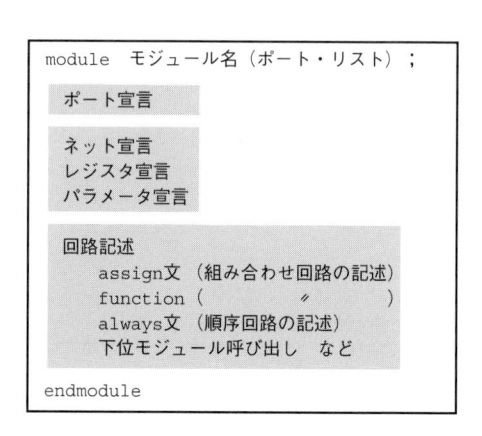

```
module  モジュール名（ポート・リスト）；
    ポート宣言

    ネット宣言
    レジスタ宣言
    パラメータ宣言

    回路記述
        assign文　（組み合わせ回路の記述）
        function（    〃    ）
        always文　（順序回路の記述）
        下位モジュール呼び出し　など
endmodule
```

図3.2
各種宣言例

```
(a) ポート宣言例

  input   ck, res;              // 入力
  input   [7:0] bus1, bus2;     // 入力，バス信号
  output  busy;                 // 出力
  inout   [15:0] dbus;          // 双方向，バス信号

(b) ネット宣言例

  wire    enbl;
  wire    [7:0] bus;            // バス信号

(c) レジスタ宣言例

  reg     ff1, ff2;
  reg     [3:0] cnt4;           // 4ビット・レジスタ
  reg     [7:0] mem [0:255];    // 256バイト・メモリ

(d) パラメータ宣言例

  parameter  STEP=1000;                              // 1クロック周期
  parameter  HALT=2'b00, INIT=2'b01, ACTION=2'b10;   // ステート
  parameter  MEMSIZE=1024;
  reg  [7:0] mem [0:MEMSIZE-1];                      // パラメータ使用例
```

力の端子名を列挙したものです．モジュール名やポート名などの識別子には**英数字**と_(アンダ・スコア)が使え，大文字小文字を区別します(**図3.2**)．

モジュールの内部は，各種の**宣言部分**と**回路記述**部分から構成されています．

●宣言部分の構成

宣言部分は，
- ポート・リストに対応した**ポート宣言**
- モジュール内部で用いる信号を定義する**ネット宣言**と**レジスタ宣言**
- 定数を定義する**パラメータ宣言**

から構成されます．これらの宣言の例を**図3.2**に示します．

ポート宣言では，ポート・リストに記述したポートをすべてここで宣言する必要があります．しかし，宣言順は任意です．ポート・リストの順番や入力・出力の順番には影響されません．

図3.2の多ビット信号の宣言やアクセス方法，レジスタ配列(メモリ)は3.1.4で説明します．

●回路記述部分の構成

宣言部分に続いて回路の構造，動作を記述します．組み合わせ回路は，
- assign文
- function

順序回路は，
- always文

で記述します．さらに，別に記述したモジュールを接続する，
- 下位モジュール呼び出し

があります．

　以上の詳細は，3.2節で説明します．

3.1.2　論理値と数値表現

●論理値

　Verilog HDLで扱える**論理値**は，

　　'0'，'1'，'x'(不定値)，'z'(ハイ・インピーダンス)

の4値です．さらに**8値の信号強度**，

　　`supply, strong, pull, large, weak, medium, small, highz`

を付加できます(実際に用いるときは，それぞれ0，1を付け，`strong0`，`strong1`のように表記して使う)．信号強度を指定しなければ，`strong`となります．

　信号強度の設定は，論理合成対象外です．シミュレーションのときにだけ用います．

●定数の表現

　定数は，次の形式で表現します．

　　＜ビット幅＞'＜基数＞＜数値＞

　＜ビット幅＞は，定数のビット幅を表現する10進数です．省略すると，32ビットとして扱われます．＜基数＞は，何進数の数値かを表します．次の4種類があります．

　　b，B：2進数，　o，O：8進数，　d，D：10進数，　x，X：16進数

これも省略可能で，省略時は10進数として扱われます．

　＜数値＞は，定数の値を示します．基数に応じた数値を扱えます．例えば8進数なら0〜7とx，zですし，16進数なら0〜9，a〜f(A〜Fも可)とx，zです．ただし，10進数にはxとzは使えません．また，区切りのために'_'を使用して，読みやすくすることができます．

　定数の例を**表3.1**に示します．

3.1.3　データ型

●信号(変数)の型宣言

　記述の中で用いられる信号(変数)[注]は，すべて**型宣言**する必要があります．型には次の2種類があります．

(1) **レジスタ型**(`reg`宣言したもの)：ラッチやフリップフロップ(FF，値を保持する)
(2) **ネット型**(`wire`宣言したもの)：配線部分(値を保持できない)

注：Verilog HDLには信号と変数の区別がない(VHDLにはある)．本書では，一応の区別として，ハードウェアを表現するときには「信号」を，ソフトウェア的な表現のときには「変数」を用いた．

表3.1
定数の例

数値定数	ビット幅	基数	2進数表現
10	32	10進	00...01010
1'b1	1	2進	1
8'haa	8	16進	10101010
4'bz	4	2進	zzzz
8'o377	8	8進	11111111
8'b0000_11xx	8	2進	000011xx
'hff	32	16進	00...011111111
4'd5	4	10進	0101

図3.3
ネット宣言を省略できる例

```
module DFF( CK, D, Q );
input   CK, D;
output  Q;
wire CK, D;    省略可
reg  Q;

always @( posedge CK )
    Q <= D;

endmodule
```

(a) ポート信号

```
module RSFF( SB, RB, Q );
input   SB, RB;
output  Q;
wire temp;    省略可

nand na1( Q, SB, temp );
nand na2( temp, Q, RB );

endmodule
```

(b) プリミティブ・ゲートやモジュール
呼び出しのときの1ビット信号

いずれの型も，参照する場合の制限はありません．式の右辺で用いたり，functionの引き数に用いることができます．しかし，代入する場合には次のような制約があります．

- レジスタ型信号への代入は，always文，initial文，task，functionの中だけ
- ネット型信号への代入は，assign文の中だけ

したがって，これらに反した代入は，文法エラーとなります[注]．

● 型宣言の省略

型宣言を省略できる場合があります．図3.3に示す二つの例では，ネット宣言を省略できます．図3.3(a)のポート信号は，省略するのが一般的です．ポート宣言した信号は，デフォルトでネット型です．入力/出力にかかわらず，ネット型であれば型宣言を省略できます．本書では，ネット型のポート信号は，すべて型宣言を省略しました．

また，プリミティブ・ゲートやモジュールの間を接続する1ビットの信号も，ネット宣言を省略できます．図3.3(b)の例では，tempを未宣言で用いることができます．しかし，多ビットのネット信号の場合は，ネット宣言を忘れると1ビット信号として扱われてしまいます．文法エラーにはなりませんが，シミュレータが「ポートのビット数が一致しない」という警告メッセージを出力します．

● ネット型とレジスタ型の使い分け

文法的には値を保持するレジスタ型，値を保持しないネット型と明確な区別がありますが，回路記述の中では混乱することもあります．いくつか例をあげて，使い分けを解説します．

注：厳密には文法エラーにならない場合もある．第7章で述べるforce文（強制代入）を使えば，initial文などの中でネット型信号に代入できる．また，論理合成できないので回路記述では使わないが，initial文などの中でレジスタ信号に対してassignで代入文を書くこともできる．これはレジスタに対する「継続的代入」である．

図3.4　ネット型とレジスタ型

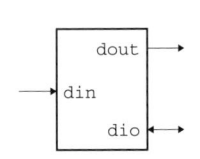

```
module sample( ... );
 input   din;
 wire    din;   // 入力はネット型のみ
 output  dout;
 reg     dout;  // 出力はネット型かレジスタ型
 inout   dio;
 wire    dio;   // 双方向はネット型のみ
```

（a）ポート番号

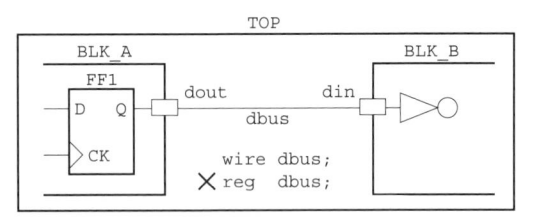

```
module TOP( ... );
 ...
 reg [15:0] dbus; // wire [15:0] dbusならOK
 BLK_A  A( .dout(dbus), ... ); // 出力にregは接続できない
 BLK_B  B( .din(dbus),  ... ); // 入力側へのreg接続は可
endmodule
```

（b）ブロック間接続信号

　ポート信号にも型があります．ポートの種類によって**図3.4(a)**のような使い分けがあります．これ以外の組み合わせ，例えば入力ポートをレジスタ型で宣言すると文法エラーになります．

　ブロック間の接続信号は，**図3.4(b)**のようにネット型で宣言して接続します．レジスタ型で宣言してしまうと，出力側のブロックを接続した部分で文法エラーになります．入力側へのレジスタ型の信号接続は可能です．テストベンチにおいて，検証対象に信号を接続して入力を変化させるときなどに，この方法を使います．

3.1.4　多ビット信号

●宣言時におけるビット幅指定

　ビット幅をもった信号を用いるためには，まず，信号の宣言時に[MSB:LSB]の形式でビット幅と範囲を指定します．いくつか例を示します．

```
input   [3:0]  a,b ;        4ビットの入力aとb
wire    [7:0]  dbus;         8ビットのネット信号
reg     [15:8] addr_hi;      8ビットのレジスタ信号
reg     [7:0]  addr_lo;      8ビットのレジスタ信号
```

ビット幅指定は，一つの宣言に1回しか許されないので，

```
✗  reg   [3:0] cnt4, [7:0] cnt8;
✗  wire        busy, [2:0] status;
```

などは文法エラーです．

　多ビットの信号は，「符号なし整数」として扱われます．したがって，負の数を直接扱うことはできません．

●多ビット信号のビット選択

多ビット信号を1ビット単位でアクセスするときは，

```
assign   MSB = dbus[7];
assign   LSB = dbus[0];
```

などとします．また，代入文の左辺に用いて，

```
assign   dbus[4] = half_carry;
```

などと1ビットだけ代入することもできます．

●多ビット信号の部分選択

多ビット信号をある範囲でアクセスするときは，

```
wire     [3:0] Hi_digit;
assign   Hi_digit = addr_hi[15:12];
```

とします．ビット選択と同様に

```
wire     [3:0] Lo_digit;
assign   dbus[3:0] = Lo_digit;
```

と部分的に代入することもできます．

宣言した範囲外を指定した場合，値は不定値となります．

```
dbus[9]   …   'x'
```

また，範囲外のビットへの代入は，文法エラーです．

●レジスタ配列(メモリ)

レジスタ型の信号は，配列を作ることができます．例えば，

```
reg [7:0] mem [0:255];
```

と宣言すれば，memは8ビット×256ワード，つまり256バイトのメモリとなります．これを**レジスタ配列**と呼びます．

レジスタ配列については，ビット選択や部分選択は行えません．かならずワード単位のアクセスと

なります．したがって，

```
mem [100]
```

は，「レジスタ配列memの100番地の内容」となります．
　ビット選択や部分選択を行うためには，一時的なネット信号を用いて，

```
wire    [7:0] temp;
assign temp = mem[100];
```

と定義しておくことで，

```
temp[7]   …  mem[100]の最上位ビット（MSB）
temp[3:0] …  mem[100]の下位4ビット
```

とすることができます．
　レジスタ配列は，「ベクタ信号(ビット幅をもった信号)の1次元配列」と考えることができます．Verilog HDLでは，プログラム言語のように2次元/3次元などの多次元配列を作ることはできません．
　スカラ信号(1ビットの信号)の1次元配列も可能です．

```
reg  mem_1 [0:15];
```

これは，1ビット×16ワード，つまり全体で16ビットのレジスタとなります．ただし，これはレジスタ配列なので，部分選択は行えません．

3.1.5　演算子と演算優先順位

●演算子 ── C言語との共通点と相違点

　Verilog HDLでは，一般のプログラム言語と同じように「式」を扱うことができます．式の中で，これから説明する各種の演算を行えます．
　Verilog HDLで扱える演算は，基本的にC言語のものと同一です．Verilog HDLの演算子を**表3.2**にまとめます．C言語を知っていれば，おなじみのものばかりだと気づくでしょう．
　ただし，すべて同じというわけではありません．Verilog HDL固有の連接演算やリダクション演算があります(これらは後述する)．また，C言語で多用される++(インクリメント)演算や，--(デクリメント)演算はありません．さらに，代入は演算扱いではないので[注]，

注：C言語でバグの温床となった
```
    if ( regA=4'h5 ) ～
```
などの記述は，代入が演算扱いではないため文法エラーとなる．Verilog HDLで記述するうえで，この手のバグに悩まされることはないので，ご安心を．

表3.2 Verilog HDLの演算子

演算子	演算	演算子	演算
	算術演算		論理演算
+	加算，プラス符号	!	論理否定
-	減算，マイナス符号	&&	論理 AND
*	乗算	||	論理 OR
/	除算		等号演算
%	剰余	==	等しい
	ビット演算	!=	等しくない
~	NOT	===	等しい (x, zも比較)
&	AND	!==	等しくない (x, zも比較)
|	OR		関係演算
^	EX-OR	<	小
~^	EX-NOR	<=	小または等しい
	リダクション演算	>	大
&	AND	>=	大または等しい
~&	NAND		シフト演算
|	OR	<<	左シフト
~|	NOR	>>	右シフト
^	EX-OR		その他
~^	EX-NOR	?:	条件演算
		{ }	連接

表3.3 演算子の優先順位

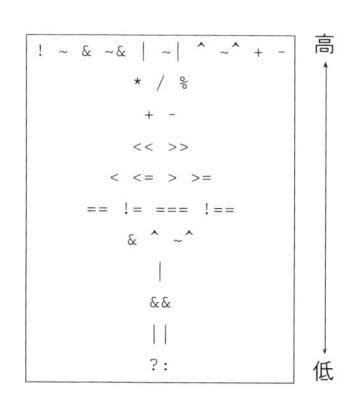

```
       ! ~ & ~& | ~| ^ ~^ + -      高
              * / %
               + -
              << >>
           < <= > >=
          == != === !==
              & ^ ~^
                |
               &&
               ||
               ?:                   低
```

```
✗  a = b = c = 1'b0;
```

などとはできません．

●演算の優先順位

　各演算の優先順位を**表3.3**に示します．これも基本的にC言語と同じです．最上位の優先順位に多くの演算子があります．これらはすべて単項演算子で，各項の頭に付ける演算子です．「論理否定」，「リダクション演算」，「符号の演算」が最優先となります．

　演算の優先順は，( )を用いて明示できます．演算の優先順位がわかりにくいとき，例えばシフト演算と加減算が混在しているようなときは，優先順位を熟知していても，積極的に( )を使って演算の順番を明示したほうが良いでしょう．

　次に，Verilog HDL固有の演算について解説します．

3.1.6 等号演算と関係演算

●2項の等号演算/関係演算

2項の値の一致/不一致を判定する**等号演算**では，演算子 `==`，`!=` を使用します．また，2項の大小を比較する**関係演算**は，演算子 `<`，`>` を使用します(=と組み合わせる)．基本的な演算内容は，C言語と同じです．2項の関係を判断し，真か偽の値を返します．演算結果は，

- 真 … '1' (1'b1)
- 偽 … '0' (1'b0)

となります．演算結果は1ビットの値なので，

```
assign  match = ( regA == regB );
 (regAとregBが一致していれば '1'，不一致なら '0')
```

などと記述することができます．

●2項に不定値かハイ・インピーダンス値が含まれる場合

比較する2項のいずれかに 'x' (不定値)，'z' (ハイ・インピーダンス値)が含まれると，比較対象外なので「偽」として扱われます．

'x' や 'z' を直接比較したければ，`===`(一致)，`!==`(不一致)を用います．つまり，

```
if ( regA==4'hx )
    …
```

では必ず偽となってしまい，一致・不一致を判断できず，無意味な記述となりますが，

```
if ( regA===4'hx )
    …
```

では，判断が可能です．ただし，`===`と`!==`は論理合成対象外です．

3.1.7 連接演算

連接演算子`{ }`は，実際のHDL記述で非常に役に立つ演算子です．この演算子のおかげで，簡潔な記述が可能となります．

●連接演算を代入文の右辺で使用

例を示します．まず，代入文の右辺で用いた場合です．

```
wire     [15:0] addr_bus;
assign   addr_bus = { addr_hi, addr_lo };注
```

`addr_hi`と`addr_lo`は，8ビットのレジスタ信号とします．`addr_bus`は，`addr_hi`と`addr_lo`

■コラムD■ always文は重要

always文はいろいろな記述で使用されており，実に用途の多い構文です．alwaysなしにVerilog HDLは語れない，といっても良いほどです．反面，文法的には難しい部類に属し，使いかたを誤りやすい構文でもあります．

図D.1にalways文の文法を簡略化して示します．ここで**＜イベント式＞**とはイベント（信号の変化）からなる式で，**エッジ限定**（posedgeかnegedge）や**論理和**（or）の演算があります．

alwaysを用いた例を図D.2に示します．これ以外にもalwaysの使用法があります．第5章と第7章の中でも解説します．

図D.1　always文の構文（簡略化して表現）

```
always ＜タイミング・コントロール＞＜ステートメント＞
       ＜タイミング・コントロール＞とは＠＜イベント式＞または#＜定数式＞
```

図D.2 always文の使用例

```
always @(posedge CLK)        CLKが立ち上がるたびに
    Q <= D;                      QにDを代入…フリップフロップの記述

always @(G or D)             GまたはDに変化があるたびに
    if( G==1 )                   Gが'1'なら
        Q <= D;                      QにDを代入…ラッチの記述

always #500                  500ユニット経過するたびに
    CLK = ~CLK;                  CLKを反転…クロックの記述
```

を連接して16ビットの信号となりました．連接演算の左側が，重いビットとして扱われます．

また，連接演算では何項でも連接できます．さらに，一般の演算と同様に，代入文の右辺ばかりでなく，モジュール呼び出しのポートやファンクションの引き数にも使用できます．

●連接演算を代入文の左辺で使用

次に，代入文の左辺で連接演算子を用いた例を示します．

```
wire    [3:0] a, b, sum;
wire    carry;
assign  { carry, sum } = a + b;
```

キャリ（けた上げ）出力付き4ビット加算回路の記述です．a，b，sumは各4ビットなので，加算内容によっては結果が5ビットになります．carryとsumを連接した5ビットに，加算回路を代入する

注：余談だが，この2行は，
　wire [15:0] addr_bus = { addr_hi, addr_lo };
と，一つにまとめることができる．ネット宣言時に，代入の記述が可能である．

ことで，`carry`にはけた上げ信号が，`sum`には加算結果が代入されます．

Verilog HDLでは，ビット幅が一致しない変数の演算や代入が許されます．この場合，左辺が5ビットなので，右辺の a + b は，MSB側に0を付けた5ビットとして演算されます．また，代入の左辺のビット幅が右辺より小さい場合，MSB側が欠落して代入されます．

ここでは`assign`文によるネット信号への代入の例でしたが，レジスタ信号でも同様のことができます．代入の左辺で用いることができるのが，この連接演算の最大のメリットです．

●繰り返しを記述する連接演算

連接演算のもう一つの特徴が繰り返しです．連接演算子 { } をかならず2組用います．

```
{ 4{ 2'b10 } }  …  8'b10101010
```

これは，2ビットの"10"を4回繰り返し，8ビットの"10101010"を表現しています．
次に，連接の繰り返しが役立つ例として，符号拡張を示します．

```
wire  [15:0] word;
wire  [31:0] double;
assign  double = { { 16{word[15]} }, word };
```

16ビット信号`word`を32ビット信号`double`に代入する際に，`word`の符号ビットである`word[15]`を16回繰り返し，`double`の上位16ビットに代入しています．

3.1.8 リダクション演算

リダクション演算は，項の先頭に演算子を付ける単項演算です．演算子は，& , ~ , ^ , | を組み合わせたものです．ビット幅をもった信号内の全ビットに作用し，演算結果は1ビットの値となります．例を示します．

```
reg [7:0] cnt;
assign all_one = & cnt;
assign parity  = ^ cnt;
```

`all_one`は，8ビット・レジスタ`cnt`のすべてのビットが'1'のときに値が'1'となります．`parity`は，`cnt`の各ビットのEX-ORをとったもの(パリティ・ビット)です．これらの記述は，

```
assign all_one = cnt[7] & cnt[6] & cnt[5] & cnt[4] & cnt[3] & cnt[2] & cnt[1] & cnt[0];
assign parity  = cnt[7] ^ cnt[6] ^ cnt[5] ^ cnt[4] ^ cnt[3] ^ cnt[2] ^ cnt[1] ^ cnt[0];
```

と等価です．このように，リダクション演算子を使うと簡潔に記述できます．

図3.5 functionの定義

```
function <ビット幅> <ファンクション名>;
    <各種宣言>
    <ステートメント>
endfunction
```

(a) 文法

```
// 8ビット加算回路
function [7:0] sum;
input [7:0] a, b;
    sum = a + b;
endfunction
```

(b) 記述例

図3.6 functionの呼び出し

```
// 「式」の中で使う
<function名>(<式>, <式>, ・・)
```

(a) 文法

```
wire [7:0] result, in0, in1;
assign result = sum( in0, in1 );
```

(b) 記述例

3.1.9 回路記述に必要な構文

今まで紹介してきた記述の中で，回路記述に必要な重要な構文をまとめておきます．具体的な利用方法は，4章以降でも紹介しています．

●functionの定義と呼び出し

functionは名まえの通り「関数」です．あらかじめ定義してから呼び出して使います．回路記述の中では組み合わせ回路の記述に使います．FFなどの記憶素子の記述には使えません．定義部は図3.5のようになります．この中の「各種宣言」の部分では，parameterや一時的に利用するレジスタ変数などを宣言できます．いずれもfunction内だけで有効なローカルな定数や変数になります．

functionの呼び出しは「式」の中で行います(図3.6)．したがって，代入文の右辺や下位モジュールの接続，さらにはほかの関数の引き数などに使います．引き数には2種類あり，それぞれ

　　仮引き数……functionの定義などで使われる，仮の入力信号

　　実引き数……functionなどの呼び出し時に実際に与えられる信号

と呼んでいます．

●if文

if文は2方向の分岐を記述する構文です(図3.7(a))．論理的に不要ならelse以降を省略できます(図3.7(b))．if文は文法上，「ステートメント」に属します．つまり，

- always文
- initial文
- function
- task

の中だけで記述できます．したがって，モジュール直下にいきなり記述すると文法エラーになります(図3.7(d))．

elseは直前のifと対応します．したがって，図3.8(a)のように，elseがa==1を判別しているif文と対応させるつもりで段付けして記述しても，対応しているのは別のif文です．想定した論理には

図3.7 if文

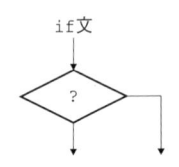

(a) 2方向分岐のif文

```
if ( <式> ) <ステートメント>
if ( <式> ) <ステートメント1> else <ステートメント2>
```
(b) 文法

```
// セレクタ
function [7:0] select;
input s;
input [7:0] in0, in1;
begin
    if ( s==1'b0 )
        select = in0;
    else
        select = in1;
end
endfunction

assign dout = select( sel, d0, d1 );
```
(c) 記述例

```
// if文はモジュール直下で使えない
module sel2to1( d0, d1, sel, dout );
input [7:0] d0, d1;
input sel;
output [7:0] dout;

// 文法エラー
if ( sel==1'b0 )
    dout = d0;
else
    dout = d1;

endmodule
```
(d) NG例

図3.8 ifとelseの対応

```
if ( a==1 )
    if ( b==1 ) x = 0;
else x = 1;
```
(a) elseは直前のifに対応

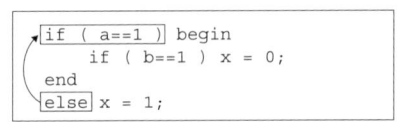

```
if ( a==1 ) begin
    if ( b==1 ) x = 0;
end
else x = 1;
```
(b) 対応を明確にするにはbegin～endで囲う

図3.9 case文

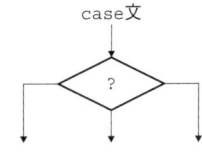

(a) 多方向分岐のcase文

```
case ( <式> )
    <ケース・アイテム>
endcase

<ケース・アイテム>
    ── <式> : <ステートメント>
    ── <式>,<式>,… : <ステートメント>
    ── default : <ステートメント>
```
(b) 文法

```
// セレクタ
function [7:0] select;
input s;
input [7:0] in0, in1;
begin
    case ( s )
        1'b0:    select = in0;
        1'b1:    select = in1;
        default: select = 8'hxx;
    endcase
end
endfunction

assign dout = select( sel, d0, d1 );
```
(c) 記述例

なりません．そこで，図3.8(b)のようにbegin～endで囲えば，ifとelseの対応を明確にすることができます．

● case文

case文では多方向の分岐を記述できます（図3.9(a)）．caseに続いてかっこ内に記述した式の値が，

ケース・アイテムに記述した式の値と一致した先を実行します．ケース・アイテムの式はコンマ(,)でつなげば複数記述でき，この場合はいずれか一つが一致した場合になります．いずれも一致しなかったときには，`default`に続くステートメントを実行します．`default`は，文法上省略できます．

図3.9(c)に示した記述例は，if文で記述したセレクタの例(図3.7(c))をcase文で書き換えたものです．機能は同一で，論理合成した結果は同じになります．しかし，case文にはdefaultの記述があるので，記述上の動作は厳密には同じではありません．例えば，選択信号sが不定値になったとき，if文では「偽」とみなし

```
select = in1;
```

を実行しますが，case文では

```
select = 8'hxx;
```

を実行します．

3.2 回路記述早わかり

●回路記述の四つのスタイル

文法を習得しただけで，すぐに回路記述が自由に行えるということはありません．見本となる記述を見て，まねるところから始めるのが普通でしょう．プログラム言語でも同じことでした．しかし，数多くの記述例から自分なりのスタイルを見いだすのでは手間がかかります．そこで「回路記述の早わかり」を紹介します．

論理合成を前提とした場合，Verilog HDLによる回路記述のスタイルには次の4種類があります[注1]．
- `assign`文による組み合わせ回路
- `function`による組み合わせ回路
- `always`文による順序回路
- 下位モジュール呼び出し

数百ゲートの回路でも，数十万ゲートの回路でも，これら四つの記述スタイルを骨組みとして，肉付けを行っているにすぎません．例を示しながらこれらを解説します．

3.2.1 assign文による組み合わせ回路

「簡単」な組み合わせ回路は`assign`文で記述します．この場合の「簡単」とは，回路規模が小さいことではありません．記述の複雑さの程度です．論理演算や算術演算などを用いて1行程度で記述できる回路であれば，`assign`文を使って記述します．

`assign`文は「**継続的代入**」を示します[注2]．回路で言えば，接続されてつねに駆動されている状態

注1：`always`文による組み合わせ回路も記述可能である．詳しくはコラムEに示した．また，`task`による回路記述も可能であるが，`task`はシミュレーション記述に用いるのが一般的なので，本書では説明を省略した．
注2：これに対して，`always`文や`initial`文ブロック内の代入を「手続き型代入」と呼ぶ．レジスタ型の信号（変数）にのみ代入できる．

図3.10
assign文による組み合わせ回路

```
assign  na    = ~( in1 & in2 );       // 2入力NAND
assign  dout  = (sel==1) ? d1: d0;    // セレクタ
assign  carry = (cnt10==4'h9);        // けた上がり信号
assign  sum   = a + b;                // 加算回路
```

図3.11
組み合わせ回路ブロック図

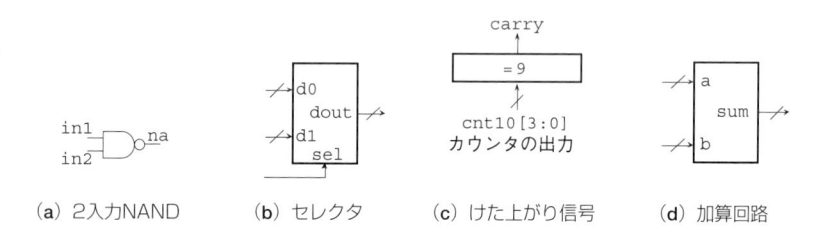

(a) 2入力NAND　　(b) セレクタ　　(c) けた上がり信号　　(d) 加算回路

です．したがって，代入される左辺には，wire宣言したネット型だけが許されます．レジスタ型では文法エラーです．

●セレクタや加算回路を1行で記述できる

assign文を使った組み合わせ回路の例を図3.10に示します．また，図3.10に対応したブロック図を図3.11に示します．

図3.10の記述の中で，セレクタと加算回路はビット幅を明示していません．用いる信号を「wire宣言」で定義しておけば，何ビットでも同一の記述で表現できます．例えば，4ビットの加算回路で設計したものの，実は5ビットが必要だった場合，ビット幅の宣言の部分を修正するだけで済みます．回路図を書き直すのとは比べものにならないほど簡単です．

けた上がり信号carryの記述では，等号演算(==)の結果が真なら'1'，偽なら'0'であることを利用しています．より正確には，

```
assign  carry = (cnt10==4'h9) ? 1'b1: 1'b0;
```

のように条件演算を用いて，carryへ代入する値を明示してもかまいません．

図3.10の例は，モジュールとして完結していません．assign文はほかの回路とあわせて用いられ，モジュールを構成するのが一般的です．

3.2.2　functionによる組み合わせ回路

「複雑」な組み合わせ回路は，functionによって記述します．この場合の「複雑」も，回路規模が大きいことではなく，記述の複雑さの程度を示しています．条件分岐を含むような「複雑」な論理の場合，functionを用いることで，可読性の高いより簡潔な記述が行えます．

図3.12 functionによる組み合わせ回路2 to 4デコーダ

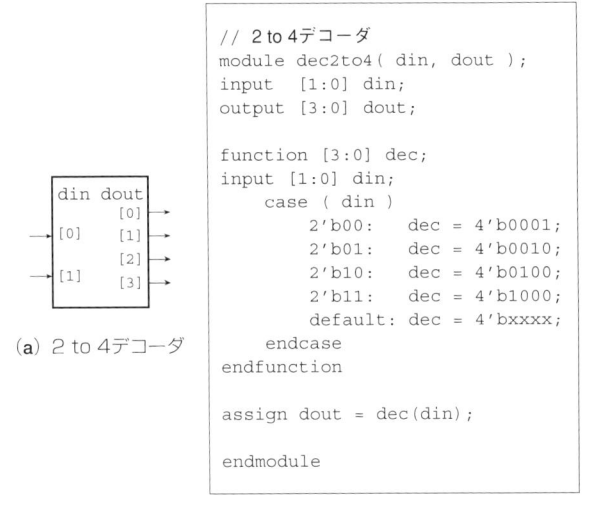

```
// 2 to 4デコーダ
module dec2to4( din, dout );
input  [1:0] din;
output [3:0] dout;

function [3:0] dec;
input [1:0] din;
    case ( din )
        2'b00:   dec = 4'b0001;
        2'b01:   dec = 4'b0010;
        2'b10:   dec = 4'b0100;
        2'b11:   dec = 4'b1000;
        default: dec = 4'bxxxx;
    endcase
endfunction

assign dout = dec(din);

endmodule
```

(a) 2 to 4デコーダ

(b) Verilog HDL記述

図3.13 always文によるDフリップフロップ

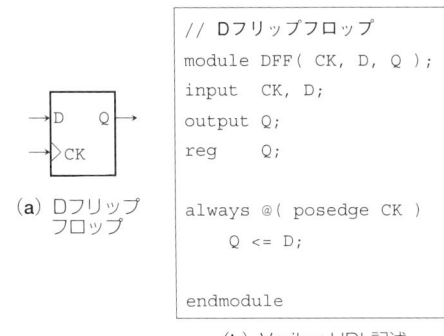

```
// Dフリップフロップ
module DFF( CK, D, Q );
input  CK, D;
output Q;
reg    Q;

always @( posedge CK )
    Q <= D;

endmodule
```

(a) Dフリップフロップ

(b) Verilog HDL記述

●2 to 4デコーダの記述例

図3.12に「functionを用いた2 to 4デコーダ」の記述例を示します．functionは，文字どおり関数です．したがって，引き数と戻り値があり，機能の記述部分があります．図3.12の場合，引き数は2ビットのdin，関数名はdec，戻り値は4ビットです．関数の機能の記述には，「case文」を用います．入力dinに応じて4方向に分岐し，入力をデコードした値を戻り値として関数名decに代入しています．

functionブロックは，関数の定義部分です．したがって，呼び出して実体化する必要があります．この例では，assign文を用いて実引き数dinを与え，結果を出力doutに代入しています．

functionは，複数の引き数をもつことも可能です．functionの入力宣言部に，必要なだけ引き数を記述します．呼び出し時にはこの順番で引き数を記述します．functionには，モジュール呼び出しのような「名まえによる接続」はありません．したがって，引き数の並びの順番は重要です．

if文やcase文などの制御構造はfunction内で記述します．モジュールの入出力宣言部の後にいきなりif文やcase文を記述したら，文法エラーです．if文やcase文を用いれば，大半の組み合わせ回路(セレクタやデコーダ，エンコーダ，ROMなど)をfunctionで記述できます．詳しくは第4章で解説します．

3.2.3 always文による順序回路

●Dフリップフロップの例

ラッチやフリップフロップ(FF)などの順序回路は，always文を用いて記述します．図3.13にD-FFの記述例を示します．レジスタ宣言したQに対して，クロックCKの立ち上がり(positive edge)で入力DにQを代入することでD-FFの動作を実現できます．

図3.14 always文によるバイナリ・カウンタ

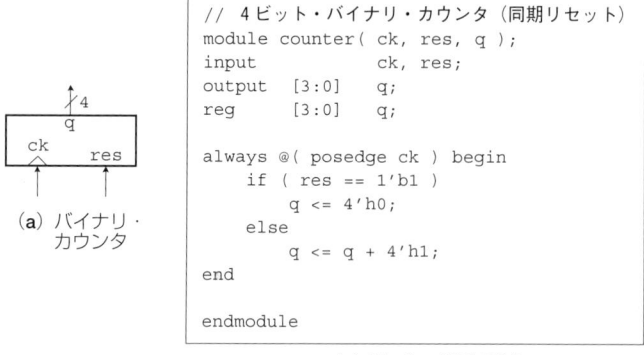

```
// 4ビット・バイナリ・カウンタ（同期リセット）
module counter( ck, res, q );
    input          ck, res;
    output  [3:0]  q;
    reg     [3:0]  q;

    always @( posedge ck ) begin
        if ( res == 1'b1 )
            q <= 4'h0;
        else
            q <= q + 4'h1;
    end

endmodule
```

(a) バイナリ・カウンタ

(b) Verilog HDL記述

図3.15 回路の階層構造

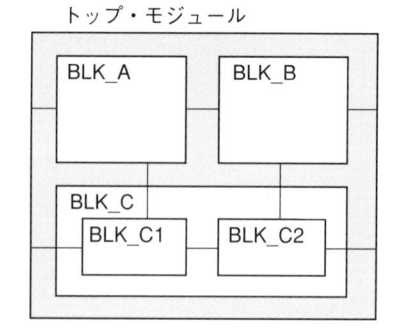

●バイナリ・カウンタの例

順序回路を記述する際に，関連する組み合わせ回路も同時に記述してしまうのが一般的です．図3.14に示すように，always文の中で，

```
if ( res == 1'b1 )
    q <= 4'h0;
else
    q <= q + 4'h1;
```

と記述することにより，resをセレクト信号とする「セレクタ」と4ビットの「＋1回路」の二つの組み合わせ回路を記述したことになります．これらはレジスタ(FF)の入力に付加された組み合わせ回路です．したがって，always文では順序回路とその入力に付加された組み合わせ回路を同時に記述できます．

3.2.4 下位モジュール呼び出し

●回路の階層構造化

どんな大規模な回路でも，一つのモジュールですべてを記述してしまうことはありません．図3.15に示すように複数の階層に分けて記述するのが一般的です．その理由は，
- 機能的にまとまりのある小ブロックに分割することにより，設計・検証を効率よく行える
- ブロックの大きさを，論理合成ツールの実用範囲内にとどめる必要がある
- 必要以上の大きさのブロックの論理合成は，メモリと時間の浪費になる

などです．プログラミングにおいて複数のサブルーチンを用意し，プログラム全体の見通しをよくすることと同じです．

●4ビットDフリップフロップの記述例

図3.16に下位モジュール呼び出しの例を示します．図3.13のD-FFを4個呼び出して，4ビットの

図3.16 下位モジュールの呼び出し

(a) 4ビットDフリップフロップ

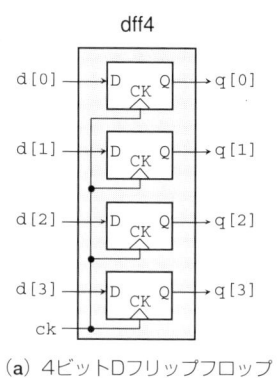

```
// 4ビットDフリップフロップ
module dff4( ck, d, q );
input         ck;
input  [3:0]  d;
output [3:0]  q;

// 順番によるポート接続
DFF DFF0(       ck,      d[0],     q[0] );
DFF DFF1(       ck,      d[1],     q[1] );

// 名まえによるポート接続
DFF DFF2( .CK(ck), .D(d[2]), .Q(q[2]) );
DFF DFF3( .CK(ck), .D(d[3]), .Q(q[3]) );

endmodule
```

順番と名まえの混在不可
× DFF DFF0(ck, .D(d[0]), q[0]);

(b) Verilog HDL記述

D-FFを構成しています．モジュール呼び出しは，

    モジュール名　インスタンス名（ポート・リスト）；

で行われます．呼び出すモジュールが1個だけなら，

    モジュール名＝インスタンス名

としてもかまいません．図3.16の場合は4個のモジュールを呼び出しているので，それぞれ個別のインスタンス名DFF0，DFF1などを付加しています．同一のモジュールを複数呼び出す際には，

```
DFF DFF0( ck, d[0], q[0] ),
    DFF1( ck, d[1], q[1] ),
    DFF2( ck, d[2], q[2] ),
    DFF3( ck, d[3], q[3] );
```

などと，コンマ(,)で区切って連続して記述できます．

ポート接続には，順番による接続と名まえによる接続があります．順番による接続は，定義側のポートと同じ順番で，接続したいポートを記述する方法です．プログラム言語の引き数と同じスタイルです．したがって，順番をまちがえると正しく接続されません．

    ．定義側ポート名（接続信号）

とすることで順番が任意になります．プログラム言語と異なり，モジュール呼び出しのポート数が数十になることも珍しくないので，順番が任意であることは有用です．ただし，順番による接続と名まえによる接続は混在できません．

下位モジュールの**入力ポート**には，「式」や「レジスタ型信号」を記述(接続)することができますが，**出力ポート**に記述(接続)できるのは「ネット型の信号」だけです．

■コラムE■ always文による組み合わせ回路

組み合わせ回路をalways文で作成することも可能です．例えば「2 to 4のデコーダ」を図Eのように記述することができます．ただし，いくつかの注意点があります．

(1) 論理合成時に不必要なラッチを生成することがある

case文やif文などで，条件式に対するすべての状態が文中に記述されていないと，ラッチを生成してしまいます．例えば，図Eのcase文中で，

```
2'b11:   dout <= 4'b1000;
default: dout <= 4'bxxxx;
```

の2行がなかったとします．この状態で入力dinが2'b11のときは出力が変化しないので，「値を保持する回路」，つまりラッチを生成します．functionとassign文を用いれば，このようなことはありません．

(2) 可読性が良くない

複数のメンバで設計する際，お互いのHDLを読む場合が多いので，誤解のない記述方法を採用するほうが有利です．組み合わせ回路はfunctionとassign文，順序回路はreg宣言とalways文と決めてしまえば可読性が向上します．メンバの中には，HDLに不慣れな方もいるでしょうから，リスクの少ない記述スタイルに統一することは，重要なことです．

*　　　　　*　　　　　*

以上は，本書の初版で示した内容です．当初はalways文による組み合わせ回路を否定的に扱っていました．その後，著者の見解も変わり，結果的には「どちらでも良い」や「always文でもかまわない」となってきました．根拠はp.82のコラムF「functionかalwaysか」を参照していただくとして，結果的には慣れだけの問題のような気がします．改訂版の本書では，第8章の回路はalways文による組み合わせ回路で記述しています．この記述スタイルにも慣れていただきたいと思います．

図E
alwaysによる2 to 4デコーダ

```verilog
// alwaysによる2 to 4デコーダ
module decoder_always( din, dout );
input    [1:0]  din;
output   [3:0]  dout;
reg      [3:0]  dout;

always @( din )
    case ( din )
        2'b00:   dout <= 4'b0001;
        2'b01:   dout <= 4'b0010;
        2'b10:   dout <= 4'b0100;
        2'b11:   dout <= 4'b1000;
        default: dout <= 4'bxxxx;
    endcase

endmodule
```

第4章 組み合わせ回路のHDL記述

　この章では，論理式や，if，caseなどの構文を用いた「組み合わせ回路」のVerilog HDLの記述例を数多く紹介します．一つの機能に対して，そのHDL記述法はひと通りではありません．ここでは，できるだけ多くの記述法を紹介します．この章と第5章(順序回路)は，ハンドブックのように用いてください．必要な記述，興味のある記述だけをかいつまんで読むのがよいかと思います．なお，ここで示したすべての記述は，論理合成が可能です．

4.1　基本ゲート回路

　まず，最初の例としてNANDやインバータなどの「基本的なゲート回路」をVerilog HDLで記述してみます．ただし，ここで記述したゲート回路を実際の設計で使用して回路全体を構築することはありません．HDLのメリットを生かしていないことになるからです．したがって，ここで紹介する基本ゲート回路は，参考程度だと考えてください．

4.1.1　プリミティブ・ゲートを用いたゲート回路

　Verilog HDLには，あらかじめ**基本的なゲート回路(プリミティブ・ゲート)**が用意されています．AND，NAND，OR，NOR，インバータなど，あらかじめ定義や宣言なしで用いることができます．
　図4.1にプリミティブ・ゲートを用いたゲート回路例を示します．ポート・リストや入出力宣言部は，信号名の羅列になっています．シミュレーションや論理合成のためにモジュールの形に完結したからです．
　Verilog HDLに用意されているプリミティブ・ゲートは，入力の本数による区別がありません．2入力でも3入力でも同じものを用います．ただし，入出力は順番が決まっています．基本的に最初が出力で以後入力が続きます．また，ゲートの呼び出しは，モジュール呼び出しと同じスタイルです．

　　ゲート・タイプ　ゲート名（出力信号名，入力信号名1，入力信号名2，…　）；

とすることで，プリミティブ・ゲートによるゲート回路を記述できます．モジュール呼び出し時のポート接続で利用可能だった「名まえによる接続」は，プリミティブ・ゲート呼び出しでは使えません．「順番による接続」だけです．また，

図4.1
プリミティブ・ゲートを
利用したゲート回路

```
//プリミティブ・ゲートを利用したゲート回路
module gate_prim( in0, in1, in2, out_not,
    out_and2, out_or2, out_nand2, out_nor2, out_xor2, out_xnor2,
    out_and3, out_or3, out_nand3, out_nor3, out_xor3, out_xnor3 );
input   in0, in1, in2;
output  out_not;
output  out_and2, out_or2, out_nand2, out_nor2, out_xor2, out_xnor2;
output  out_and3, out_or3, out_nand3, out_nor3, out_xor3, out_xnor3;

// 1入力
not     n1( out_not, in0 );

// 2入力
and     an2( out_and2,  in0, in1 );
or      or2( out_or2,   in0, in1 );
nand    nd2( out_nand2, in0, in1 );
nor     nr2( out_nor2,  in0, in1 );
xor     xr2( out_xor2,  in0, in1 );
xnor    xn2( out_xnor2, in0, in1 );

// 3入力
and     an3( out_and3,  in0, in1, in2 );
or      or3( out_or3,   in0, in1, in2 );
nand    nd3( out_nand3, in0, in1, in2 );
nor     nr3( out_nor3,  in0, in1, in2 );
xor     xr3( out_xor3,  in0, in1, in2 );
xnor    xn3( out_xnor3, in0, in1, in2 );

endmodule
```

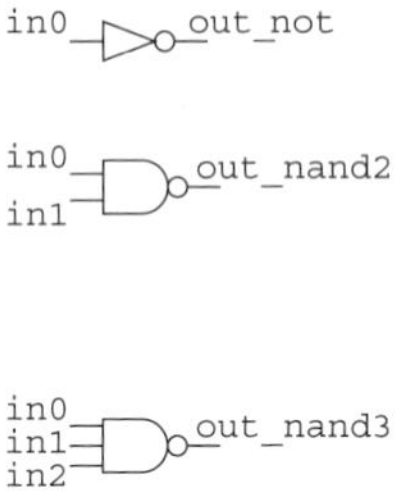

```
ゲート・タイプ＝ゲート名
```

とすると，文法エラーです．ゲート・タイプは予約語なので，識別子であるゲート名に予約語は使えません．しかし，モジュール呼び出しと異なり，ゲート名を省略することもできます．

プリミティブ・ゲートには，図4.1に示したもの以外にも多数あります．しかし，大半が論理合成対象外です．プリミティブ・ゲートの一覧を，巻末の**Appendix I**に示します．

4.1.2　論理式を用いたゲート回路

図4.2に論理式を用いたゲート回路の例を示します．図4.1のプリミティブ・ゲートをassign文に置き換えたものです．入力信号を論理演算し，出力信号に代入する形でゲート回路を実現しています．

図4.1と図4.2は，単純なゲートを記述した例でした．記述量や読みやすさに大差はありません．しかし，複数のゲートを接続したときに差が生じます．図4.3にAND-NORゲートの記述を示します．ASICではよく用いられる複合ゲートです[注]．図4.3(**a**)に示すANDゲート2個とNORゲート1個をプリミティブ・ゲートを用いて記述すると，図4.3(**b**)のようになります．

Verilog HDLで用いているプリミティブ・ゲートには，複合ゲートはありません．したがって，この記述を行うのに先立って準備が必要です．まず，各ゲートにゲート名を付加します．ANDゲートはan1，an2，NORゲートはnr1としました．さらにANDゲートの出力に，ネット名a1，a2を付加します．以上を行った後，図4.3(**b**)ができあがります．

論理式による複合ゲート記述を図4.3(**c**)に示します．ゲート名，ネット名の付加などの準備を必要とせず，論理式1行で記述できます．

注：図4.3(**b**)，(**c**)の記述で論理合成した場合，同図(**a**)の複合ゲートが合成されるか否かは，一概にはいえない．論理合成ツール，合成用ライブラリ，合成時の設定などに影響されるからである．論理は同じでも，別のゲートの組み合わせになる場合がある．

図 4.2
論理式を利用した
ゲート回路

```
//論理式によるゲート
module gate_exp( in0, in1, in2, out_not,
    out_and2, out_or2, out_nand2, out_nor2, out_xor2, out_xnor2,
    out_and3, out_or3, out_nand3, out_nor3, out_xor3, out_xnor3 );
input   in0, in1, in2;
output  out_not;
output  out_and2, out_or2, out_nand2, out_nor2, out_xor2, out_xnor2;
output  out_and3, out_or3, out_nand3, out_nor3, out_xor3, out_xnor3;

//1入力
assign  out_not   = ~in0;                       in0 ─▷○─ out_not

//2入力
assign  out_and2  =   in0 & in1 ;
assign  out_or2   =   in0 | in1 ;               in0 ─┐
assign  out_nand2 = ~(in0 & in1);                    ├─○─ out_nand2
assign  out_nor2  = ~(in0 | in1);               in1 ─┘
assign  out_xor2  =   in0 ^ in1 ;
assign  out_xnor2 = ~(in0 ^ in1);

//3入力                                          in0 ─┐
assign  out_and3  =   in0 & in1 & in2  ;        in1 ─┼─○─ out_nand3
assign  out_or3   =   in0 | in1 | in2  ;        in2 ─┘
assign  out_nand3 = ~(in0 & in1 & in2) ;
assign  out_nor3  = ~(in0 | in1 | in2) ;
assign  out_xor3  =   in0 ^ in1 ^ in2  ;
assign  out_xnor3 = ~(in0 ^ in1 ^ in2) ;

endmodule
```

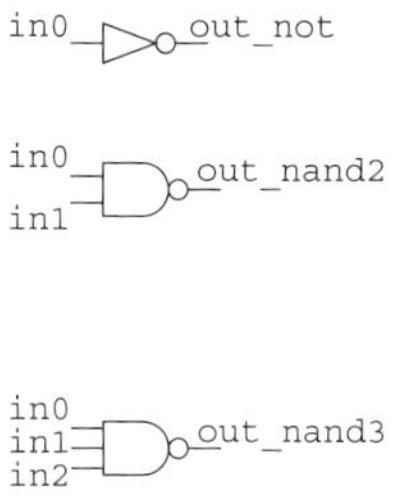

図 4.3
AND-NORゲートの記述

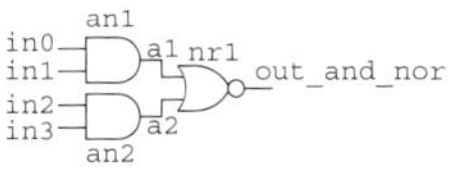

(a) 回路図

```
and an1( a1, in0, in1 ),
    an2( a2, in2, in3 );
nor nr1( out_and_nor, a1, a2 );
```
(b) プリミティブ・ゲートによるAND-NOR

```
assign out_and_nor = ~( ( in0 & in1 ) |
                       ( in2 & in3 ) );
```
(c) 論理式によるAND-NOR

　一般に，設計者がプリミティブ・ゲートを用いて回路記述を行うことはありません．しかし，プリミティブ・ゲートはシミュレーション速度が速いとされており，シミュレーション用のライブラリや，論理合成後の生成ネットリストに用いられています．

4.2 セレクタ

　いよいよ本格的な回路記述例を紹介します．まずは**セレクタ**[注]です．「2ビットの2 to 1セレクタ」，「1ビットの4 to 1，3 to 1セレクタ」を，さまざまなスタイルで記述します．

4.2.1　2 to 1セレクタ

　2ビットの「**2 to 1**（2本の信号から1本を選択する）**セレクタ**」を記述します．**図4.4**にブロック図を示します．2ビットの入力`in0`と`in1`を`sel`信号で選択して，2ビットの`dout`に出力します．`sel=0`なら`in0`を，`sel=1`なら`in1`を選択します．これから4種類の記述スタイルを紹介しますが，すべて同じ仕様です．

注：「マルチプレクサ」ともいう．本書ではすべて「セレクタ」で統一した．

図4.4　2ビット2to1セレクタ

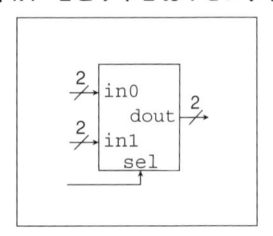

図4.5　条件演算子による2to1セレクタ

```
// 条件演算子による2to1セレクタ
module sel2to1_cond( in0, in1, sel, dout );
input    [1:0]   in0, in1;
input            sel;
output   [1:0]   dout;

assign dout = (sel==1'b1) ? in1: in0;

endmodule
```

図4.6　AND-ORゲートによる2to1セレクタ

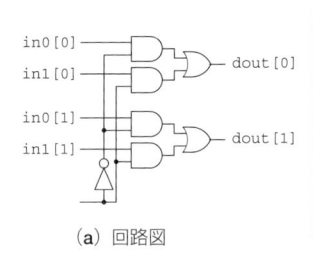

(a) 回路図

```
// AND-OR による2to1セレクタ
module sel2to1_andor( in0, in1, sel, dout );
input    [1:0]   in0, in1;
input            sel;
output   [1:0]   dout;

assign dout[0] = (~sel & in0[0]) | (sel & in1[0]);
assign dout[1] = (~sel & in0[1]) | (sel & in1[1]);

endmodule
```

(b) Verilog HDL記述

● 条件演算子による2to1セレクタ

最初に示すのは**条件演算子を用いた2to1セレクタ**の記述です（図4.5）．この記述の本体は，

```
assign dout = (sel==1b'1) ? in1: in0;
```

の1行です．入力in0, in1や出力doutのビット幅がいくつであるかは，この記述に表れません．入出力宣言部で定義したビット幅となります．したがって，ビット幅の変更を容易に行えます．

● AND-ORゲートによる2to1セレクタ

図4.6(a)の回路を論理式で表現すると，同図(b)の記述となりました．まず，入力in0, in1と出力doutをビットごとに分解します．各ビットにAND-ORの論理式でセレクタを作成しています．

この記述スタイルは，回路図をそのままHDLに置き換えた記述です．セレクタといえばこの回路をイメージする方も多いでしょう．しかし，記述から動作を理解しにくく，またビット幅変更による対応がよくありません．

● if文による2to1セレクタ

if文を使用して2to1セレクタを記述すると図4.7のようになります．if文はモジュール構成要素ではないので，assignなどと同格には扱えません．function内で用います．

```
if ( sel==1'b0 )
    select = in0;
else
    select = in1;
```

図4.7　if文による2 to 1セレクタ

```
// if文による2 to 1セレクタ
module sel2to1_if( in0, in1, sel, dout );
input    [1:0]   in0, in1;
input            sel;
output   [1:0]   dout;

function [1:0] select;
input    [1:0]   in0, in1;
input            sel;
    if ( sel==1'b0 )
        select = in0;
    else
        select = in1;
endfunction

assign dout = select( in0, in1, sel );

endmodule
```

図4.8　case文による2 to 1セレクタ

```
// case文による2 to 1セレクタ
module sel2to1_case( in0, in1, sel, dout );
input    [1:0]   in0, in1;
input            sel;
output   [1:0]   dout;

function [1:0] select;
input    [1:0]   in0, in1;
input            sel;
    case ( sel )
        1'b0:    select = in0;
        1'b1:    select = in1;
        default: select = 1'bx;
    endcase
endfunction

assign dout = select( in0, in1, sel );

endmodule
```

この部分がセレクタの本体です．sel信号によってin0, in1を選択し，ファンクションselectの戻り値を得ています．

sel信号が 'x' や 'z' のとき，等号演算

sel==1'b0

の結果はxとなります．if文では，条件式が 'x' または 'z' ならば偽とみなします．したがってこの場合，選択信号が 'x' でもin1が選択されます．

一方，論理合成後のゲート回路では不定値が伝搬し，多くの場合，セレクタ出力が不定となります．HDL記述と論理合成後のゲート回路で，シミュレーション結果が異なることがあるので注意が必要です．

● case文による2 to 1セレクタ

図4.8は，図4.7のセレクタ記述の中のifをcaseに置き換えたものです．case文もif文と同様にモジュール構成要素ではないので，functionの中で用います．

```
    case ( sel )
        1'b0:    select = in0;
        1'b1:    select = in1;
        default: select = 1'bx;
    endcase
```

sel信号によってin0, in1を選択し，ファンクションselectの戻り値を得ています．sel信号が 'x' や 'z' のとき，一致するcaseラベル（case内で一致をとるために列挙した定数，著者の造語）がないのでdefault以降を実行し，戻り値selectは不定となります．

図4.9　4 to 1セレクタ

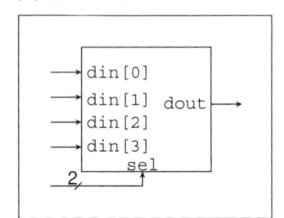

図4.10　条件演算子による4 to 1セレクタ

```verilog
//  条件演算子による4 to 1セレクタ
module sel4to1_cond( din, sel, dout );
input    [3:0]    din;
input    [1:0]    sel;
output            dout;

assign dout = ( sel==2'h0 )? din[0] :
              ( sel==2'h1 )? din[1] :
              ( sel==2'h2 )? din[2] : din[3];

endmodule
```

4.2.2　4 to 1セレクタ

4本の信号から1本を選択する「4 to 1セレクタ」を記述します．図4.9にブロック図を示します．4ビットの入力din[3:0]から，2ビットの選択信号sel[1:0]によって1本を選択し，doutに出力します．sel[1:0]信号と入力din[3:0]の選択の対応は，

```
sel==2'b00 …  din[0]を選択
sel==2'b01 …  din[1]を選択
sel==2'b10 …  din[2]を選択
sel==2'b11 …  din[3]を選択
```

とします．

●条件演算子による4 to 1セレクタ

図4.10は，条件演算 〜?〜:〜 を3個用いた4 to 1セレクタです．条件演算は**入れ子構造(ネスティング)**が可能です．条件演算子では，条件式が真のときは?直後の値を，偽のときは:直後の値を演算結果とします．このような入れ子構造によって，

```
if 〜
else if 〜
else if 〜
else 〜
```

を実現したことになります．

assign文一つで記述できるので，記述は一見簡潔です．しかし，選択される信号に論理式やファンクションが入ってくると，記述の可読性は低下します．また，論理合成ツールによっては，これから解説する記述例より回路規模が大きくなることがあります．

●if文による4 to 1セレクタ

if文を用いると図4.11のようになります．ここではif文を用いて，選択信号selの値を順次比較します．一致した時点で，ファンクションselectの戻り値を確定します．if 〜 else if 〜構造で一つのif文を形成していますが，sel信号の起こりうるすべての状態を記述しているので(xとz

図4.11　if文による4 to 1セレクタ

```verilog
// if文による4 to 1セレクタ
module sel4to1_if( din, sel, dout );
input    [3:0]    din;
input    [1:0]    sel;
output            dout;

function select;
input    [3:0]    din;
input    [1:0]    sel;
    if ( sel==2'h0 )
        select = din[0];
    else if ( sel==2'h1 )
        select = din[1];
    else if ( sel==2'h2 )
        select = din[2];
    else
        select = din[3];
endfunction

assign dout = select( din, sel );

endmodule
```

図4.12　case文による4 to 1セレクタ

```verilog
// case文による4 to 1セレクタ
module sel4to1_case( din, sel, dout );
input    [3:0]    din;
input    [1:0]    sel;
output            dout;

function select;
input    [3:0]    din;
input    [1:0]    sel;
    case ( sel )
        2'h0:      select = din[0];
        2'h1:      select = din[1];
        2'h2:      select = din[2];
        2'h3:      select = din[3];
        default: select = 1'bx;
    endcase
endfunction

assign dout = select( din, sel );

endmodule
```

を除く），次のように複数のif文に分割することができます．

```verilog
function select;
input    [3:0]    din;
input    [1:0]    sel;
begin
    if ( sel==2'h0 )
        select = din[0];
    if ( sel==2'h1 )
        select = din[1];
    if ( sel==2'h2 )
        select = din[2];
    if ( sel==2'h3 )
        select = din[3];
end
endfunction
```

begin〜endは**順次処理ブロック**と呼びます[注]．プログラム言語の複文，たとえばC言語の｛｝であると考えてください．functionの中では，inputなどの宣言はいくつでも記述できますが，実行部分は1文だけ許されます．したがって，この例のように複数の文を記述する場合，begin〜endで囲みます．

● case文による4 to 1セレクタ

多方向セレクタについては，図4.12のようにcase文を用いるとスッキリまとまります．

注：begin〜endと対抗する概念として，「fork〜join並列処理ブロック」がある．現状の論理合成ツールがfork〜joinに対応していないので，「複文」としてはbegin〜endのみを用いる．fork〜joinはシミュレーション記述の中で用いられるので，第7章で解説する．

```
    case ( sel )
        2'h0:    select = din[0];
        2'h1:    select = din[1];
        2'h2:    select = din[2];
        2'h3:    select = din[3];
        default: select = 1'bx;
    endcase
```

選択信号selと一致したラベルの行だけを実行します．見通しがよいので，多方向のセレクタでは，もっぱらcase文を用います．

● ビット選択による4 to 1セレクタ

図4.9の4 to 1セレクタの仕様を実現する場合，おそらく図4.13に示すような「ビット選択による方法」がいちばんシンプルな記述スタイルでしょう．多ビット信号のビット選択には，定数だけでなく変数を用いることができます．4ビットの入力din[3:0]の1ビットを選択するとき，

```
    assign dout = din[sel];
```

とすれば，選択信号selによって指定される1ビットだけを選択できます．

バス信号や複数のレジスタを入力とするセレクタは，ビット幅をもっているので，この記述をそのまま使うことはありません．しかし，知っておいて損のない記述スタイルです．

■コラムF■ functionかalwaysか

組み合わせ回路をalways文で記述できるのはp.74のコラムE「alway文による組み合わせ回路」で紹介したとおりです．では，どちらが有利なのでしょうか．functionとalways文を比べてみましょう．

表Fで示したように両者のメリットとデメリットは均衡しています．どちらかといえば，組み合わせ回路と順序回路の区別が明確になるfunctionのほうが，初心者にとってわかりやすいといえます．しかし，ある程度HDL設計を経験し，記述ミスに遭遇する機会が増えてくると，functionの戻り値のビット幅誤りなどは見つけにくいこともあり，always文で記述したくなるかもしれません．

いずれにしても，両者の特徴をよく理解したうえで，職場やプロジェクトのスタイルに合わせるのが得策でしょう．

表F functionとalwaysの○と×

	functionによる組み合わせ回路	alwaysによる組み合わせ回路
長所	組み合わせ回路と順序回路の区別が明確	記述量が若干少ない（余分な識別子がいらない）
短所	・引き数や戻り値のビット幅が呼び出し側と不一致でも文法エラーではない ・module内で定義した信号を，引き数を介さずに参照できてしまう	・ラッチを生成する危険がある ・イベント式にもれがあっても，論理合成ツールは正しい回路を生成する（RTLとゲート・レベルの動作が不一致）

図4.13 ビット選択による4 to 1セレクタ

```
//ビット選択による4 to 1セレクタ
module sel4to1_bitsel( din, sel, dout );
input     [3:0]   din;
input     [1:0]   sel;
output            dout;

assign dout = din[sel];

endmodule
```

図4.14
3 to 1セレクタ

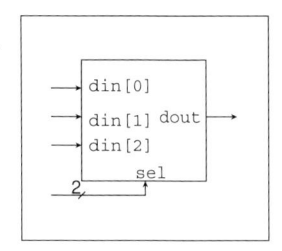

```
→ din[0]
→ din[1] dout →
→ din[2]
         sel
         2
```

```
// if文による3 to 1セレクタ
module sel3to1_if( din, sel, dout );
input     [2:0]   din;
input     [1:0]   sel;
output            dout;

function select;
input     [2:0]   din;
input     [1:0]   sel;
    if ( sel==2'h0 )
        select = din[0];
    else if ( sel==2'h1 )
        select = din[1];
    else
        select = din[2];
endfunction

assign dout = select( din, sel );

endmodule
```

図4.15
if文による3 to 1
セレクタ

```
// case文による3 to 1セレクタ
module sel3to1_case( din, sel, dout );
input     [2:0]   din;
input     [1:0]   sel;
output            dout;

function select;
input     [2:0]   din;
input     [1:0]   sel;
    case ( sel )
        2'h0:            select = din[0];
        2'h1:            select = din[1];
        2'h2, 2'h3:      select = din[2];
        default:         select = 1'bx;
    endcase
endfunction

assign dout = select( din, sel );

endmodule
```

図4.16
case文による
3 to 1セレクタ

4.2.3　3 to 1セレクタ

　3本の信号から1本を選択し，出力する「**3 to 1セレクタ**」を記述します．**図4.14**がブロック図です．4 to 1セレクタの入力が1本減っただけです．したがって，HDL記述も基本的に削るだけです．しかし，取り得る選択信号のすべてを記述しなくてもよいことから，いくつかの新しい記述スタイルが考えられます．

●if文による3 to 1セレクタ
　図4.15は，**図4.11**の4 to 1セレクタからsel==2'b11の場合を取り除いただけです．

●case文による3 to 1セレクタ
　caseラベルは，一つのcaseアイテムに対して複数もつことができます．**図4.16**は，

```
case ( sel )
    2'h0:           select = din[0];
    2'h1:           select = din[1];
    2'h2, 2'h3:     select = din[2];
    default:        select = 1'bx;
endcase
```

selが2または3のとき，select=din[2]を実行します．

この記述は，次のように記述した場合と等価です．

```
2'h2:       select = din[2];
2'h3:       select = din[2];
```

複数のcaseラベルをコンマ(,)で区切り列挙することで，より簡潔な記述になります．
図4.16のcase文は，caseラベルdefaultを用いて，次のように記述できます．

```
case ( sel )
    2'h0:    select = din[0];
    2'h1:    select = din[1];
    default: select = din[2];
endcase
```

このように記述すると，selが不定値の場合の動作まで図4.15のif文による3 to 1セレクタと同一になります．

● casex文による3 to 1セレクタ

case文は 'x' や 'z' も含めて一致を比較します．比較する信号や各caseラベルに 'x' や 'z' を含んでいた場合でも，すべてが一致した場合のみ実行します．これに対して，図4.17に示したようにcasex文を用いれば，'x' や 'z' をdon't care，つまり比較対象外とすることができます．

```
casex ( sel )
    2'b00:   select = din[0];
    2'b01:   select = din[1];
    2'b1x:   select = din[2];
endcase
```

selは2ビットの信号です．上位側ビットsel[1]が '1' なら，下位側1ビットsel[0]がどんな値でも，select=din[2]を実行します．つまり，下位ビットをdon't careにできます．
casex文は 'x'，'z' 両方ともdon't care扱いです．ほかにcasez文があり，これは 'z' のみdon't careとします．3種のcase文の動作をまとめて図4.18に示します．
ハイ・インピーダンスを表す論理値は 'z' ですが，'?' を 'z' と同じ意味に用いることもできます．'?' をdon't careの意味で用いると，表現上不定値 'x' と区別できます．図4.17に '?' を用いると，次のように記述できます．

```
casex ( sel )
    2'b00:   select = din[0];
    2'b01:   select = din[1];
    2'b1?:   select = din[2];
endcase
```

図4.17 casex文による3 to 1セレクタ

```
// case文による3 to 1セレクタ
module sel3to1_casex( din, sel, dout );
input   [2:0]   din;
input   [1:0]   sel;
output          dout;

function select;
input   [2:0]   din;
input   [1:0]   sel;
    casex ( sel )
        2'b00:  select = din[0];
        2'b01:  select = din[1];
        2'b1x:  select = din[2];
    endcase
endfunction

assign dout = select( din, sel );

endmodule
```

図4.18 3種類のcase文の動作

case	x, z も含めて一致比較
casez	z はdon't care
casex	x, z はdon't care

図4.19 2 to 4デコーダ

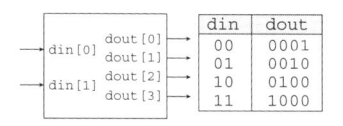

din	dout
00	0001
01	0010
10	0100
11	1000

図4.20 等号演算によるデコーダ

```
//等号演算によるデコーダ
module decoder_cond( din, dout );
input   [1:0] din;
output  [3:0] dout;

assign dout[0] = (din==2'b00);
assign dout[1] = (din==2'b01);
assign dout[2] = (din==2'b10);
assign dout[3] = (din==2'b11);

endmodule
```

casexは，'x'と'z'がdon't careなので，'z'の同義の?を使用することができます．

4.3 デコーダ

「デコーダ」の記述例を紹介します．仕様は図4.19に示すように，2ビットの入力din[1:0]をデコードして，4ビットの出力dout[3:0]を得ます．

4.3.1 等号演算によるデコーダ

等号演算(==，!=など)や関係演算(<，>=など)の結果は，真のとき'1'，偽のとき'0'の値となります．これを利用して，出力の各ビットを左辺に記述し，左辺が'1'となる入力の関係式を右辺に記述したものが図4.20です．

例えば，図4.19によると出力のdout[0]は，入力dinが2'b00のときだけ'1'となるので，

```
assign dout[0] = (din==2'b00);
```

と記述できます．

この記述スタイルは，2 to 4デコーダ程度では簡潔です．しかし，3 to 8デコーダや4 to 16デコーダ程度になると煩雑になり，可読性も低下します．

4.3.2 if文によるデコーダ

if文によるデコーダの記述を図4.21に示します．if文を用いているので，functionの中で記述

図 4.21
if 文による
デコーダ

```verilog
// if文によるデコーダ
module decoder_if( din, dout );
input  [1:0] din;
output [3:0] dout;

function [3:0] dec;
input [1:0] din;
    if ( din==2'h0 )
        dec = 4'b0001;
    else if ( din==2'h1 )
        dec = 4'b0010;
    else if ( din==2'h2 )
        dec = 4'b0100;
    else
        dec = 4'b1000;
endfunction

assign dout = dec(din);

endmodule
```

図 4.22
case 文による
デコーダ

```verilog
// case文によるデコーダ
module decoder_case( din, dout );
input  [1:0] din;
output [3:0] dout;

function [3:0] dec;
input [1:0] din;
    case ( din )
        2'b00:    dec = 4'b0001;
        2'b01:    dec = 4'b0010;
        2'b10:    dec = 4'b0100;
        2'b11:    dec = 4'b1000;
        default: dec = 4'bxxxx;
    endcase
endfunction

assign dout = dec(din);

endmodule
```

します．ファンクション dec は，4ビットの戻り値と2ビットの入力をもちます．function の中で dec に値を代入することにより，戻り値を設定しています．ファンクション dec を呼び出し，assign 文で出力 dout に代入することにより，デコーダの記述が完成です．

if ～ else if ～ の構造を用いて，入力 din の値を順次比較します．

```verilog
if ( din==2'h0 )
    dec = 4'b0001;
else if ( din==2'h1 )
    dec = 4'b0010;
...
```

この記述スタイルは，2 to 4 デコーダ程度ならよいでしょうが，3 to 8，4 to 16 になると煩雑になります．等号演算によるデコーダ（**図 4.20**）と同様，あまりおすすめではありません．

入力 din の取り得る値（'x'，'z' を除く）をすべて記述した場合（フル・デコードの場合），else を用いなくても記述できます．

```verilog
begin
    if ( din==2'h0 )
        dec = 4'b0001;
    if ( din==2'h1 )
        dec = 4'b0010;
        ...
end
```

のように，begin ～ end で囲って一つの文扱いにすれば，複数の if 文からなる記述も可能です．

4.3.3　case 文によるデコーダ

図 4.22 に示すように，case 文を用いるとデコーダの記述は非常にスッキリします．**図 4.19** の仕様

図4.23　8入力エンコーダ

din[7:0]	dout[2:0]
1xxxxxxx	7
01xxxxxx	6
001xxxxx	5
0001xxxx	4
00001xxx	3
000001xx	2
0000001x	1
0000000x	0

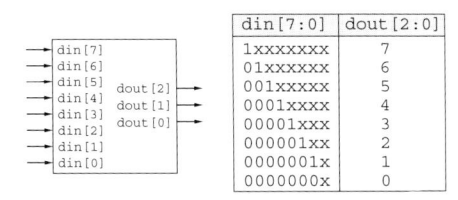

図4.24　if文によるエンコーダ

```
// if文によるエンコーダ
module encoder_if( din, dout );
input   [7:0]   din;
output  [2:0]   dout;

function [2:0] enc;
input    [7:0]   din;
    if ( din[7] )
        enc = 3'h7;
    else if ( din[6] )
        enc = 3'h6;
    else if ( din[5] )
        enc = 3'h5;
    else if ( din[4] )
        enc = 3'h4;
    else if ( din[3] )
        enc = 3'h3;
    else if ( din[2] )
        enc = 3'h2;
    else if ( din[1] )
        enc = 3'h1;
    else
        enc = 3'h0;
endfunction

assign dout = enc( din );

endmodule
```

の真理値表をそのままcase文で表現することができます．

```
        case ( din )
            2'b00:   dec = 4'b0001;
            2'b01:   dec = 4'b0010;
            2'b10:   dec = 4'b0100;
            2'b11:   dec = 4'b1000;
            default: dec = 4'bxxxx;
        endcase
    endfunction
```

　真理値表と1対1ということは，真理値表を作成した時点で回路設計がほぼ終了したことになります．あとはまちがえないように，case文に置き換えるだけです．今までに紹介したデコーダの記述スタイルの中では，このcase文によるものがいちばん可読性，拡張性にすぐれたものといえます．

4.4　エンコーダ

　「エンコーダ」の記述例を紹介します．図4.23に仕様を示します．8入力のプライオリティ・エンコーダです．真理値表に示すように，入力dinのMSB側(din[7])の優先順位が高くなっています．つまり，din[7]=1であれば，ほかのビットに関係なく出力doutは3'h7となります．エンコーダの入力は，いずれか1ビットのみ '1' であることが前提です．しかし，複数の入力が同時に '1' になっても出力を確定させるため，優先順位を付けてあります．

4.4.1　if文によるエンコーダ

　if～else if～構造で，入力dinの上位ビットから比較します(図4.24)．上位ビットが '1' で

あればエンコード結果を確定します．それ以降の下位側ビットの比較は行いません．

```
if ( din[7] )
    enc = 3'h7;
else if ( din[6] )
    enc = 3'h6;
else if ( din[5] )
    enc = 3'h5;
...
```

例えば，din=8'b01000000のとき，din[7]=0，din[6]=1なので，最初のif (din[7])は偽，次のif (din[6])は真となります．よって，encに3'h6が代入され，このif文全体の処理は終了します．else if〜の構造になっているため，記述の上でもともと優先順位が付いています．if文を用いたエンコーダでは，この優先順位を積極的に用いています．

この記述例ではif文を用いているため，functionの構造をとっています．ファンクション名は戻り値3ビットのenc，入力は8ビットのdinです．モジュールの出力doutにassign文を用いてファンクションencの結果を代入しています．

4.4.2 casex文によるエンコーダ

casex文を用いるとエンコーダの記述も簡潔にまとまります（図4.25）．次のように，図4.23の真理値表をそのままcasexで表現することが可能です．

```
casex( din )
    8'b1xxx_xxxx:   enc = 3'h7;
    8'b01xx_xxxx:   enc = 3'h6;
    8'b001x_xxxx:   enc = 3'h5;
    8'b0001_xxxx:   enc = 3'h4;
    8'b0000_1xxx:   enc = 3'h3;
    8'b0000_01xx:   enc = 3'h2;
    8'b0000_001x:   enc = 3'h1;
    8'b0000_000x:   enc = 3'h0;
endcase
```

casex文では'x'はdon't careです．'x'の付いているビットは比較しません．例えば，入力dinのMSB(din[7])が'1'ならば，ほかのビットにかかわらずencに3'h7を代入します．このdon't careを利用して優先順位を表現できたことになります．

casex文による記述は，前例のif文によるものと比べて可読性が良く，記述も簡潔です．

4.4.3 for文によるエンコーダ

このfor文によるエンコーダと，次の項で紹介するalways文によるエンコーダは，非常に技巧的

図4.25　casex文によるエンコーダ

```
//case文によるエンコーダ
module encoder_casex( din, dout );
input   [7:0]   din;
output  [2:0]   dout;

function [2:0] enc;
input   [7:0]   din;
    casex( din )
        8'b1xxx_xxxx:   enc = 3'h7;
        8'b01xx_xxxx:   enc = 3'h6;
        8'b001x_xxxx:   enc = 3'h5;
        8'b0001_xxxx:   enc = 3'h4;
        8'b0000_1xxx:   enc = 3'h3;
        8'b0000_01xx:   enc = 3'h2;
        8'b0000_001x:   enc = 3'h1;
        8'b0000_000x:   enc = 3'h0;
    endcase
endfunction

assign dout = enc( din );

endmodule
```

図4.26　for文によるエンコーダ

```
//for文によるエンコーダ
module encoder_for( din, dout );
input   [7:0]   din;
output  [2:0]   dout;

function [2:0] enc;
input   [7:0]   din;
integer i;
begin: LOOP
    enc = 0;
    for ( i=7; i>=0; i=i-1 )
        if ( din[i] ) begin
            enc = i;
            disable LOOP;
        end
end
endfunction

assign dout = enc( din );

endmodule
```

な記述スタイルです．いずれも論理合成可能であり，論理合成結果も前例のif文やcase文によるものと大差ないものができあがります．しかし，**図4.26**のように可読性は悪く，一見してエンコーダとわかる記述ではないので，あまりおすすめではありません．「技術的には可能だ」程度に理解しておいたほうが無難でしょう．

多くの新しい記述が含まれているので，functionの中を順を追って説明します．

```
function [2:0] enc;
input   [7:0]   din;
integer i;
```

functionの中で用いるローカルな変数iを宣言しています．integerは，符号付きの32ビット整数です．しかし，後述するように論理合成結果には直接出力されない変数です．

```
begin: LOOP
```

begin～endで囲まれた順次処理ブロックにラベルを付加することができます．このブロック名を用いて後ほど説明する実行制御が可能です．このエンコーダの本体にはLOOPというブロック名を付加しました．

```
enc = 0;
```

ファンクションencの戻り値の初期値を'0'に設定します．

```
for ( i=7; i>=0; i=i-1 )
```

for文は，C言語と同じスタイルでループを形成できる構文です[注]．この場合，i=7から始まり6，5，4，…，0までの8回のループです．通常for文は，シミュレーション記述の中で用いますが，こ

注：同様に，C言語と同じスタイルでループを作るwhile文もある．詳しくは第7章 シミュレーション記述を参照．

■コラムG■　代入記号の使い分け

各種代入文で使う代入記号には，<= と =があります．最初のうちは混乱しやすいかもしれません．原則的には，
- レジスタ(reg)への代入　…　<=
- ネット(wire)への代入　…　=

ですが，つねにそう単純というわけではありません．
　表Gに代入記号の使い分けを示しました．ただし，これは著者の経験則です．このようにすればトラブルが少なかっただけです．裏返して言えば，「<=を使う」と記していても，文法上，あるいは論理合成上，=でも使えてしまうことがあります．

(1) 回路記述時のreg信号は<=

reg信号への代入は，以下のように分けられます．
- <=　…　ノン・ブロッキング代入　…　並列処理
- =　…　ブロッキング代入　…　順次処理

　したがって，回路記述において=を使っても文法誤りにはなりませんが，記述の順番による動作の違いが生じます．したがって，回路記述時のalways文内の代入には，<=を使うこととします．
　さらに，
- 組み合わせ回路では =
- 順序回路では <=

とする考えかたもありますが，これ以上複雑な使い分けを行うのは初心者には不利なので，本書では<=で統一しています．

(2) シミュレーション記述では =

　シミュレーション記述は「プログラミング」です．initial begin ～ endの中で処理を順番に記述したり，taskによってサブルーチン化する際にも，動作が理解しやすい順次処理の=を使います．

(3) wireへの代入はすべて =

　assign文では=しか使えませんが，functionの戻り値はレジスタ信号と同じ扱いなので<=も使えてしまいます．<=ではシミュレーション時に変化が1テンポずれるなどの症状が発生するので，一律=とします．

表G 代入記号の使い分け

regへの代入	回路記述中		シミュレーション記述
	順序回路(always文)	組み合わせ回路(always文)	always文, initial文, task内で使用
	<=	<=	=

wireへの代入	回路記述中	シミュレーション記述
	assign文およびfunctionの戻り値代入に使用	
	=	

図4.27
always文によるエンコーダ

```
//always 文によるエンコーダ
module encoder_always( din, dout );
input    [7:0]   din;
output   [2:0]   dout;
reg      [2:0]   dout;

integer          i;

always @( din )
begin: LOOP
    dout = 0;
    for ( i=7; i>=0; i=i-1 )
        if ( din[i] ) begin
            dout = i;
            disable LOOP;
        end
end

endmodule
```

のように組み合わせ回路の記述に用いることも可能です．

```
if ( din[i] ) begin
    enc = i;
    disable LOOP;
end
```

入力din[7:0]をMSB側からチェックし，'1'ならそのときのループ変数iをエンコーダ出力としてファンクションの戻り値encに代入します．そして，さらにdisable文を用いてfor文を含んだブロックLOOPを中止させています．disable文は，このような名まえ付きブロックの強制終了に用います[注]．

入力dinの上位側に'1'が見つかれば，戻り値を確定して処理を終了しているので，優先順位を表現することができます．

4.4.4　always文によるエンコーダ

前のfor文を用いたエンコーダをさらに技巧化したものが図4.27の例です．組み合わせ回路のfunctionをalwaysに置き換えたものです．回路記述の場合，always文はラッチやフリップフロップ（FF）などの順序回路を記述するために用います．しかし，本例のように組み合わせ回路の記述に用いることも可能です（p.74のコラムE「always文による組み合わせ回路」を参照）．前例に比べて一段と可読性が悪いので，テクニックだけ理解するにとどめておいてください．もちろん，この記述も論理合成可能です．

図4.27を順を追って説明します．

```
reg      [2:0]    dout;
```

レジスタ宣言していますが，ラッチやFFではありません．alwaysの中の代入にはネット宣言した

注：disable文は，おもにシミュレーション記述の中で，C言語のbreakやcontinueに相当する処理のために用いる．

図4.28 けた上げ入出力付き加算回路

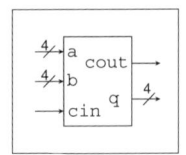

```
   4 ┌───┐
──/──┤ a cout├──→
   4 │       │
──/──┤ b     │ 4
     │     q ├──/──→
──── ┤ cin   │
     └───────┘
```

図4.29 加算演算子によるけた上げ入出力付き加算回路

```
// 加算演算子によるけた上げ入出力付き4ビット加算回路
module addca( a, b, cin, q, cout );
input     [3:0]    a, b;
input              cin;
output    [3:0]    q;
output             cout;

assign { cout, q } = a + b + cin;

endmodule
```

信号を用いることができないからです．

```
always @( din )
```

FFやカウンタの記述の場合，@の後の信号は1ビットであり，またposedge（立ち上がり）が付いていました．この場合，8ビットの信号dinの変化をすべて条件とします．つまり，

「入力dinが1ビットでも変化したら，つねにalways以降を実行する」

という意味になります．さらに，

「入力が変化したら，すぐに出力の変化となる」

ということなので，レジスタ変数を用いても組み合わせ回路となります．alwaysブロックの内部は，前例のfunctionの中と同一です．

前例と本例は，セレクタやデコーダなどの今までの記述スタイルと比べて，ソフトウェアに近い記述スタイルです．これでも論理合成が可能なので，決してASICやFPGAなどの実用回路に使えないわけではありません．しかし，「HDL初心者を驚かすテクニック」としては価値がありますが，実際には使用しないほうが無難です[注]．

4.5 演算回路

代表的な演算回路をいくつかHDLで記述します．加算回路，減算回路，定数加算回路，バレル・シフタ，乗算回路などを紹介します．

4.5.1 加算回路

第1章で紹介した加算回路を，より実用的に（？）した例として紹介します．第1章と同様に4ビットの演算幅ですが，カスケード接続用のけた上げ入出力を付加したものです．図4.28に示すように，4ビットの入力a，bと，けた上げ入力cinを加算した結果を，4ビットのqとけた上げ出力coutに出力します．

注：回路によってはif文がダラダラと続き，長くて見通しの悪い記述となる場合もありうる．このような場合，for文を使うことにより劇的に簡素化されるのであれば，細心の注意のもとで使うことは問題ないと思われる．また，ループ変数の初期値をパラメータとして「nビット・エンコーダ」というようなライブラリを作成するときにも，for文を使う価値はある．

図4.30 フル・アダー呼び出しによるけた上げ入出力付き加算回路

```
// フル・アダー呼び出しによるけた上げ入出力付き4ビット加算回路
module addca_ripple( a, b, cin, q, cout );
input    [3:0]  a, b;
input           cin;
output   [3:0]  q;
output          cout;
wire     [2:0]  ca;

fulladd2 add0 ( a[0], b[0],   cin, q[0], ca[0] );
fulladd2 add1 ( a[1], b[1], ca[0], q[1], ca[1] );
fulladd2 add2 ( a[2], b[2], ca[1], q[2], ca[2] );
fulladd2 add3 ( a[3], b[3], ca[2], q[3],  cout );

endmodule
```

図4.31 フル・アダー

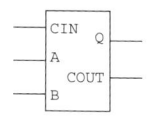

```
// フル・アダー（加算演算子による）
module fulladd2( A, B, CIN, Q, COUT );
input    A, B, CIN;
output   Q, COUT;

assign { COUT, Q } = A + B + CIN;

endmodule
```

●加算演算子による加算回路

加算演算子を用いると加算回路の本体を1行で記述できます（図4.29）．

```
assign { cout, q } = a + b + cin;
```

連接演算を代入の左辺に用いています．coutは1ビット，qは4ビットなので，a + b + cinの結果を5ビットで連接した左辺に代入しています．加算結果5ビットの最上位ビットがけた上げ出力cout，下位4ビットが加算出力qとなります．

●フル・アダー呼び出しによる加算回路

フル・アダーには，各けた上げ出力のCOUTとけた上げ入力のCINが備わっています．したがって，フル・アダーを4個並べるだけで，けた上げ入出力付き4ビット加算回路を実現できます（図4.30）．第1章の加算回路（図1.6）とほぼ同じで，異なるのは最下位ビットadd0のけた上げ入力と，最上位ビットadd3のけた上げ出力だけです．

フル・アダー（図4.31）は，第1章とは異なる記述です．連接を用いて簡潔に記述しています．

```
assign { COUT, Q } = A + B + CIN;
```

連接した2ビットの左辺に，1ビットどうしの加算結果

```
A + B + CIN
```

を代入しています．

4.5.2 減算回路

4ビットの入力aとb，けた下げ入力binから，

```
a - b - bin
```

の演算を行い，4ビットの出力q，けた下げ出力boutを得る回路です（図4.32）．

図4.32 けた下げ入出力付き減算回路

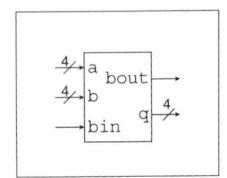

図4.33 減算演算子によるけた下げ入出力付き減算回路

```
// 減算演算子によるけた下げ入出力付き4ビット減算回路
module subbo( a, b, bin, q, bout );
input     [3:0]    a, b;
input              bin;
output    [3:0]    q;
output             bout;

assign { bout, q } = a - b - bin;
endmodule
```

図4.34
1ビット・サブトラクタ呼び出し
による減算回路

```
// 1ビット・サブトラクタ呼び出しによるけた下げ入出力付き4ビット減算回路
module subbo_ripple( a, b, bin, q, bout );
input     [3:0]    a, b;
input              bin;
output    [3:0]    q;
output             bout;
wire      [2:0]    bo;

fullsub sub0 ( a[0], b[0],  bin, q[0], bo[0] );
fullsub sub1 ( a[1], b[1], bo[0], q[1], bo[1] );
fullsub sub2 ( a[2], b[2], bo[1], q[2], bo[2] );
fullsub sub3 ( a[3], b[3], bo[2], q[3], bout );

endmodule
```

図4.35
1ビット・サブトラクタ

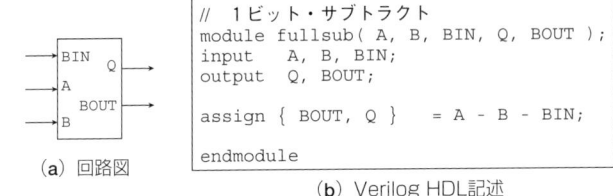

(a) 回路図

```
// 1ビット・サブトラクト
module fullsub( A, B, BIN, Q, BOUT );
input    A, B, BIN;
output   Q, BOUT;

assign { BOUT, Q } = A - B - BIN;
endmodule
```

(b) Verilog HDL記述

●減算演算子による減算回路

減算回路の本体は1行です(図4.33)．

```
assign { bout, q } = a - b - bin;
```

加算回路と同様に，左辺に連接演算を用いています．連接した5ビットの左辺にa - b - binの結果を代入し，最上位1ビットがbout，下位4ビットがqとなります．

●1ビット・サブトラクタ呼び出しによる減算回路

1ビットの**サブトラクタ**(減算回路)を4個用いて4ビットの減算回路を作成します(図4.34)．各サブトラクタのけた下げ入力BINとけた下げ出力BOUTを接続して，けた下げを伝搬させています．最下位ビットsub0のけた下げ入力には外部からのbinを，最上位ビットsub3のけた下げ出力には外部出力のboutを接続しています．

1ビット・サブトラクタ(図4.35)も，連接を用いて簡潔に記述しています．

```
assign { BOUT, Q } = A - B - BIN;
```

図4.36 加算回路呼び出しによる減算回路

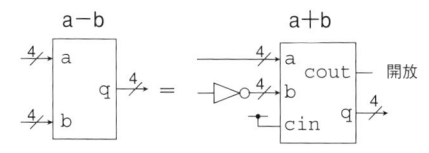

(a) 加算回路を用いて減算回路を作る

```
// 加算回路呼び出しによる4ビット減算回路
module sub_use_add( a, b, q );
input    [3:0]    a, b;
output   [3:0]    q;
wire              dumy;

addca sub( a, ~b, 1'b1, q, dumy );
endmodule
```

(b) Verilog HDL記述

図4.37 定数加算器

4ビット定数加算回路

(a) 定数加算ブロック図

```
// 演算子による4ビット定数加算回路
module add_const( a, q );
input    [3:0]    a;
output   [3:0]    q;

parameter CON = 4'h5;

assign q = a + CON;
endmodule
```

(b) 加算演算子による加算器

```
// フル・アダー呼び出しによる4ビット定数加算回路
module add_const_ripple( a, q );
input    [3:0]    a;
output   [3:0]    q;
wire     [3:0]    cout;

wire     [3:0]    CON = 4'h5;

fulladd add0 ( a[0], CON[0],   1'b0, q[0], cout[0] );
fulladd add1 ( a[1], CON[1], cout[0], q[1], cout[1] );
fulladd add2 ( a[2], CON[2], cout[1], q[2], cout[2] );
fulladd add3 ( a[3], CON[3], cout[2], q[3], cout[3] );

endmodule
```

(c) フル・アダー呼び出しによる加算器

連接した2ビットの左辺に，1ビットどうしの減算結果であるA-B-BINを代入しています．

●加算回路を用いた減算回路

加算回路を用いて減算を行うのは，よくある手法です（図4.36）．

　　a − b = a + (−b)

の関係がありますから，−bを作り，aと加算することで減算を行うことができます．−bは，「2の補数」表現の負の数を作り出せばよいので，

　　−b → ~b + 1'b1

となります．これを回路図で示すと，図4.36のように加算回路のb入力を反転し，けた上げ入力cinを常時 '1' にします．この減算回路には，けた下げの入出力はありません．

HDL記述では，加算回路のモジュールaddca（図4.27）を呼び出します．このとき，入力bを反転し，入力cinを '1' に固定します．加算回路のけた上げ出力coutは使用していないので，ダミー信号dumyに出力しています．

4.5.3 定数加算回路

入力された値に定数を加算して出力する回路です．加算回路をもとに記述できます．図4.37の例は，4ビットの入力に定数の5を加算し，4ビットの出力qを得ています．加算演算子，フル・アダーの呼び出しの2通りのHDL記述を図4.37（b），（c）に示します．

図4.37（b）では，parameter宣言を用いて定数を記述しています．一方，図4.37（c）では，ネット

図4.38 バレル・シフタ

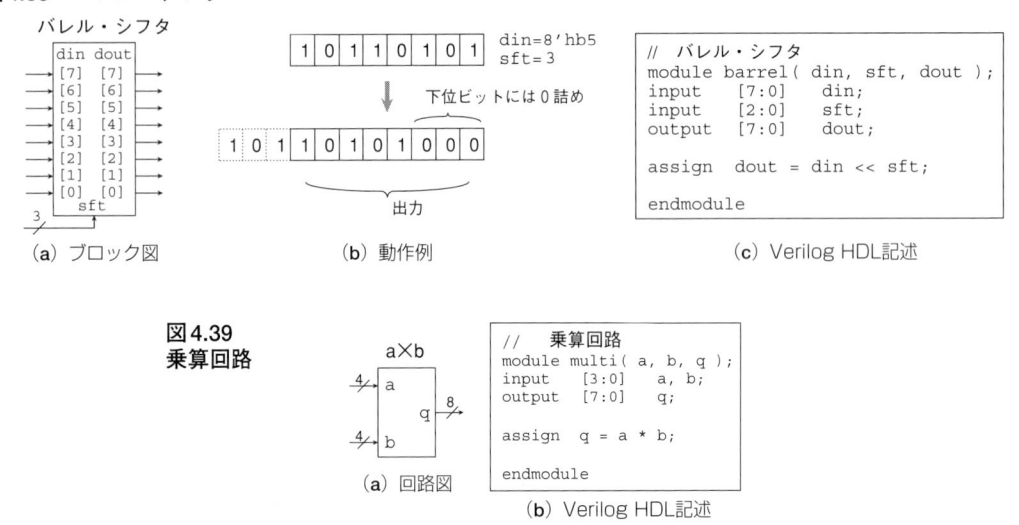

(a) ブロック図

(b) 動作例

```
// バレル・シフタ
module barrel( din, sft, dout );
input    [7:0]   din;
input    [2:0]   sft;
output   [7:0]   dout;

assign   dout = din << sft;

endmodule
```

(c) Verilog HDL記述

図4.39 乗算回路

(a) 回路図

```
//   乗算回路
module multi( a, b, q );
input    [3:0]   a, b;
output   [7:0]   q;

assign   q = a * b;

endmodule
```

(b) Verilog HDL記述

宣言した信号に対して定数を代入して使っています．固定したネット信号は，定数とみなすことができます．この信号を1ビットずつ分解してフル・アダーに入力しています．

4.5.4 バレル・シフタ

組み合わせ回路で作成したシフト回路です．組み合わせ回路なので，クロックを必要としません．入力が与えられれば，すぐにシフト結果が得られます．8ビットの入力dinをsftビット分だけ左シフトし，8ビットのqに出力します．MSB側へシフトし，LSB側には'0'が詰められます．

図4.38(a)にブロック図を，(b)に動作例を示します．入力dinが8'hb5のとき，3ビット左シフトした値の8'ha8がdoutに出力されます．

HDL記述を同図(c)に示します．シフタの本体はただの1行です．

```
assign   dout = din << sft;
```

シフト演算子を用いて簡潔に記述できます．

組み合わせ回路のシフト回路であるバレル・シフタは，論理合成後の回路規模が大きいので要注意です．本例のような8ビット程度ならよいのですが，16ビットや32ビットのシフタをシフト演算子で記述するべきではありません．回路動作を良く吟味して，必要なシフトの種類を絞り，セレクタなどを用いるべきでしょう．

4.5.5 乗算回路

4ビット×4ビットの乗算結果を8ビットで出力する乗算回路です(図4.39)．入力は，符号なしの4ビットa, b，出力は8ビットのqです．HDL記述では乗算演算子を用いています．

```
assign   q = a * b;
```

図 4.40
大小比較回路

```
//   大小比較
module comp_GT( a, b, a_gt_b );
input     [7:0]   a, b;
output            a_gt_b;

assign a_gt_b = (a > b) ? 1'b1: 1'b0;

endmodule
```

(a) 回路図　　(b) Verilog HDL記述

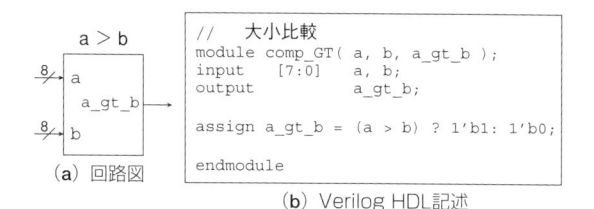

図 4.41
一致比較回路

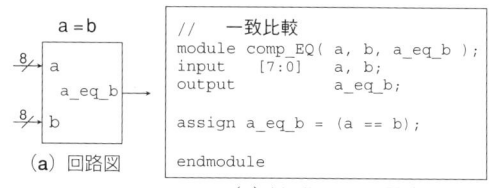

```
//   一致比較
module comp_EQ( a, b, a_eq_b );
input     [7:0]   a, b;
output            a_eq_b;

assign a_eq_b = (a == b);

endmodule
```

(a) 回路図　　(b) Verilog HDL記述

　この記述は論理合成可能ですが，あまり現実的ではありません．一般にASICでは，別に用意したブロック（コンパイルド・セルなど）を用いて乗算回路を実現します．論理合成した組み合わせ回路の乗算回路より，回路規模，動作速度ともにすぐれた回路が得られるからです．論理合成による乗算回路を用いる場合には，コンパイルド・セルとの特性の比較を行うことをお勧めします．

4.6　比較回路

　二つの入力の大小や一致を比較する回路です．**図 4.40**に大小比較回路，**図 4.41**に一致比較回路を示します．いずれの回路も，8ビットの入力a，bの関係を判断し，1ビットの判定信号を出力します．真なら'1'，偽なら'0'の値となります．

　大小比較回路（**図 4.40**）の本体は，次の1行です．

```
  assign a_gt_b = (a > b) ? 1'b1: 1'b0;
```

関係演算子で大小を判断し，条件演算を用いて'1'か'0'を選択しています．

　一致比較回路（**図 4.41**）の本体も1行です．

```
  assign a_eq_b = (a == b);
```

関係演算や等号演算の結果は，真なら'1'，偽なら'0'の1ビットの値を返します．これをそのまま出力信号に代入しています．

4.7　組み合わせ回路で作るROM

● ROMは普通コンパイルド・セルを用いるのだが…

　プログラムや，各種数値表を記憶しておくROMは，ASICの内部でも多用します．一般にROMは，乗算回路と同じくコンパイルド・セルが用いられます．しかし，場合によっては，

図4.42
組み合わせ回路で作るROM

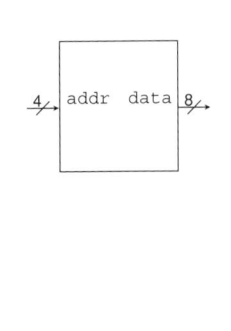

```
//  組み合わせ回路で作るROM
module rom( addr, data );
input   [3:0]   addr;
output  [7:0]   data;

function [7:0] romout;
input    [3:0]    addr;
    case( addr )
        4'd0 :   romout = 8'd0;
        4'd1 :   romout = 8'd1;
        4'd2 :   romout = 8'd4;
        4'd3 :   romout = 8'd9;
        4'd4 :   romout = 8'd16;
        4'd5 :   romout = 8'd25;
        4'd6 :   romout = 8'd36;
        4'd7 :   romout = 8'd49;
        4'd8 :   romout = 8'd64;
        4'd9 :   romout = 8'd81;
        4'd10:   romout = 8'd100;
        4'd11:   romout = 8'd121;
        4'd12:   romout = 8'd144;
        4'd13:   romout = 8'd169;
        4'd14:   romout = 8'd196;
        4'd15:   romout = 8'd225;
        default: romout = 8'hxx;
    endcase
endfunction

assign data = romout( addr );
endmodule
```

- 回路規模が小さい
- タイミング上の制約が少ない

などの理由で，組み合わせ回路で作成したROMを使ったほうが有利な場合があります．

●**組み合わせ回路で作成するROM**

図4.42に組み合わせ回路で作るROMの例を示します．入力のaddrは4ビット，出力のdataは8ビットです．ROMの本体はcase文で記述しています．このROMのデータは，入力の2乗の値としました．

```
case( addr )
    4'd0 :   romout = 8'd0;
    4'd1 :   romout = 8'd1;
    4'd2 :   romout = 8'd4;
    4'd3 :   romout = 8'd9;
        ...
    4'd15:   romout = 8'd225;
    default: romout = 8'hxx;
endcase
```

入力のaddrに対応したデータを，アドレスの昇順に代入文を用いて記述しています．論理合成を対象にした回路では，すべてのデータをこのフォーマットで記述する必要があります．データだけを羅列した別のファイルを読み込んで論理合成を行うといったことができないからです．例えば，HEXフォーマットのファイルからこのcase文によるROM記述を得たいのであれば，別途変換プログラムなどを用意する必要があります．量が多い場合，一つ一つ手で入力していては値を誤る危険があり

図4.43　3ステート信号

(a) 3ステート出力　　(b) 双方向出力　　(c) 内部3ステート・バス

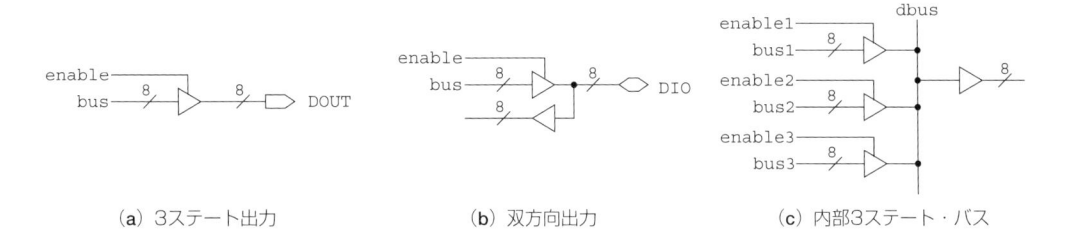

図4.44　3ステート信号のHDL記述

```
module tri_out( DOUT, ... );
output   [7:0] DOUT;
         ...
wire     [7:0] bus;

assign  DOUT = (enable) ? bus: 8'hzz;
         ...
endmodule
```
(a) 3ステート出力

```
module tri_io( DIO, ... );
inout    [7:0] DIO;
         ...
wire     [7:0] bus;
reg      [7:0] din;

always @( posedge ck ) begin
    din <= DIO;
    ...
end

assign  DIO = (enable) ? bus: 8'hzz;
         ...
endmodule
```
(b) 双方向出力

```
wire     [7:0] dbus;

assign  dbus = (enable1) ? bus1: 8'hzz;
assign  dbus = (enable2) ? bus2: 8'hzz;
assign  dbus = (enable3) ? bus3: 8'hzz;
```
(c) 内部3ステート・バス

ます．

あまり大きなROMをこの方式で論理合成することは，現実的ではありません[注1]．論理合成時の処理時間が長くなったり，処理マシンにかなり多くの使用メモリが必要になったりします．

4.8　3ステート信号の記述

● バス信号で用いる3ステート信号

論理回路によるシステムでは，3ステートのバス信号がよく用いられます．外部RAMのデータ・バスに接続する入出力の双方向バッファや，内部バスに接続される3ステート・バッファなどもHDLで記述できます．さらに，条件付きながら，論理合成も可能です[注2]．

3ステートの信号としては，おもに図4.43に示す3種類が考えられます．同図(a)，(b)は，外部への出力が3ステートになっているものです．複数チップからなるシステムのシステム・バスなどに接続するときに用います．同図(c)は，チップの内部の3ステート・バスです．ASICでは，内部に3ステート・バスを設けることが可能です．

注1：ROMデータにもよるが，著者の経験では，8ビット×256ワード程度なら十分実用範囲である．それ以上の容量の場合には，実際に論理合成を行い，コンパイルド・セルと比較したほうがよい．

注2：3ステートの論理合成は，現状ではFPGA向きと考えていただきたい．ASICでも双方向バッファや内部3ステート・バス・バッファを論理合成可能だが，ライブラリなどの制約があって論理合成対象としない場合もある．

■コラムH■　case文のdefaultの役割

　本書のcase文は，ほぼ例外なくdefaultで不定値を代入する記述を含んでいます．例えば，2入力，4出力のデコーダでは，

```
case ( din )
    2'b00:   dec = 4'b0001;
    2'b01:   dec = 4'b0010;
    2'b10:   dec = 4'b0100;
    2'b11:   dec = 4'b1000;
    default: dec = 4'bxxxx;
endcase
```

としています．しかし，2ビットのdinの取り得る値をすべてデコードしているので，default以下を実行するのはdinが不定値(x)やハイ・インピーダンス(z)になったときだけです．この場合のdefaultは，回路の不ぐあいによって入力dinが不定値になったことを検出するときに有効です．
　一方，フル・デコードでない場合，例えば，優先順位のない8入力，3出力のエンコーダで，

```
case( din )
    8'b1000_0000: enc = 3'h7;
    8'b0100_0000: enc = 3'h6;
    8'b0010_0000: enc = 3'h5;
    8'b0001_0000: enc = 3'h4;
    8'b0000_1000: enc = 3'h3;
    8'b0000_0100: enc = 3'h2;
    8'b0000_0010: enc = 3'h1;
    8'b0000_0001: enc = 3'h0;
    default:      enc = 3'hx;
endcase
```

とした場合，8ビットのdinが，ここに記述した8通り以外の値になったときに不定値を返します．優先順位のないエンコーダなので，dinの各ビットが同時に'1'にならないという前提があります．この場合，defaultに対して不定値を記述することで，

```
    default:      enc = 3'h0;
```

のように，固定値を記述した場合と比べて，論理合成時の回路規模を大幅に減らすことができます．
　以上を整理すると，case文のdefaultの役割は，
● フルデコード時はシミュレーション対策
● それ以外はシミュレーション対策および回路規模対策
となります．
　ただし，想定しない入力があった場合の安全策として固定値を与えることもあります．この場合のdefaultの役割は，回路規模対策ではなく安全対策となるでしょうか．

● 3ステート・バスの記述

以上のHDL記述を図4.44に示します．3ステート出力には，出力を制御する入力（enable）があります．次のように動作することとします．

'1'： バッファとして動作する
'0'： 出力がハイ・インピーダンスとなる

HDL記述の本体は，図4.44(a)では，

```
assign  DOUT = (enable) ? bus: 8'hzz;
```

の部分です．enable信号が'1'ならばbusの内容をDOUTに出力し，'0'ならば出力をハイ・インピーダンス（8'hzz）にします．

次に，双方向端子の場合（図4.44(b)），ポート宣言部で双方向を意味するinoutを用います．

```
module tri_out( DIO, ... );
  inout   [7:0] DIO;
```

DIOに対する出力の制御は，3ステート出力と同じです．DIOを入力として用いる場合は，単純にDIO信号を記述の中で入力信号として扱うだけです．

```
reg    [7:0] din;
always @( posedge ck ) begin
    din <= DIO;
        ...
```

レジスタ信号dinは，入出力端子DIOが入力のときの入力レジスタです．DIO端子の値をつねにdinレジスタに取り込んでいます．

内部3ステート・バスdbus（図4.44(c)）は信号が外部に出力されないため，inout宣言が不要です．これ以外は双方向端子と同じです．

図4.45 case文による4 to 1セレクタ（図4.12）を論理合成した結果

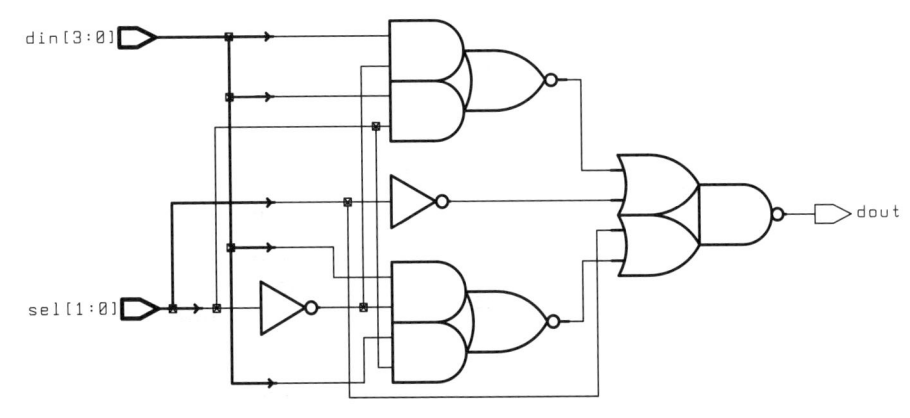

図4.46 for文によるエンコーダ(図4.26)を論理合成した結果

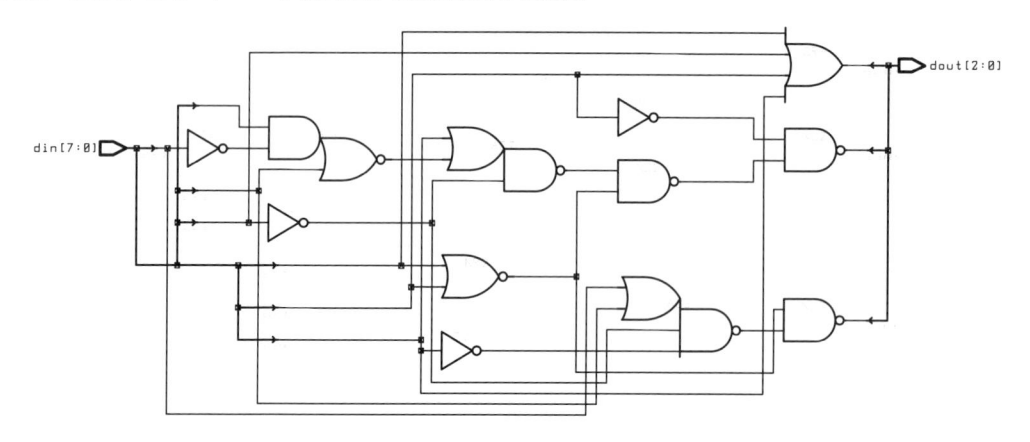

4.9 組み合わせ回路の論理合成

　代表的な組み合わせ回路を論理合成した結果を二つ紹介します．まず，case文による4 to 1セレクタ(図4.12)を論理合成した結果を図4.45に示します．AND-NORによる2 to 1セレクタを2段積み上げて4 to 1セレクタを作成しています．想定したとおりの論理合成結果です．

　次に，for文によるエンコーダ(図4.26)の論理合成結果を図4.46に示します．このHDL記述はトリッキーなのであまりおすすめではないと説明してきました．ここでは，論理合成を行える証拠としてお見せします．記述は変わっていても，得られる結果は確実です．そのほかのまっとうなHDL記述から得られる論理合成結果と大差ありません．

第5章 順序回路のHDL記述

　この章では，ラッチやフリップフロップを含んだ順序回路の記述例を紹介します．HDLで順序回路を設計するとき，おもに同期方式を用います．同期式の回路は，クロック・ラインの設計が容易であるため，大規模回路設計に向いています．このことはまた，論理合成に向いているということでもあります．ここでは，「非同期型の基本回路」を紹介したあと，「同期型の基本回路」，「カウンタ」，「シフト・レジスタ」などを紹介します．

5.1 非同期型フリップフロップ

　非同期型のフリップフロップ(FF)を紹介します．ここでいう非同期型とは，セットやリセットの動作がクロック入力とは無関係に(非同期に)行われるということを指します．

5.1.1 SRフリップフロップ

　図5.1に示すのは，セット/リセット動作だけのFF(SRフリップフロップ)です．図5.1(a)に示すようにNANDゲート2個で構成されており，その構造から「たすきラッチ」などと呼ばれています．なおASICでは，ゲート回路のループ構造が禁止されているので，実際に使用することは，まずありません．

　HDL記述を2通り，図5.1(b)と(c)に示します．第4章の基本ゲート回路のところで解説したプリ

図5.1　SRフリップフロップ

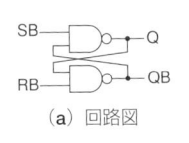

```
// プリミティブ・ゲートによる
// SRフリップフロップ (たすきラッチ)
module SRFF_prim( SB, RB, Q, QB );
input    SB, RB;
output   Q,  QB;

nand n1( Q,  SB, QB );
nand n2( QB, RB, Q  );

endmodule
```

(a) 回路図

(b) プリミティブ・ゲートによるVerilog HDL記述

```
// 論理式によるSRフリップフロップ
// (たすきラッチ)
module SRFF( SB, RB, Q, QB );
input    SB, RB;
output   Q,  QB;

assign Q  = ~( SB & QB );
assign QB = ~( RB & Q  );

endmodule
```

(c) 論理式によるVerilog HDL記述

図5.2　Dラッチ

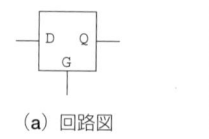

(a) 回路図

```
// Dラッチ
module DLATCH( G, D, Q );
input    G, D;
output   Q;
reg      Q;

always @( G or D )
    if ( G )
        Q <= D;

endmodule
```

(b) Verilog HDL記述

図5.3　Dフリップフロップ

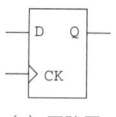

(a) 回路図

```
// Dフリップフロップ
module DFF( CK, D, Q );
input    CK, D;
output   Q;
reg      Q;

always @( posedge CK )
    Q <= D;

endmodule
```

(b) Verilog HDL記述

ミティブ・ゲートによる記述と論理式による記述です．プリミティブ・ゲートの入出力は，最初に出力を記述し，以降入力が続きます．

5.1.2　Dラッチ

図5.2は，レベル・センシティブなラッチです．動作は次のとおりです．
　ゲート入力Gが
　'1'：　入力Dから出力Qへデータが筒抜け
　'0'：　入力Gが'0'になる直前の入力Dの値を保持し，Qに出力
となります．
　HDL記述の本体は単純ですが，少々わかりにくいかもしれません．

●イベント式の記述

```
always @( G or D )
    if ( G )
        Q <= D;
```

　@以降の式（イベント式という）にposedgeやnegedgeなどのエッジ限定がなければ，両エッジで実行します．また，イベント式では論理和演算が可能で，演算子はorです．この例では，入力GかDに変化があるたびに，いつもif以降を実行します．

●出力Qの動作記述

　出力は，レジスタ変数のQです．入力GかDに変化があり，かつGが'1'のときに出力Qに入力Dの値が伝わります．Gが'1'のままDが変化したときも，このif以降が実行されるので，筒抜け状態を実現できます．入力Dが変化しても，Gが'0'ならば出力Qは変化しません．値を保持したことになります．
　ラッチは，論理合成時のタイミング制約が難しいため，HDL設計には向いていません．しかし，非同期回路とのインターフェースをとる部分，例えばCPUからのwrite信号を受けて書き込まれる内部レジスタなどには，用いることがあります．

図5.4 非同期セット/リセット付きDフリップフロップ

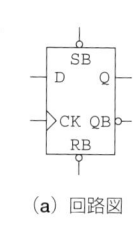

(a) 回路図

```
// 非同期セット，リセット付きD-FF
module DFF_SR( CK, D, Q, QB, RB, SB );
input   CK, D, RB, SB;
output  Q, QB;
reg     Q;

always @( posedge CK or negedge RB or negedge SB ) begin
    if ( RB==1'b0 )
        Q <= 0;
    else if ( SB==1'b0 )
        Q <= 1'b1;
    else
        Q <= D;
end

assign QB = ~Q;

endmodule
```

(b) Verilog HDL記述

5.1.3 Dフリップフロップ

図5.3は，エッジ・センシティブなラッチです．本書では，Dフリップフロップ(D-FF)と呼ぶことにします．クロックCKの立ち上がりで入力Dの値を取り込み，出力Qが変化します．Dラッチのようなデータ筒抜けの状態はなく，出力Qが変化するのはクロックCKの立ち上がりだけです．

HDL記述の本体は次のとおりです．

```
always @( posedge CK )
    Q <= D;
```

CKの立ち上がり(positive edge)があるたびに，DからQへの代入が行われます．それ以外，出力Qは変化しません．

5.1.4 非同期セット/リセット付きDフリップフロップ

TTLやCMOSの74シリーズの中で，D-FFといえば74LS74や74AC74があります．この動作を実現した例が図5.4です．クロックCKと同期していないセット入力SB，リセット入力RBがあります．ここではセット動作よりリセット動作を上位優先としました．したがって，同時入力された場合はリセット動作を行います．また，出力QBには，出力Qを反転した値がつねに出力されています．

HDL記述は若干複雑なので，順を追って説明します．

●イベント式

```
always @( posedge CK or negedge RB or negedge SB ) begin
```

イベント式に条件が三つ含まれています．CKの立ち上がりと，RB，SBの立ち下がりです．

negedgeは立ち下がり(negative edge)を意味します．RB，SBはそれぞれ "L" アクティブ('0' で動作)なので，立ち下がりを動作の条件とします[注]．

● リセット動作，セット動作の記述

```
if ( RB==1'b0 )
    Q <= 1'b0;
else if ( SB==1'b0 )
    Q <= 1'b1;
else
    Q <= D;
```

リセット入力RBを最優先としたのでif文の最初に記述し，セット入力SBをelse ifの後に記述しました．D-FFとしての動作であるD入力の取り込みは，優先順位が最後です．

● 出力QBの記述

```
assign QB = ~Q;
```

Q出力の反転出力QBは，組み合わせ回路で作成します．QBの記述に際して，次のように記述すると困ったことになります．

● 悪い記述例

```
reg Q, QB;
always @( posedge CK ... )
    if ( RB==1'b0 )
        ...
    else begin
        Q  <=  D;
        QB <= ~D;
    end
```

注：RB，SBは，本来，レベルで動作する信号なので，
　　　always @(posedge CK or RB or SB)
としたいところである．しかし，この場合，RBやSBが '0' から '1' に戻ったときにCKの立ち上がりでなくても
　　Q<=D
の動作が行われるので，正しく動作しない．

表5.1 JKフリップフロップの基本動作

J	K	Q
0	0	Q（保持）
0	1	0
1	0	1
1	1	$\bar{Q}$（反転）

図5.5 非同期セット/リセット付きJKフリップフロップ

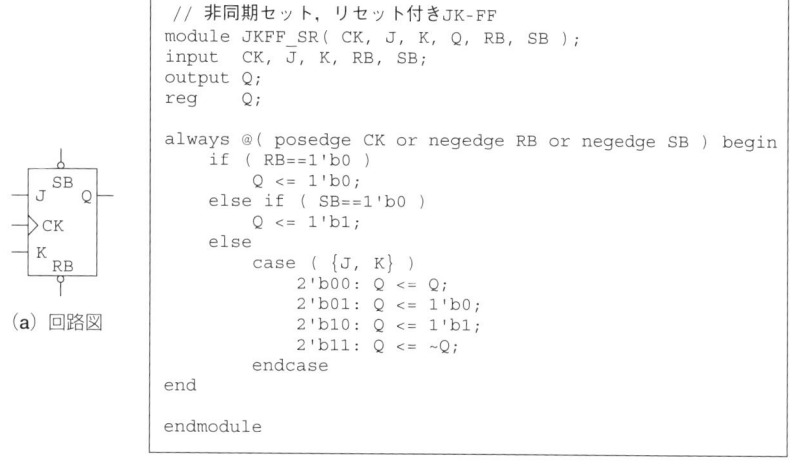

```
// 非同期セット，リセット付きJK-FF
module JKFF_SR( CK, J, K, Q, RB, SB );
input   CK, J, K, RB, SB;
output  Q;
reg     Q;

always @( posedge CK or negedge RB or negedge SB ) begin
    if ( RB==1'b0 )
        Q <= 1'b0;
    else if ( SB==1'b0 )
        Q <= 1'b1;
    else
        case ( {J, K} )
            2'b00: Q <= Q;
            2'b01: Q <= 1'b0;
            2'b10: Q <= 1'b1;
            2'b11: Q <= ~Q;
        endcase
end

endmodule
```

(a) 回路図

(b) Verilog HDL記述

QBをレジスタ宣言して，always文の中で~D(Dの反転)を代入しています．シミュレーションでは期待どおりに動作しますが，論理合成を行うとFFが2個できてしまいます．

5.1.5 非同期セット/リセット付きJKフリップフロップ

図5.5に示すのは，FFの花形であるJKフリップフロップ(JK-FF)です．かつて，スタンダードTTL全盛の時代には，数多く利用されたFFです．わずかなゲートを付加するだけで任意のカウンタやシーケンサを作成できます．欠点といえば，JK入力の動作を覚えにくいことでしょうか．そこで，**表5.1**にJK-FFの基本動作を示します．クロックCKの立ち上がりで変化する出力Qは，JとKの入力により4通りの異なる結果となります．さらに，表には示していませんが，非同期のセット入力SB，リセット入力RBにより，セット/リセット動作を行います．

HDL記述を図5.5に示します．セット/リセット動作は，D-FFと同一です．J, K入力による動作は，クロックCKに同期しているので，always文のイベント式の中にJ, K入力は含まれません．

● J, Kの動作記述

J, Kの動作は，case文と連接を用いて記述しています．

```
case ( {J, K} )
    2'b00: Q <= Q;
    2'b01: Q <= 1'b0;
    2'b10: Q <= 1'b1;
    2'b11: Q <= ~Q;
endcase
```

図5.6
非同期リセット付きTフリップフロップ

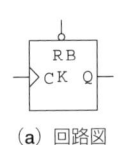

(a) 回路図

```
// 非同期リセット付きT-FF
module TFF( CK, Q, RB );
input   CK, RB;
output  Q;
reg     Q;

always @( posedge CK or negedge RB ) begin
    if ( RB==1'b0 )
        Q <= 1'b0;
    else
        Q <= ~Q;
end

endmodule
```

(b) Verilog HDL記述

JとKを連接して2ビットの値とし，それぞれの値に応じたQの動作を記述しています．表5.1をそのままcase文に当てはめています．

5.1.6 非同期リセット付きTフリップフロップ

図5.6は，クロックが入力されるたびに出力が反転するFF(Tフリップフロップ．トリガFFとも呼ばれる)です．動作が単純なのでHDL記述も単純です．リセット入力RBでリセットし，クロックCKの立ち上がりでQ出力が反転します．

従来の回路設計では，リセット入力RBは必要ないかもしれません．電源を入れ，クロックが入れば，2分周の出力が得られます．しかし，HDLと論理合成による設計手法では，シミュレーションによる回路検証が必須です．回路を初期化して不定状態をなくすためにも，リセットが不可欠です．

5.2　同期型フリップフロップ

同期型FFでは，セットやリセットの動作を含めたすべての出力の変化が，クロック入力に同期します．出力の変化がすべてクロックに同期するので，CKの立ち上がり動作では，always文のイベント式はposedge CKだけとなります．前節で紹介した非同期型FFの同期型版について説明します．

5.2.1 同期SRフリップフロップ

クロックCKの立ち上がりで，セット動作，リセット動作を行います．クロックに同期した回路となるので，非同期タイプのたすきラッチのように単純な構造では表現できません．図5.7に示すように，機能をきちんと記述する必要があります．この記述例の要点は，次の部分です．

```
always @( posedge CK ) begin
    if ( RB==1'b0 )
        Q <= 1'b0;
    else if ( SB==1'b0 )
```

図 5.7
同期SRフリップフロップ

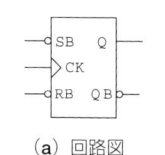

(a) 回路図

```
// 同期SRフリップフロップ
module SRFF_sync( CK, SB, RB, Q, QB );
input    CK, SB, RB;
output   Q,  QB;
reg      Q;

always @( posedge CK ) begin
    if ( RB==1'b0 )
        Q <= 1'b0;
    else if ( SB==1'b0 )
        Q <= 1'b1;
end

assign QB = ~Q;

endmodule
```

(b) Verilog HDL記述

```
        Q <= 1'b1;
    end
```

　クロックCKの立ち上がりでのみ出力が変化するので，@以降のイベント式はposedge CKだけです．したがって，リセットRBやセットSBが変化しただけでは，出力Qに影響しません．クロックCKの立ち上がり時にRBやSBの値によって出力Qが変化します．RB，SBが同時に'0'のときはリセットRBを優先します．

```
    assign QB = ~Q;
```

　QB出力は，組み合わせ回路で作ります．Qを反転したものがQBです．

5.2.2　同期セット/リセット付きDフリップフロップ

　非同期型の回路では，クロックを制御することによって動作の制御を行ってきました．一方，同期型では，クロックをつねに入力し，別の入力によって動作の制御を行います．
　本例のD-FFでは，図5.8に示すようにLD（ロード）入力を新たに設けました．LD=1のとき，入力Dの内容が取り込まれ，Qに出力されます．LD=0ならば，値を保持したままとなります．

●if文で制御信号の優先順位を記述

```
    if ( RB==1'b0 )
        Q <= 1'b0;
    else if ( SB==1'b0 )
        Q <= 1'b1;
    else if ( LD )
        Q <= D;
```

図5.8 同期セット/リセット付きDフリップフロップ

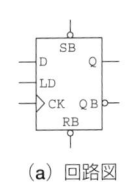

(a) 回路図

```verilog
// 同期セット，リセット付きD-FF
module DFF_sync( CK, D, LD, Q, QB, RB, SB );
input   CK, D, LD, RB, SB;
output  Q, QB;
reg     Q;

always @( posedge CK ) begin
    if ( RB==1'b0 )
        Q <= 1'b0;
    else if ( SB==1'b0 )
        Q <= 1'b1;
    else if ( LD )
        Q <= D;
end

assign QB = ~Q;

endmodule
```
(b) Verilog HDL記述

この長いif文が，本例の要点です．各信号の優先順位が，

```
RB > SB > LD
```

となっています．

5.2.3 同期セット/リセット付きJKフリップフロップ

JK-FFのJ，K入力は，もともと同期設計に適した制御入力です．したがって，同期JK-FFといっても特別な制御入力が必要になるわけではありません．図5.9からもわかるように，セット/リセット動作をクロックに同期させるだけです．非同期JK-FF（図5.5）との違いは，

```
always @( posedge CK )
```

図5.9 同期セット/リセット付きJKフリップフロップ

(a) 回路図

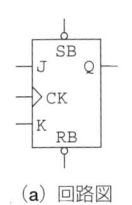

```verilog
// 同期セット，リセット付きJK-FF
module JKFF_sync( CK, J, K, Q, RB, SB );
input   CK, J, K, RB, SB;
output  Q;
reg     Q;

always @( posedge CK ) begin
    if ( RB==1'b0 )
        Q <= 1'b0;
    else if ( SB==1'b0 )
        Q <= 1'b1;
    else
        case ( {J, K} )
            2'b00: Q <= Q;
            2'b01: Q <= 1'b0;
            2'b10: Q <= 1'b1;
            2'b11: Q <= ~Q;
        endcase
end

endmodule
```
(b) Verilog HDL記述

図 5.10
同期リセット付きTフリップフロップ

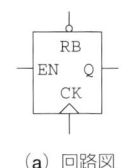

(a) 回路図

```
// 同期リセット付きT-FF
module TFF_sync( CK, EN, Q, RB );
input   CK, EN, RB;
output  Q;
reg     Q;

always @( posedge CK ) begin
    if ( RB==1'b0 )
        Q <= 1'b0;
    else if ( EN==1'b1 )
        Q <= ~Q;
end

endmodule
```

(b) Verilog HDL記述

だけです．イベント式からリセットRBとセットSBを取り除いただけです．

5.2.4 同期リセット付きTフリップフロップ

　同期設計では，クロックがつねに入力されているので，同期Tフリップフロップ（T-FF）には制御用入力EN（イネーブル）が必要です（**図5.10**）．EN=1のとき，クロックCKの立ち上がりで出力Qが反転します．EN=0ならば，値を保持します．

```
  if ( RB==1'b0 )
      Q <= 1'b0;
  else if ( EN==1'b1 )
      Q <= ~Q;
```

　ENによる反転動作より，リセットRBの動作を上位優先としています．

5.2.5 同期設計用フリップフロップの構成

●同期型フリップフロップの構造

　同期型FFには，非同期型にはなかった制御入力が必要です．いままでの例の中にも，LD（ロード）やEN（イネーブル）などを必要としたFFがありました．また，次の節で紹介する各種カウンタや，第8章で紹介する回路は，すべて同期方式で設計しています．ここでは基本的な同期設計用のFFの構成を解説して，同期設計の考えかたや記述スタイルを整理します．

　図5.11に同期設計用のFFの構成例を示します．これは，4ビットのリセット・ロード付きD-FFです．D-FFというより「レジスタ」といったところでしょうか．4ビットの入力D，出力Qとリセット入力RES，ロード入力LDがあります．もちろんクロックCKにはクロックが常時入力されているものとします．

●同期型フリップフロップの動作記述

　動作は，すでに紹介したD-FFと基本的に同じです．RESが'1'でリセットし，LDが'1'のときD

図5.11　同期設計用フリップフロップの構成

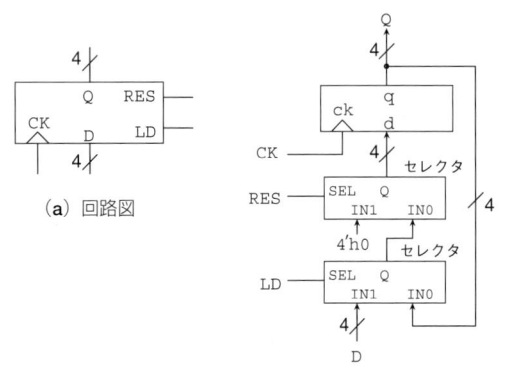

(a) 回路図

(b) 内部ブロック図

(c) Verilog HDL記述

```
// リセット，ロード付き同期D-FF
module DFF( CK, D, Q, LD, RES );
input        CK, LD, RES;
input  [3:0] D;
output [3:0] Q;
reg    [3:0] Q;

always @( posedge CK )
begin
    if ( RES==1'b1 )
        Q <= 4'h0;
    else if ( LD==1'b1 )
        Q <= D;
end

endmodule
```

入力を取り込みます．リセット動作を上位優先とします．このD-FFの内部は，図5.11(b)の内部ブロック図に示す構成となっています．

4ビットの(純粋な)D-FFの入力に4ビット2方向セレクタが2段接続されています．セレクト信号は，それぞれRES，LDです．いずれの入力もなければ，D-FFの出力が二つのセレクタを通って入力dに戻り，値を保持します．RES入力が'1'のとき，初段のセレクタによって入力dには4ビットの0が印加され，LD入力が'1'のとき，2段目のセレクタによって入力dには4ビットの入力Dが印加されます．セレクタの配置から，RES入力のほうが優先順位が高いことがわかります．

以上をHDLで記述したものが図5.11(c)です．二つのifがセレクタです．else ifにより優先順位が付いています．図5.11(c)を論理合成した場合，図5.11(b)に近いものが合成されます．ただし，論理合成時に最適化(回路規模の縮小)が行われるので，RES，LDの二つのセレクタは，はっきりした形では表れません．しかし，組み合わせ回路によってRES優先のセレクタが合成されます．

●クロックの記述

同期設計において，クロックの記述はとても簡単です．

```
always @( posedge CK )
```

で始まり，すべての動作をこのalways文の中に記述します．クロックがすべて共通で，単一のエッジを用いているので，システム内で用いるすべてのレジスタやカウンタ類をこのalways文で記述できます．

●動作タイミング

図5.12に示すように，リセットやロード信号がアクティブになった次のクロックの立ち上がりで，出力が変化します．リセットやロード信号は，組み合わせ回路で作成した「ひげ」のある回路でもか

図5.12 同期設計用フリップフロップのタイミング

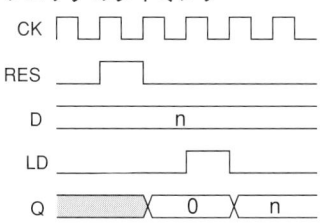

図5.13 バイナリ・カウンタ

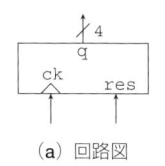

(a) 回路図

```
// 加算演算子による4ビット・カウンタ（同期リセット）
module counter( ck, res, q );
input          ck, res;
output [3:0]   q;
reg    [3:0]   q;

always @( posedge ck ) begin
    if ( res )
        q <= 4'h0;
    else
        q <= q + 4'h1;
end

endmodule
```

(b) Verilog HDL記述

まいません．クロックCKの前後で安定していれば確実に動作します．

同期設計では，これらの制御信号をほかのFFの出力をもとに作成します．すべてのFFの変化点は同一なので，図5.12に示すように制御信号もクロックに同期しています．しかし，実際にはFFの信号遅延や組み合わせ回路の信号遅延があるので，制御信号の変化点はクロックの立ち上がりより遅れます．これにより，制御対象であるD-FFのセットアップ時間とホールド時間の制約を満たしています．

5.3 各種カウンタ

順序回路の本格的な記述例として，各種カウンタの記述を紹介します．ここで扱うカウンタは，ディバイダを除いてすべて同期式です．

5.3.1 バイナリ・カウンタ

図5.13に示すのは，4ビットのバイナリ・カウンタです．第1章で紹介したバイナリ・カウンタ（図1.10）は非同期リセットのカウンタでしたが，この例は同期リセットです．

ここではif文の条件式に等号演算を用いておらず，直接リセット信号resを記述しています．関係演算や等号演算の結果は，真なら'1'，偽なら'0'です．したがって，res==1'b1の等号演算式は，判別したい信号を直接記述した場合と論理的に同じになります．記述がシンプルになり，可読性が増します．

5.3.2 アップ/ダウン・カウンタ

図5.14は，バイナリ・カウンタを拡張したアップ/ダウン・カウンタです．down信号が，

'0'：カウント・アップ　　0→1 →2　 …　14→15→0
'1'：カウント・ダウン　　0→15→14　…　1 →0 →15

図5.14 アップ/ダウン・カウンタ

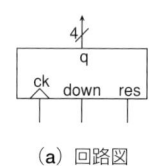

(a) 回路図

```
// 4ビット・アップ/ダウン・カウンタ
module updown_cnt( ck, res, down, q );
input           ck, res, down;
output  [3:0]   q;
reg     [3:0]   q;

always @( posedge ck ) begin
    if ( res )
        q <= 4'h0;
    else if ( down )
        q <= q - 4'h1;
    else
        q <= q + 4'h1;
end

endmodule
```

(b) Verilog HDL記述

表5.2 グレイ・コード・カウンタ真理値表

グレイ・コード生成入力 (現在カウンタ値)	グレイ・コード生成入力 (次カウンタ値)
0000	0001
0001	0011
0011	0010
0010	0110
0110	0111
0111	0101
0101	0100
0100	1100
1100	1101
1101	1111
1111	1110
1110	1010
1010	1011
1011	1001
1001	1000
1000	0000

となります．

記述の要点は，次の部分です．

```
if ( res )
    q <= 4'h0;
else if ( down )
    q <= q - 4'h1;
else
    q <= q + 4'h1;
```

qに対してdownが'1'なら−1，downが'0'なら＋1しています．簡潔な記述ですが，演算子が2種類あるので，論理合成後の回路規模がある程度大きくなることが想定されます．

5.3.3 グレイ・コード・カウンタ

●1ビットずつ変化するグレイ・コード・カウンタ

グレイ・コード・カウンタは，表5.2に示すようにカウント・アップにおいて1ずつ増減しているわけではありません．つねに出力の1ビットだけが変化するカウンタです．出力をデコードして作成した信号に「ひげ」が発生しないことが特徴です．また，通信分野において，グレイ・コードはディジタル変調回路にも用いられます．

グレイ・コード・カウンタは，図5.15のブロック図に示すように，4ビットのFFと，FFに入力するグレイ・コードを生成する組み合わせ回路からなります．グレイ・コード生成ブロックは，表5.2の真理値表をそのまま組み合わせ回路にしただけです．HDL記述も，これらの構成で記述しました．要点を抜き出して説明します．

図5.15
グレイ・コード・カウンタ

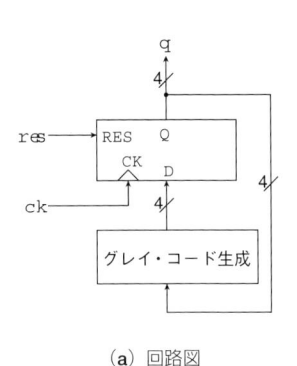

(a) 回路図

```
// 4ビット・グレイ・コード・カウンタ
module gray_cnt( ck, res, q );
input          ck, res;
output [3:0]   q;
reg    [3:0]   q;

function [3:0] gray;
input [3:0] din;
    case( din )
        4'b0000: gray = 4'b0001;
        4'b0001: gray = 4'b0011;
        4'b0011: gray = 4'b0010;
        4'b0010: gray = 4'b0110;
        4'b0110: gray = 4'b0111;
        4'b0111: gray = 4'b0101;
        4'b0101: gray = 4'b0100;
        4'b0100: gray = 4'b1100;
        4'b1100: gray = 4'b1101;
        4'b1101: gray = 4'b1111;
        4'b1111: gray = 4'b1110;
        4'b1110: gray = 4'b1010;
        4'b1010: gray = 4'b1011;
        4'b1011: gray = 4'b1001;
        4'b1001: gray = 4'b1000;
        4'b1000: gray = 4'b0000;
        default: gray = 4'bxxxx;
    endcase
endfunction

always @( posedge ck or posedge res ) begin
    if ( res )
        q <= 4'h0;
    else
        q <= gray( q );
end

endmodule
```

(b) Verilog HDL記述

● グレイ・コード生成部の記述

```
function [3:0] gray;
input [3:0] din;
    case( din )
        4'b0000: gray = 4'b0001;
        4'b0001: gray = 4'b0011;
        4'b0011: gray = 4'b0010;
             ...
        4'b1000: gray = 4'b0000;
        default: gray = 4'bxxxx;
    endcase
endfunction
```

このfunctionは，ブロック図のグレイ・コード生成そのものです．入力が現在のカウンタ値，出力が次にとるべきカウンタ値です．

図5.16 バイナリからグレイ・
　　　 コードへの変換回路

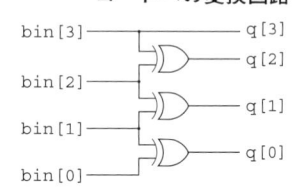

図5.17 手抜きグレイ・コード・カウンタ

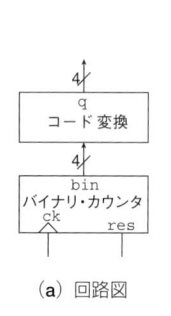

```
// 手抜きグレイ・コード・カウンタ
module gray_cnt_easy( ck, res, q );
input           ck, res;
output   [3:0]  q;
reg      [3:0]  bin;

always @( posedge ck or posedge res ) begin
    if ( res )
        bin <= 4'h0;
    else
        bin <= bin + 4'h1;
end

assign q = { bin[3], bin[3] ^ bin[2],
             bin[2] ^ bin[1], bin[1] ^ bin[0] };

endmodule
```

(a) 回路図

(b) Verilog HDL記述

● フリップフロップ部の記述

```
if ( res )
    q <= 4'h0;
else
    q <= gray( q );
```

　リセット信号resでカウンタを'0'にリセットします．res入力がなければカウント・アップします．ここで先ほどのファンクションgrayを呼び出し，レジスタ変数qに代入しています．ファンクションgrayの引き数はqでもあるので，ブロック図のカウンタ出力を入力とし，次のカウンタ値を生成していることになります．
　本例は，FFの入力に，カウンタの次の値を生成する組み合わせ回路を接続したものです．この方式を用いれば，どのようなカウンタも記述できます．入力部の組み合わせ回路の記述量は多いのですが，論理合成結果はそれほど大きくなりません．本例のグレイ・コード・カウンタも，論理合成によって実用性の高い回路が得られます．

5.3.4　手抜きグレイ・コード・カウンタ

　バイナリ・コードからグレイ・コードへの変換は，図5.16に示すように隣り合ったビットのEX-ORで生成できます．このコード変換をバイナリ・カウンタの出力に接続すれば，グレイ・コードができ上がります．HDL記述を図5.17に示します．

● バイナリ・コードからグレイ・コードへの変換
　コード変換部は次の1行です．

■コラム1■ 論理合成がうまくいかない例

シミュレーション上は問題がなくても，論理合成がうまくいかない場合があります．例えば，図1の回路は「リセット付きカウンタ」ですが，alwaysを分けて記述したために，論理合成によってとんでもない回路が生成されていました．

どこに問題があったのでしょうか．図1を見ると，resとenblは同時に発生しないとして，if～elseによる優先順位を付けていません．シミュレーション上の動作は何も問題なかったのですが，論理合成を行うとreg宣言した数の倍のFFが生成されました．リセット動作を行うレジスタとカウント動作を行うレジスタがセレクタを通して出力する回路となっていたのです．

この記述の場合，二つのalwaysブロックをまとめれば論理合成結果は正しくなります．

一般的に，レジスタに対する処理では，

- 一つのalways，しかも一つのifの中に書く

ということを守る必要があります．この場合，優先順位を付けたif～else構造にしておけば，問題なかったはずです．

図1
論理合成がうまくいかない
Verilog HDL記述

```
module NG_synth_counter ( ck, res, enbl, q );
input           ck, res, enbl;
output  [3:0]   q;
reg     [3:0]   q;

always @( posedge ck )  // ここで1組のレジスタ生成
    if ( res )
        q <= 4'h0;

always @( posedge ck )  // ここでも1組のレジスタ生成
    if ( enbl )
        q <= q + 4'h1;

endmodule
```

```
assign q = { bin[3], bin[3] ^ bin[2], bin[2] ^ bin[1], bin[1] ^ bin[0] };
```

^ はEX-ORの演算子です．

「最終段がFFになっていないじゃないか」と思われるかもしれません．ですから手抜き版なのです．しかし，グレイ・コード・カウンタを含んだ全体で回路規模や動作速度などの基本仕様を満たしていれば，これでも十分です．本例の実用価値は十分にあります．手抜き＝効率的設計と考えてください．

5.3.5 ジョンソン・カウンタ

図5.18に示すように，ジョンソン・カウンタの出力はデューティ比50％の波形が1クロックごとに伝搬した波形となります．4ビットのカウンタですが，周期は8クロックです．

HDL記述を図5.19に示します．さらに要点を以下に示します．

図5.18 ジョンソン・カウンタの動作タイミング

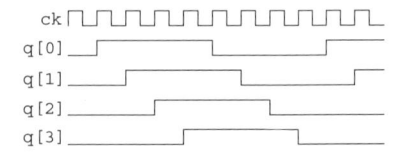

図5.19 ジョンソン・カウンタ

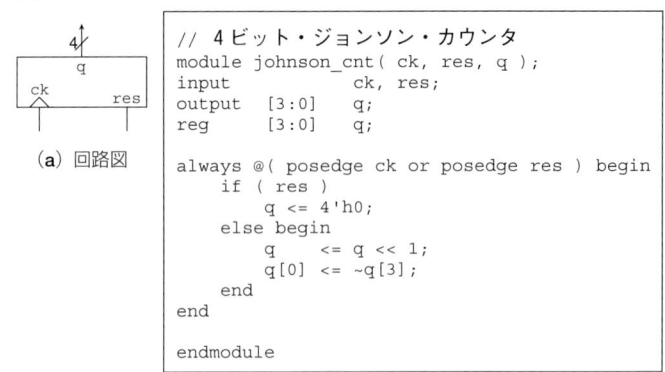

(a) 回路図

```
// 4ビット・ジョンソン・カウンタ
module johnson_cnt( ck, res, q );
input         ck, res;
output [3:0]  q;
reg    [3:0]  q;

always @( posedge ck or posedge res ) begin
    if ( res )
        q <= 4'h0;
    else begin
        q    <= q << 1;
        q[0] <= ~q[3];
    end
end

endmodule
```

(b) Verilog HDL記述

```
if ( res )
    q <= 4'h0;
else begin
    q    <= q << 1;
    q[0] <= ~q[3];
end
```

初期値は0です．ジョンソン・カウンタの基本動作はシフト演算を用いて記述しています．初段のq[0]には，最終段q[3]の反転を代入しています．このように一つのalwaysブロックの中で，全ビットにわたる演算も，1ビットだけの代入も行えます[注]．

5.3.6 不正ループ対策版ジョンソン・カウンタ

●誤動作によって不正ループに陥りやすいジョンソン・カウンタ

ジョンソン・カウンタは，回路の誤動作などによって，とんでもない動作をすることが知られています．前の例は，4ビットのFFを用いた1周期が8クロックのジョンソン・カウンタでした．4ビットで8通りの値しかとらないので，残りの8通りの値になってしまったとき，困ったことが生じます．

図5.20に示すように，正しく動作しているうちはよいのですが，いったん，本来取りえない値になってしまうと，そこから抜け出すことができません．カウンタがリセットされないかぎり，不正ループを回り続けることになります．現実の回路では，電源電圧変動や静電気などによって，あるビットのFFの状態が反転してしまうことが考えられます．回路の動作保証という意味で，不正ループ対策が必要になる場合があります．

注：begin～endで囲われたqとq[0]に対する代入文の2行は，記述の順序によって動作が異なる．このことはとても重要なので，5.4節のシフト・レジスタのところで詳しく説明する．

図5.20 ジョンソン・カウンタの不正ループ

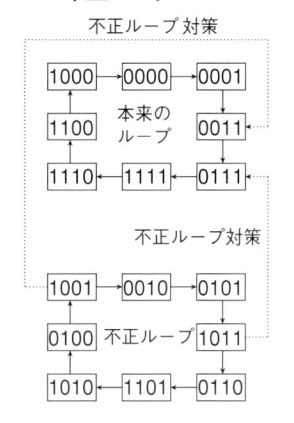

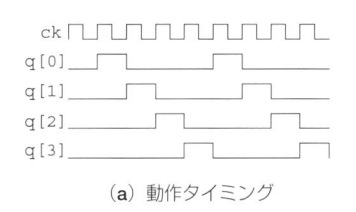

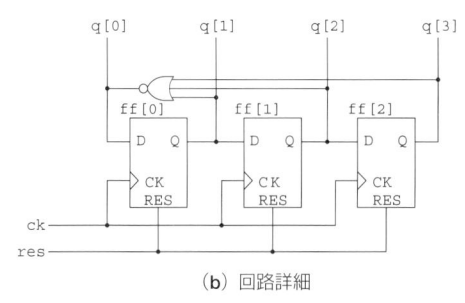

図5.21 不正ループ対策版ジョンソン・カウンタ

```
// 不正ループ対策版ジョンソン・カウンタ
module johnson_failsafe( ck, res, q );
input           ck, res;
output  [3:0]   q;
reg     [3:0]   q;

always @( posedge ck or posedge res ) begin
    if ( res )
        q <= 4'h0;
    else begin
        q    <= q << 1;
        q[0] <= ~q[3] | (q[0] & ~q[2]);
    end                         不正ループ対策
end

endmodule
```

図5.22 リング・カウンタの詳細
(a) 動作タイミング
(b) 回路詳細

● 不正ループ対策版

図5.21が，不正ループ対策版ジョンソン・カウンタのHDL記述です．次の1行が，その対策です．

```
q[0] <= ~q[3] | (q[0] & ~q[2]);
```

q[3]の反転信号にさらに対策を盛り込んでq[0]に代入しています．これにより，**図5.20**のように不正ループの2箇所から正しいループに復帰することができます．

5.3.7 リング・カウンタ

● 周期的に出力の1本だけがつねに '1' となるカウンタ

ジョンソン・カウンタと同類に扱われるのが，このリング・カウンタです．4ビット出力のリング・カウンタの例を紹介します．出力波形は，**図5.22(a)**に示すように4クロック1周期で，出力の1本だけがつねに '1' となります．回路の詳細を**図5.22(b)**に示します．出力は4ビットですが，FFを3個だけ用います．q[0]は，組み合わせ回路で作成した出力です．

HDL記述を**図5.23**に示します．いままでのカウンタは，構成するFFと出力名が同一でしたが，この例では異なります．カウンタの出力はq[3:0]ですが，内部で用いるFFはff[2:0]です．**図5.22(b)**の回路図も参考にしてください．HDL記述を順に説明します．

図5.23
リング・カウンタ

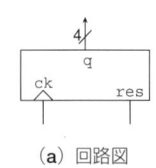

(a) 回路図

```
// 4ビット・リング・カウンタ
module ring_cnt( ck, res, q );
input           ck, res;
output  [3:0]   q;
reg     [2:0]   ff;

always @( posedge ck or posedge res ) begin
    if ( res )
        ff <= 3'h0;
    else begin
        ff <= ff << 1;
        ff[0] <= q[0];
    end
end

assign q[0]   = ~| ff;
assign q[3:1] = ff;

endmodule
```

(b) Verilog HDL記述

● 内部FFの記述

```
if ( res )
    ff <= 3'h0;
else begin
    ff <= ff << 1;
    ff[0] <= q[0];
end
```

　動作の基本はシフト演算です．ジョンソン・カウンタと異なるのは，LSBのff[0]に代入している値です．リング・カウンタでは出力q[0]を代入しています．

```
assign q[0]   = ~| ff;
assign q[3:1] = ff;
```

　q[0]はff出力の全ビットをNOR演算した信号です．リダクション演算を用いています．出力qの上位側q[3:1]は，ffの出力をそのまま出力しています．

5.3.8 ディバイダ（分周回路）

● クロック分周用のカウンタ

　ディバイダ（分周回路）は，クロックの分周などに用いるカウンタです（図5.24）．同期設計ではあまり使うことはありません．従来，「非同期カウンタ」と呼ばれていたものです．TTLなどで回路を設計していたころは，これをカウンタとして用いていました．同期カウンタが主流の現在では，分周回路に用いられるだけです．1ビットのカウンタをイモヅル式に接続し，前段の出力を次段のクロックに接続します．クロックの立ち下がりで出力が反転し，0, 1, 2, …, 15, 0とカウント・アップします．

図5.24 ディバイダ(分周回路)

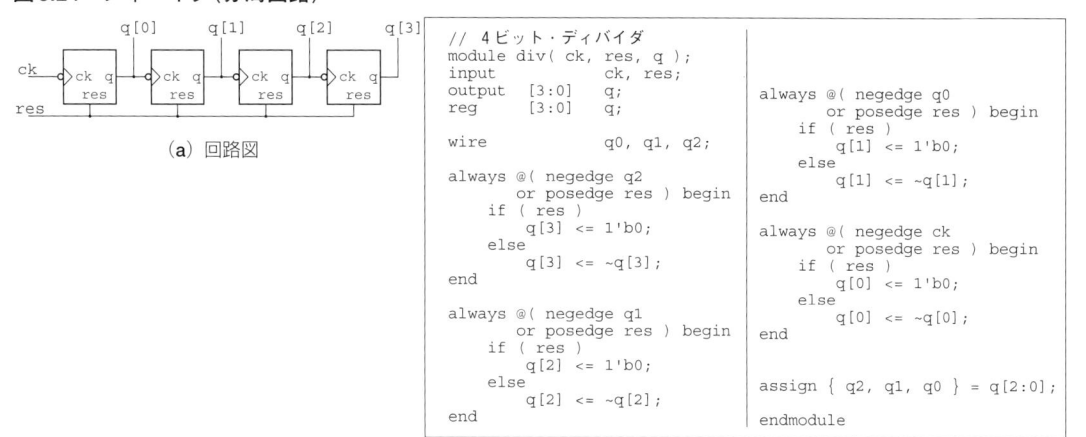

(a) 回路図

```
// 4ビット・ディバイダ
module div( ck, res, q );
input             ck, res;
output    [3:0]   q;
reg       [3:0]   q;

wire              q0, q1, q2;

always @( negedge q2
       or posedge res ) begin
    if ( res )
        q[3] <= 1'b0;
    else
        q[3] <= ~q[3];
end

always @( negedge q1
       or posedge res ) begin
    if ( res )
        q[2] <= 1'b0;
    else
        q[2] <= ~q[2];
end

always @( negedge q0
       or posedge res ) begin
    if ( res )
        q[1] <= 1'b0;
    else
        q[1] <= ~q[1];
end

always @( negedge ck
       or posedge res ) begin
    if ( res )
        q[0] <= 1'b0;
    else
        q[0] <= ~q[0];
end

assign { q2, q1, q0 } = q[2:0];
endmodule
```

(b) Verilog HDL記述

リセットは，クロックが共通ではないので，当然ながら非同期リセットです．

●動作記述

HDL記述は少し複雑です．1ビットだけ抜き出して説明します．

```
always @( negedge q2 or posedge res ) begin
    if ( res )
        q[3] <= 1'b0;
    else
        q[3] <= ~q[3];
end
```

これは4ビット・ディバイダの最終段q[3]の記述です．q2は前段の出力q[2]で，立ち下がり(negedge)動作のクロックとなります．resは非同期リセットなので，always文のイベント式にposedge resも追加しておきます．

●もう一つの動作記述

イベント式にq2を用いずにq[2]を用いて，

```
always @( negedge q[2] or posedge res )
```

と記述してもシミュレーションはOKです．しかし，論理合成ツールがイベント式のビット選択を許さず，エラーとなる場合があります．そこでディバイダ記述の最終行近くで，

図5.25 シリアル・パラレル変換

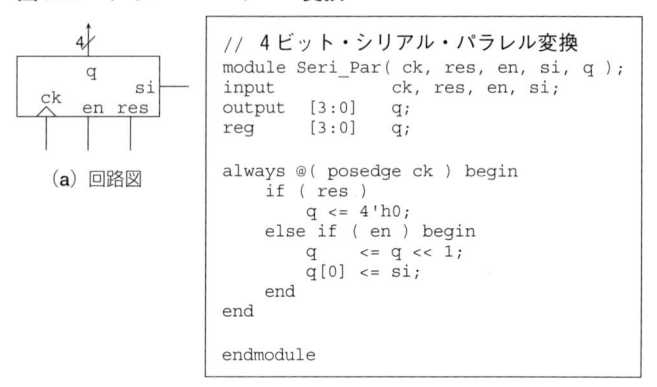

(a) 回路図

```verilog
// 4ビット・シリアル・パラレル変換
module Seri_Par( ck, res, en, si, q );
input           ck, res, en, si;
output  [3:0]   q;
reg     [3:0]   q;

always @( posedge ck ) begin
    if ( res )
        q <= 4'h0;
    else if ( en ) begin
        q    <= q << 1;
        q[0] <= si;
    end
end

endmodule
```

(b) Verilog HDL記述

図5.26 シリアル・パラレル変換タイミング

```
assign { q2, q1, q0 } = q[2:0];
```

と，1ビットのネット信号に置き換えています．

5.4 シフト・レジスタ

　ここでは，シフト演算子を用いた**シフト・レジスタ**(シリアル・パラレル変換，パラレル・シリアル変換)について解説します．シフト演算を用いた場合，記述の順番によって動作が異なることがあります．注意を必要とする内容なので，うまく動作しない記述例も交えながら解説します．

5.4.1　シリアル・パラレル変換

　図5.25は，シリアル入力，パラレル出力のシフト・レジスタです．`res`入力でリセットし，出力が'0'となります．`si`入力はシフト入力で，1クロックごとにデータを取り込みます．`en`入力が'1'のときだけ，シフト動作します．'0'のときは値を保持します．これらの動作を**図5.26**のタイミング・チャートに示します．

　HDL記述(**図5.25**)の要点は，次の`if`文です．

```verilog
if ( res )
    q <= 4'h0;
else if ( en ) begin
    q    <= q << 1;
    q[0] <= si;
end
```

　シフト演算では，シフトの初段のビットには'0'が詰められます．この場合，

図5.27 シリアル・パラレル変換NG記述1

```
// 4ビット・シリアル・パラレル変換（NG版）
module Seri_Par_NG( ck, res, en, si, q );
input          ck, res, en, si;
output  [3:0]  q;
reg     [3:0]  q;

always @( posedge ck ) begin
    if ( res )
        q <= 4'h0;
    else if ( en ) begin
        q[0] <= si;
        q    <= q << 1;
    end
end

endmodule
```

図5.28 シリアル・パラレル変換NG記述1のタイミング

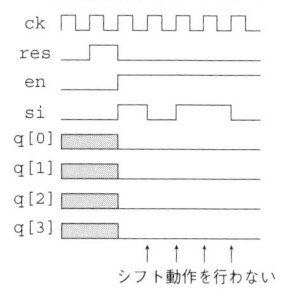

↑ ↑ ↑ ↑
シフト動作を行わない

```
q <= q<<1;
```

の演算で，qを1ビット左シフトしてLSBのq[0]には'0'が入ります．その次の行でq[0]にsiの値が入力され，シリアル・パラレル変換の動作が行われます．

5.4.2 シリアル・パラレル変換：NG編その1

前の例は，確実に動作する記述例でした．一方，図5.27の記述では，シフト動作を行いません．図5.28に示すように，リセット後，LSB側には'0'がつねに入力された状態となり，シフト動作を行いません．図5.25と異なるのは，

```
q[0] <= si;
q    <= q << 1;
```

の部分だけです．記述の順番を図5.25と逆にしただけです．しかし，

```
q[0] <= si;
```

が無効の動作を実行します．論理合成も同様の結果となってしまいます．記述の順番が動作に影響するので，要注意です．

5.4.3 シリアル・パラレル変換：NG編その2

順序回路を記述する際の代入には，ノン・ブロッキング代入（<=）を用いるのが一般的です（pp.124-125のコラムJ「ブロッキング代入文とノン・ブロッキング代入文」を参照）．しかし，ブロッキング代入（=）を用いても，記述の順番さえ確実にしておけば，順序回路を記述できます．図5.25の中の代入をすべて<=から=に変えても（ブロッキング代入を用いても）確実に動作します．

では，ブロッキング代入で順番を誤るとどうなるのでしょうか？　図5.29の記述は，前の例（図5.27）の<=をすべて=に変えたものです．もともと正しく動作しなかった記述でした．この場合も，図5.30

図5.29 シリアル・パラレル変換NG記述2

```verilog
// 4ビット・シリアル・パラレル変換（NG版2）
module Seri_Par_NG( ck, res, en, si, q );
input           ck, res, en, si;
output  [3:0]   q;
reg     [3:0]   q;

always @( posedge ck ) begin
    if ( res )
        q = 4'h0;
    else if ( en ) begin
        q[0] = si;
        q    = q << 1;
    end
end

endmodule
```

図5.30 シリアル・パラレル変換NG記述2のタイミング

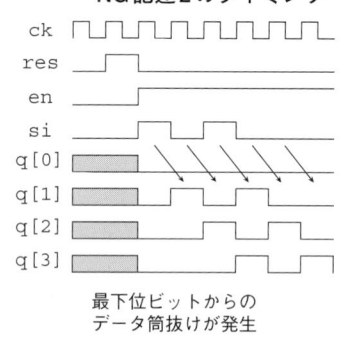

最下位ビットからの
データ筒抜けが発生

に示すように，LSBのq[0]からのデータの筒抜けが発生し，まるでq[1]からq[3]までの3ビットのシフト・レジスタのように動作します．やはり「ダメなものはダメ」といったところでしょうか．

5.4.4 究極のシリアル・パラレル変換

いままでのシリアル・パラレル変換の記述は，2行にわたって記述し，さらにシフト演算子を用い

■コラムJ■　ブロッキング代入文とノン・ブロッキング代入文

レジスタ変数への代入には，
● ブロッキング代入
● ノン・ブロッキング代入
の，2通りの記述方法があります．双方の動作の違いと特徴を図J.1に示します．
Verilog HDLでは，順次処理はbegin～endブロックで，並列処理はfork～joinブロックで記述できます．しかし，現状の論理合成ツールがfork～joinに対応していないため，順次処理ブロックのbegin～endのみを使用せざるを得ません．したがって，並列処理的な代入が行われるノン・ブロッキング代入は，レジスタ変数の代入が中心の順序回路に適しています．

図J.1
ブロッキング代入とノン・
ブロッキング代入

```
a = b;
c = a;
```

```
a <= b;
c <= a;
```

● 一つの代入処理が終了するまで
  次の処理を行わない
  （ブロックされる）
● 記述の順番が動作に影響する
  ため，順序回路には適さない

● 各右辺の処理が終了してから
  代入処理が行われる
  （ブロックされない）
● 記述の順番が動作に影響され
  にくいため，順序回路向き

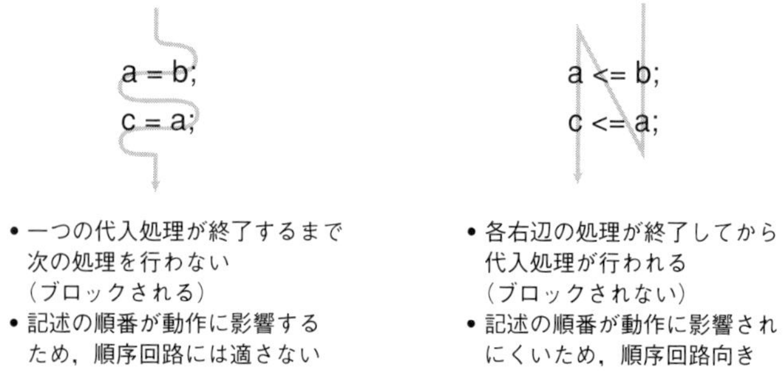

（a）ブロッキング代入　　　　　　　（b）ノン・ブロッキング代入

図5.31
究極のシリアル・パラレル変換

```
// 4ビット・シリアル・パラレル変換（連接演算）
module Seri_Par_cat( ck, res, en, si, q );
input           ck, res, en, si;
output [3:0]    q;
reg    [3:0]    q;

always @( posedge ck ) begin
   if ( res )
      q <= 4'h0;
   else if ( en )
      q <= { q, si };
end

endmodule
```

ていたため，順番の問題が生じていました．これをシフト演算子を用いないで，1行で記述できればなんら問題を生じないはずです．**図5.31**は，そんな究極のシリアル・パラレル変換です．要点は，

```
   q <= { q, si };
```

の1行です．右辺の連接演算により，4ビット＋1ビットで5ビットとなります．これを4ビットのレ

●ノン・ブロッキング代入が必要なとき

図J.2にノン・ブロッキング代入が必須となる記述例を示します．4ビットのカウンタcntと，その値を保持するレジスタbuffがあったとします．あるタイミングでcnt_enとbuff_enが同時に'1'になったとき，つまり現在のカウンタ値をbuffに退避し，さらにカウント・アップする場合，図の記述で正しく動作します．

しかし，ここで用いている代入文がすべてブロッキング代入（＝）であったら，正しく動作しません．if文と代入文が記述の順番通りに実行されるので，カウント・アップした値をbuffに代入してしまいます．正しく動作させるためには，cntに対するif文とbuffに対するif文の順序を入れ替える必要があります．

　　　　　　　＊　　　　　　　＊　　　　　　　＊

このように，記述の順序が回路動作に影響するブロッキング代入文は設計上のリスクが大きく，好ましくありません．よって本書では，回路記述中のレジスタ変数への代入は，すべてノン・ブロッキング代入文を用いています．

図J.2
ノン・ブロッキング代入文の記述

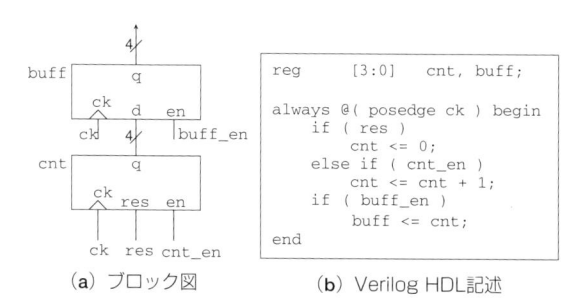

```
reg    [3:0]   cnt, buff;

always @( posedge ck ) begin
   if ( res )
      cnt <= 0;
   else if ( cnt_en )
      cnt <= cnt + 1;
   if ( buff_en )
      buff <= cnt;
end
```

（a）ブロック図　　　　（b）Verilog HDL記述

図5.32 パラレル・シリアル変換

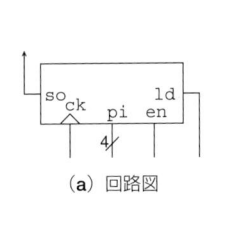

```
// 4ビット・パラレル・シリアル変換
module Par_Seri( ck, en, ld, pi, so );
input           ck, en, ld;
input    [3:0]  pi;
output          so;
reg      [3:0]  ps;

always @( posedge ck ) begin
    if ( ld )
        ps <= pi;
    else if ( en )
        ps <= ps << 1;
end

assign so = ps[3];

endmodule
```

(a) 回路図

(b) Verilog HDL記述

図5.33 パラレル・シリアル変換タイミング

ジスタに代入したとき，最上位側が欠落し，結果的に1ビット左へシフトしたことになります．これで一件落着です[注]．

さらに右シフトの場合には，レジスタqの部分選択を用いて，

```
q <= { si, q[3:1] };
```

とすれば1行で記述できます．

5.4.5　パラレル・シリアル変換

パラレル・シリアル変換(図5.32)は，パラレル(並列)信号をロードして，1クロックごとにMSB側から出力します．パラレル信号は`pi`より入力し，`ld`信号でロードします．`en`入力が '1' ならシフト動作を行い，`so`出力よりシリアル・データを出力します．動作タイミングを図5.33に示します．

HDL記述(図5.32)の要点は，次のif文です．

```
if ( ld )
    ps <= pi;
else if ( en )
    ps <= ps << 1;
```

シフト演算を用いていますが，1行で記述できています．したがって，シリアル・パラレル変換のような記述の順番の問題はありません．

注：記述安全性の観点からすると，1ビットのシフトではシフト演算子を用いず，すべて連接によるシフトを用いたほうがよい．前述したジョンソン・カウンタやリング・カウンタもそうである．例えば，ジョンソン・カウンタのシフト部分の
```
q    <= q << 1;
q[0] <= ~q[3];
```
は，
```
q <= { q, ~q[3] };
```
と記述できる．

図5.34 レジスタ・ファイルのブロック図

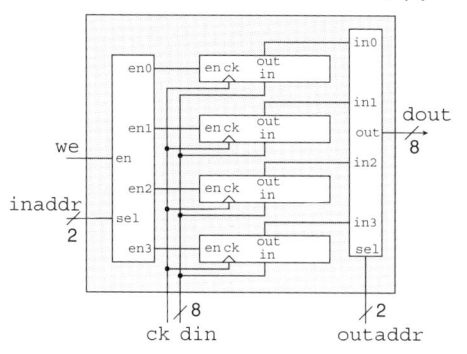

図5.35 レジスタ・ファイルのVerilog HDL記述

```
// 8ビット×4 レジスタ・ファイル
module regfile( ck, we, din, inaddr,
                dout, outaddr );
input           ck, we;
input    [7:0]  din;
input    [1:0]  inaddr, outaddr;
output   [7:0]  dout;
reg      [7:0]  file    [0:3];

always @( posedge ck )
    if ( we )
        file[inaddr] <= din;

assign dout = file[outaddr];

endmodule
```

```
assign so = ps[3];
```

出力soは，レジスタpsのMSBそのものです．

5.5 レジスタ・ファイル

レジスタ・ファイルとは，ビット幅を持ったレジスタの集合体です．RAMほど大容量ではありませんが，数ワードのデータを保持できます．ここでは8ビット×4ワードのレジスタ・ファイルを想定してみました．

図5.34にブロック図を示します．入力は8ビットのdin，出力は8ビットのdoutです．内部に8ビットのレジスタを4ワード持ちます．書き込みと読み出しは，独立して行うことができます．4ワードのレジスタを2ビットのinaddrで選択し，weで書き込みます．同期型レジスタなので，weが'1'のときのクロックckの立ち上がりで書き込みます．出力doutには，2ビットのoutaddrで指定したレジスタが出力されます．

HDL記述を図5.35に示します．いくつか要点があるので，順を追って説明します．

```
reg      [7:0]  file    [0:3];
```

これはレジスタ配列の宣言です．8ビットのレジスタ変数を4個宣言しています．

●レジスタ書き込み動作の記述

```
always @( posedge ck )
    if ( we )
        file[inaddr] <= din;
```

weが'1'のときのckの立ち上がりで書き込まれます．inaddrで指定した8ビットのレジスタに8ビット入力dinを代入しています．fileはレジスタ配列ですから，file[inaddr]は8ビット・レジスタの選択です．ビット選択ではありません．

● 出力部の記述

```
assign dout = file[outaddr];
```

出力doutへは，outaddrで指定したレジスタを出力しています．これもビット選択ではなく，レジスタ選択です．

レジスタ・ファイルの記述は非常に簡潔です．ブロック図のほうが複雑なくらいです．しかし，論理合成を行うとわりあい大きな回路になります．8ビットのレジスタを4本ですから，32個のFFを生成します．さらに入出力のセレクタがあるので，ちょっとしたものです．記述が簡潔だからといって多用するのは考えものです．回路仕様をよく見当して，最小限のレジスタ・ファイルにすることをお勧めします．

5.6 ステート・マシン

順序回路の記述例のまとめとして，**ステート・マシン**について解説します．本来「順序回路」とは，シーケンサ，すなわち制御論理回路を指す用語です．そして制御論理回路の代表例が，このステート・マシンです．

5.6.1 ステート・マシンの目的

回路システムは，大別して2種類の回路ブロックに分類できます．演算などのデータ処理が中心の**データパス系**と，それを制御する**制御系**です．制御系では，データパス系に対する制御信号（リセットやカウンタ，FFのイネーブル信号など）を作っています．制御信号は，回路仕様に基づいて，順次ON/OFFされます．この制御信号を作り出すための順序制御回路がステート・マシンです．

では具体的な例を示してステート・マシンの目的を説明します．ここでは，簡単なディジタル・ウォッチを例にします．**図5.36**は，表示とスイッチ仕様です．表示は，時，分，秒それぞれ2けたの全6けたです．スイッチは，SW1，SW2，SW3の3種類あります．モードは2種類あり，通常表示のノーマル・モードと時刻修正モードです．SW2で時刻修正モードにした後，SW3で修正けたを選択し，SW1で修正します．

図5.37にディジタル・ウォッチのブロック図を示します．入力は，システム・リセットsysreset，クロックck，スイッチSW1，SW2，SW3です．出力は，7セグメント出力です．内部は，表示ブロック，カウント・ブロック，制御部からできています．この節では，制御部についてのみ解説します．表示やカウントについては，「第8章　1/100秒ストップ・ウォッチ」を参考にしてください．

本例題のディジタル・ウォッチは，ただ計時するだけでなく，時刻を修正できます．これを実現するためには，「状態（ステート）」の概念が必要です．つまり，通常の状態と修正中の状態です．正確に

図5.36 ディジタル・ウォッチ仕様

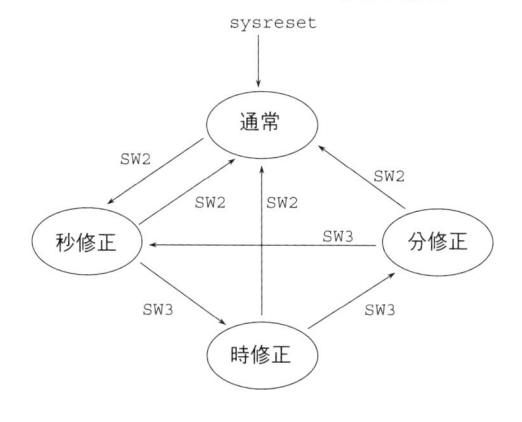

SW1：設定
SW2：モード切り替え
SW3：けた選択

図5.37 ディジタル・ウォッチのブロック図

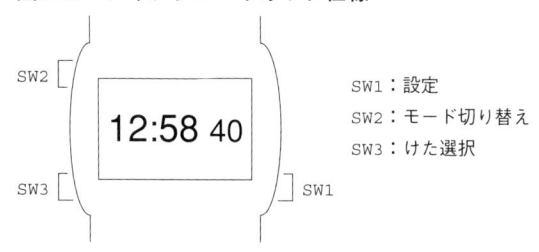

図5.38 ディジタル・ウォッチ状態遷移図

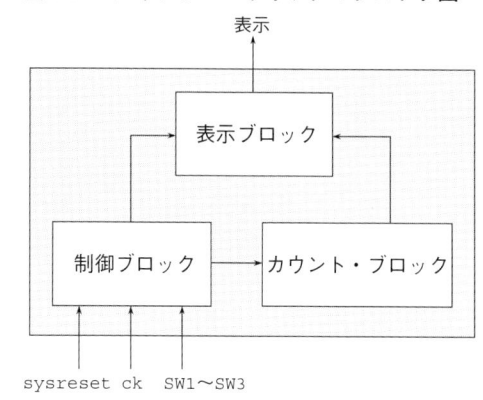

表5.3 各状態のSW1動作と表示仕様

状態	ステート名	SW1動作	表示
通常	NORMAL	なし	通常
秒修正	SEC	秒リセット	秒2けた点滅
分修正	MIN	＋1分	分2けた点滅
時修正	HOUR	＋1時	時2けた点滅

表現すると，
- 通常状態
- 時修正状態
- 分修正状態
- 秒修正状態

の4状態があります．これらの状態は，スイッチ入力によって遷移します．この状態遷移を図で表現したものが図5.38です．システム・リセットsysresetによって通常状態を保持します．SW2の入力により秒修正状態になり，SW3を入力するたびに，秒修正，時修正，分修正と修正状態を繰り返します注．いずれの修正状態でもSW2の入力により通常状態に戻ります．

各状態では，SW1と表示の動作が異なります．これを表5.3に示します．SW1は，設定動作を行います．秒修正状態では秒のリセットを，分，時修正状態では，それぞれ＋1分，＋1時間を行います．表示は，修正状態に応じて修正けたを点滅します．

以上の仕様を満たす制御部を作るために用いるのがステート・マシンです．図5.38の状態遷移図を回路に置き換えたものと考えてください．

注：余談ではあるが，秒修正→時修正→分修正の順番は，大手ディジタル・ウォッチ・メーカの製品にならった．著者自身，かつて時計用LSIの開発にかかわってきたこともあり，この仕様がいちばん使いやすいと思う．

図5.39 ステート・マシンの構成法

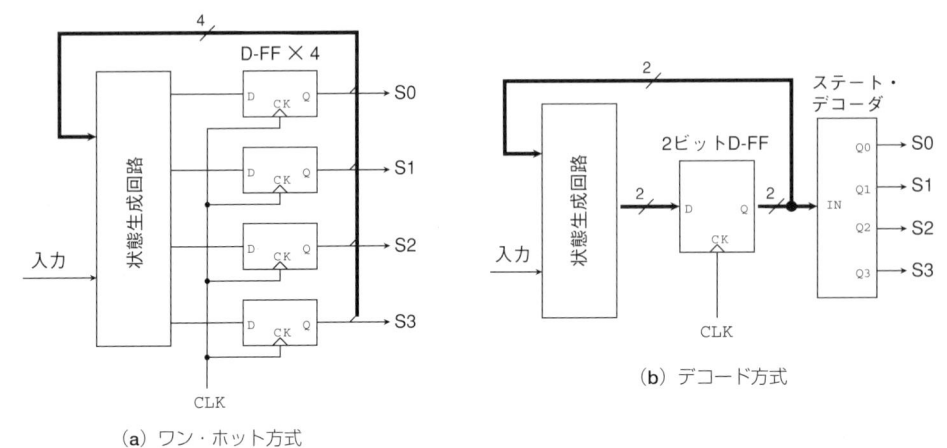

(a) ワン・ホット方式

(b) デコード方式

5.6.2 ステート・マシンの構成法

　ステート・マシンの記述例を紹介する前に，構成法について説明します．ステート・マシンの構成には，大別するとワン・ホット方式とデコード方式があります（図5.39）．ステートを保持するためにFFを必要とします．一つの状態に対して1個のFFを用いるのがワン・ホット方式です．一方，少ないFFをデコードして用いるのがデコード方式です．以下にそれぞれの方式の特徴を示します．

(1) ワン・ホット方式
- 使用するFFの量が多い
- 動作スピードは速い
- 用途によっては，複数の状態が同時にアクティブにならないためのフェイル・セーフ的な回路が必要

(2) デコード方式
- 使用するFFの量が少ない
- 状態数が多いと状態デコーダ部分の回路規模が大きくなり，動作速度が遅くなる
- HDL記述が簡潔でわかりやすい

　いずれの方式も優劣は付け難く，状況に応じて使い分けるべきでしょう[注]．

　図5.39のステート生成回路は，制御部に入力する条件信号や状態FFを入力として，次の状態を決定する組み合わせ回路です．状態の遷移を決定する重要な回路です．

5.6.3 ステート・マシンの記述例

　先のディジタル・ウォッチの制御部を，ワン・ホット方式とデコード方式で記述します．共通する

注：著者は，回路に動作速度が要求されない場合は，デコード方式を用いている．回路記述が簡潔なためである．ただし，状態のデコードで意外に遅延が生じることがあり，ワン・ホット方式に設計し直したことがある．なぜ遅延が生じるのかは，記述例の中で説明する．

5.6 ステート・マシン

項目は次の通りです．

- **ステート名** ： NORMAL(通常), SEC(秒修正), MIN(分修正), HOUR(時修正)
- **スイッチ入力** ： SW1, SW2, SW3(いずれもクロック1周期分のパルスとする)
- **出力** ： SW1による動作　sec_reset, min_inc, hour_inc
  表示のON/OFF　sec_onoff, min_onoff, hour_onoff

●デコード方式ステート・マシンの記述例(リスト5.1)

記述構造が比較的わかりやすいので，デコード方式から説明します．順を追って説明します．

```
reg     [1:0]   cur;    // ステート・レジスタ
reg     [1:0]   nxt;    // ステート生成回路(組み合わせ回路)
```

ステート・レジスタは2ビットのcurです．四つの状態を区別して保持します．nxtはレジスタで宣言していますがステート生成回路の出力，つまり組み合わせ回路です．これはステート・レジスタcurの入力に接続されるので，curと同じビット幅です．

```
parameter   NORMAL = 2'b00, SEC = 2'b01, MIN = 2'b10, HOUR = 2'b11;
```

ステート名は2ビットの定数です．NORMALを0として，昇順で値を付けました[注]．

```
always @( posedge ck or posedge sysreset ) begin
    if ( sysreset )
        cur <= NORMAL;
    else
        cur <= nxt;
end
```

ステート・レジスタの初期化と更新を行っています．次の状態値nxtをステート・レジスタcurに書き込むことで，状態が更新されます．

```
always @( cur or SW1 or SW2 or SW3 ) begin
    case ( cur )
        NORMAL: if ( SW2 )
                    nxt <= SEC;
```

注：状態数が多くなれば(例えば50状態にもなれば)，この値付けが重要になってくる．値の付けかたしだいでデコード回路が小さくなり，回路規模や動作速度の面で有利になるからである．

リスト5.1 デコード方式ステート・マシンの記述例

```verilog
// デコード方式ステート・マシン
module state_dec( ck, sysreset, SW1, SW2, SW3,
        sec_reset, min_inc, hour_inc, sec_onoff, min_onoff, hour_onoff );
input    ck, sysreset, SW1, SW2, SW3;
output   sec_reset, min_inc,   hour_inc;
output   sec_onoff, min_onoff, hour_onoff;

reg      [1:0]   cur;  // ステート・レジスタ
reg      [1:0]   nxt;  // ステート生成回路（組み合わせ回路）

// ステート名定義
parameter   NORMAL = 2'b00, SEC = 2'b01, MIN = 2'b10, HOUR = 2'b11;

// ステート・レジスタ
always @( posedge ck or posedge sysreset ) begin
    if ( sysreset )
        cur <= NORMAL;
    else
        cur <= nxt;
end

// ステート生成回路（組み合わせ回路）
always @( cur or SW1 or SW2 or SW3 ) begin
    case ( cur )
        NORMAL: if ( SW2 )
                    nxt <= SEC;
                else
                    nxt <= NORMAL;
        SEC:    if ( SW2 )
                    nxt <= NORMAL;
                else if ( SW3 )
                    nxt <= HOUR;
                else
                    nxt <= SEC;
        HOUR:   if ( SW2 )
                    nxt <= NORMAL;
                else if ( SW3 )
                    nxt <= MIN;
                else
                    nxt <= HOUR;
        MIN:    if ( SW2 )
                    nxt <= NORMAL;
                else if ( SW3 )
                    nxt <= SEC;
                else
                    nxt <= MIN;
        default:nxt <= 2'bxx;
    endcase
end

// 各制御信号
assign sec_reset   = (cur==SEC)   & SW1;
assign min_inc     = (cur==MIN)   & SW1;
assign hour_inc    = (cur==HOUR)  & SW1;
assign sec_onoff   = (cur==SEC);
assign min_onoff   = (cur==MIN);
assign hour_onoff  = (cur==HOUR);

endmodule
```

```
                else
                    nxt <= NORMAL;
        SEC:    if ( SW2 )
                    nxt <= NORMAL;
                else if ( SW3 )
                    nxt <= HOUR;
                else
                    nxt <= SEC;
            ...
        default:nxt <= 2'bxx;
    endcase
end
```

　これはステート生成回路で，`always`文を使った組み合わせ回路です．入力は現在の状態`cur`と，次の状態を決める外部入力`SW1`～`SW3`です．現在の状態値`cur`に応じて分岐し，次の状態値を決めます．このとき，外部入力の値に対応して次の状態値が決まります．分岐した先でステート生成回路の出力`nxt`に値を代入しています．

　`case`ラベルにはステート名を記述し，その状態の動作を`case`ラベル以降に記述します．例えば状態`NORMAL`のとき，`SW2`入力で状態`SEC`へ移行します．`SW2`入力がないとき，ステート生成回路の出力`nxt`に再び同じ値を代入しています．結果的に状態が変わらないことになります．この`else`以降の記述がないと`nxt`は値を保持することになり，論理合成によって不必要なラッチが生成されてしまいます．

　2ビットの`cur`がとりうる値のすべてが`case`ラベルに記述されているので，`default`に到達するのは，`cur`が不定値になったときくらいです．したがって，`nxt`に不定値を代入しています．

　次に，これらの状態に対応して出力される制御信号を説明します．

```
  assign sec_reset  = (cur==SEC)  & SW1;
  assign min_inc    = (cur==MIN)  & SW1;
  assign hour_inc   = (cur==HOUR) & SW1;
```

　`SW1`による時刻修正信号は，ステート・レジスタ`cur`とステート値を比較し，さらに`SW1`とのANDで作成されます．これらの信号は，カウント・ブロック(**図5.37**)に接続されます．

```
  assign sec_onoff  = (cur==SEC);
  assign min_onoff  = (cur==MIN);
  assign hour_onoff = (cur==HOUR);
```

表示けたの点滅信号は，ステート・レジスタcurとステート値を比較して一致していれば'1'になります．これらは表示ブロック(図5.37)に接続されます．

状態数が多いステート・マシンでは，ステート・レジスタのビット幅が多くなり，この比較回路の規模が大きくなります．複雑な制御を行いたいときは，

```
assign xx_enbl = ( (cur==xxx) | (cur==yyy) | (cur==zzz) | ... ) & yy_enbl;
```

などと記述することもあります．curが6ビットなら，6ビットの比較回路を多数使用することになり，回路規模や動作速度の面で不利になります．

●ワン・ホット方式ステート・マシンの記述例(リスト5.2)
　これも順を追って説明します．

```
reg     [3:0]   cur;    // ステート・レジスタ
reg     [3:0]   nxt;    // ステート生成回路(組み合わせ回路)
```

一つの状態に対して一つのFFを割り当てているので，ステート・レジスタは4ビット必要になります．

```
parameter   POS_NORM = 2'h0, POS_SEC = 2'h1, POS_MIN = 2'h2, POS_HOUR = 2'h3;
```

ステート・レジスタの各ビットが，どの状態に対応しているかを示す定数です．

```
always @( cur or SW1 or SW2 or SW3 ) begin
  case ( cur )
     NORMAL: if ( SW2 )
                nxt <= SEC;
             else
                nxt <= NORMAL;
     SEC:    if ( SW2 )
                nxt <= NORMAL;
             else if ( SW3 )
                nxt <= HOUR;
             else
                nxt <= SEC;
        ...
     default:nxt <= NORMAL;
  endcase
end
```

リスト5.2 ワン・ホット方式ステート・マシンの記述例

```verilog
// ワン・ホット方式ステート・マシン
module state_onehot( ck, sysreset, SW1, SW2, SW3,
        sec_reset, min_inc, hour_inc, sec_onoff, min_onoff, hour_onoff );
input    ck, sysreset, SW1, SW2, SW3;
output   sec_reset, min_inc,   hour_inc;
output   sec_onoff, min_onoff, hour_onoff;

reg     [3:0]    cur;  // ステート・レジスタ
reg     [3:0]    nxt;  // ステート生成回路（組み合わせ回路）

// ステート名定義
parameter    NORMAL = 4'b0001, SEC = 4'b0010, MIN = 4'b0100, HOUR = 4'b1000;

// ステート・レジスタのビット位置
parameter    POS_NORM = 2'h0, POS_SEC = 2'h1, POS_MIN = 2'h2, POS_HOUR = 2'h3;

// ステート・レジスタ
always @( posedge ck or posedge sysreset ) begin
    if ( sysreset )
        cur <= NORMAL;
    else
        cur <= nxt;
end

// ステート生成回路（組み合わせ回路）
always @( cur or SW1 or SW2 or SW3 ) begin
    case ( cur )
        NORMAL: if ( SW2 )
                    nxt <= SEC;
                else
                    nxt <= NORMAL;
        SEC:    if ( SW2 )
                    nxt <= NORMAL;
                else if ( SW3 )
                    nxt <= HOUR;
                else
                    nxt <= SEC;
        HOUR:   if ( SW2 )
                    nxt <= NORMAL;
                else if ( SW3 )
                    nxt <= MIN;
                else
                    nxt <= HOUR;
        MIN:    if ( SW2 )
                    nxt <= NORMAL;
                else if ( SW3 )
                    nxt <= SEC;
                else
                    nxt <= MIN;
        default:nxt <= NORMAL;
    endcase
end

// 各制御信号
assign sec_reset  = cur[POS_SEC]  & SW1;
assign min_inc    = cur[POS_MIN]  & SW1;
assign hour_inc   = cur[POS_HOUR] & SW1;
assign sec_onoff  = cur[POS_SEC] ;
assign min_onoff  = cur[POS_MIN] ;
assign hour_onoff = cur[POS_HOUR];

endmodule
```

■コラムK■　「HDL流」記述スタイル

　ちょっとショッキングかもしれませんが，第4章と第5章の記述例をそのまま使うべきではありません．*n*ビットのカウンタ・モジュールと，*m* to *n* のセレクタ・モジュールを多数用意して，これらを上位モジュールで接続して…，などという記述スタイルはお勧めではありません．これでは従来の回路図による記述と根本的に変わりません．表現が図からテキストに変わっただけです．
　では，どういう記述スタイルがHDL流なのでしょうか．
　答えは第8章の拡張版電子錠の記述スタイルです．小さなモジュールをたくさん集めて全体を構成するのではなく，機能的にまとまったブロックで一つのモジュールを構成するスタイルです．モジュールの寄せ集めは，接続だけのネットリストに近い記述になり，全体の動作が見えてきません．HDL利用の目的が，設計・検証期間の短縮と設計資産の再利用である以上，わかりやすく記述するべきでしょう．
　したがって，第4章，第5章の記述例はあくまでも基本テクニックであると理解してください．セレクタやカウンタなどの構成要素をほぐして，機能としてまとまりのあるブロックを一つのモジュールとするように心がけてください．

　ステート・レジスタを初期化および更新する記述は，ワン・ホット方式と同一です．ここに示したステート生成回路もほぼ同一です．異なるのは default で代入する値だけです．ワン・ホット方式の場合，ステート・レジスタ内の複数のビットが同時にアクティブになった場合，つまり現在の状態が複数存在してしまった場合，正しい制御出力が得られず，誤動作する危険があります．通常は起こりえなくても，電源電圧変動や静電気などの影響で起こらないとは限りません．回路のバグの場合も考えられます．そこで，ステート・レジスタが起こりえない値になったときに，

```
default: nxt <= NORMAL;
```

により NORMAL ステートに戻しています．

```
assign sec_reset  = cur[POS_SEC]  & SW1;
assign min_inc    = cur[POS_MIN]  & SW1;
```

　SW1 による時刻修正信号は，各ステート・レジスタと SW1 の AND で作成されます．ステート・レジスタ内のビット位置を示す定数はここで使います．

```
assign sec_onoff  = cur[POS_SEC] ;
assign min_onoff  = cur[POS_MIN] ;
```

　表示けたの点滅信号は，各ステート・レジスタの値そのものです．
　このように制御信号の構成が非常に単純なので，回路規模が小さく，回路遅延も少なくなります．ワン・ホット方式のほうが動作速度が速いとしたのは，このためです．

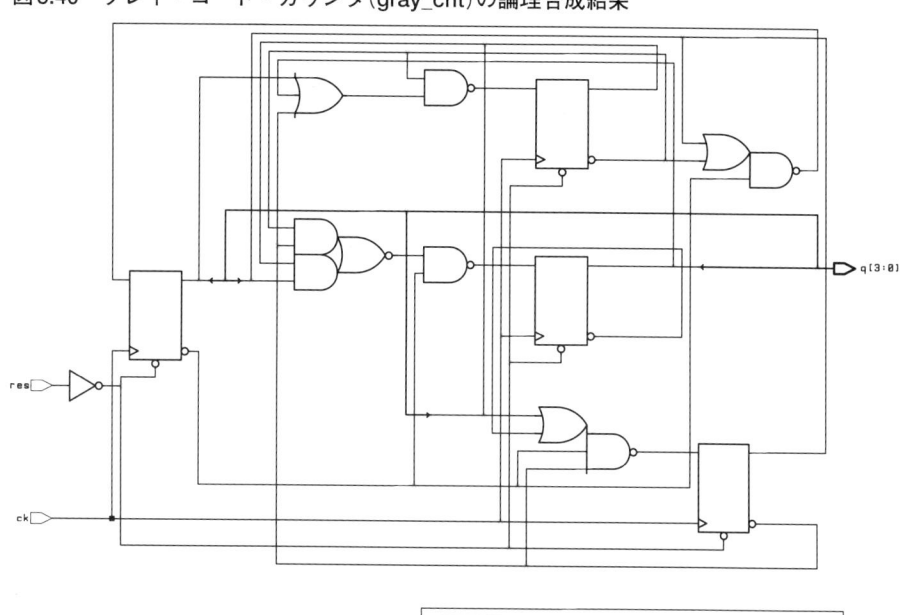

図5.40 グレイ・コード・カウンタ(gray_cnt)の論理合成結果

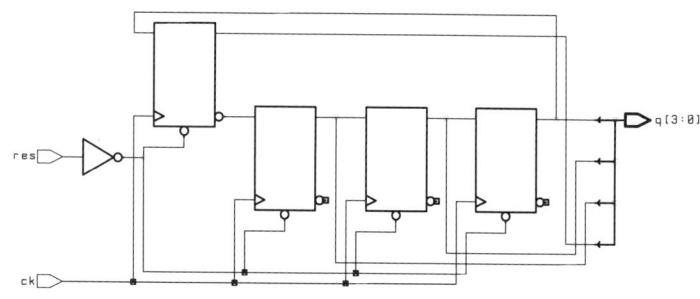

図5.41
ジョンソン・カウンタ(johnson_cnt)
の論理合成結果

5.7 順序回路の論理合成

　これまでの記述例の中から，代表的な順序回路を論理合成した結果を2例紹介します．まずは**グレイ・コード・カウンタ**(図5.15)です．論理合成結果を図5.40に示します．四つのD-FFがあります．同期カウンタなので，クロックはすべて共通になっています．リセット入力は論理反転したあと，各D-FFのリセット端子に接続しています．そのほかのゲート回路は，グレイ・コードを生成する組み合わせ回路です．もとになったHDL記述(図5.15)は，function文内に多くの記述がありました．しかし，記述量のわりには，合成した回路の規模が小さいことがわかります．記述の説明の中で，「実用的な回路を合成できる」としたことに納得していただけると思います．

　次に，ジョンソン・カウンタ(図5.19)の論理合成結果を図5.41に示します．不正ループ対策を施す前の回路です．したがって，論理合成後はシンプルです．各段のD-FFがイモヅル式に接続し，シフト・レジスタになっています．初段のq[0](左から2番目のFF)の入力は，q[3](左端のFF)の反転となっています．記述どおりの回路が生成されています．

第三部

シミュレーション&応用編

第6章 シミュレーション・モデル

　第4章，第5章では，すべて論理合成可能な記述例を示しました．論理合成可能ということは，モノを作るときの「必要条件」です．しかし，「十分条件」ではありません．モノを作る以上，動作を確認するための検証が必要です．HDL設計では，検証の必要性がよりいっそう高まっています．第6章ではシミュレーション用のモデルの作りかたを解説します．

6.1　シミュレーション・モデルの必要性

6.1.1　論理回路シミュレーションの今昔

　設計支援ツールを用いた論理設計も，定着してからずいぶん年月がたちました．回路図を書いて，**論理シミュレーション**によって設計検証を行うことは，もはやあたりまえの作業となりました．しかし，シミュレーションによる検証精度は，どのくらい向上しているのでしょう．モノ作りを急ぐあまり，シミュレーションがおろそかになっていないでしょうか？　そのつけが回って来たことはありませんか？　HDL設計では，従来の回路図入力による設計と比べると，シミュレーションによる検証がとても重要です．というのも，論理合成によって生成された回路の信号を追うことは難しく，不ぐあいの発見に手間取るためです．

　図6.1は，設計スタイルの過去と現在を示したものです．FPGAなど，手元で作成できるプログラマブルな素子を用いて回路試作を行った場合を想定しています．

●回路図入力による設計における検証手順
　従来の回路図入力による設計手法では，
（1）まず図面を書く
（2）一応シミュレーションを行う（忙しいときは行わない）
（3）FPGAに書き込んで回路動作を確認する
（4）やっぱり動かない．（1）へ戻る
というありさまでした．
　原因の一つとして，シミュレーションによる検証精度が低いことが考えられます．シミュレーショ

図6.1 設計スタイルの今昔

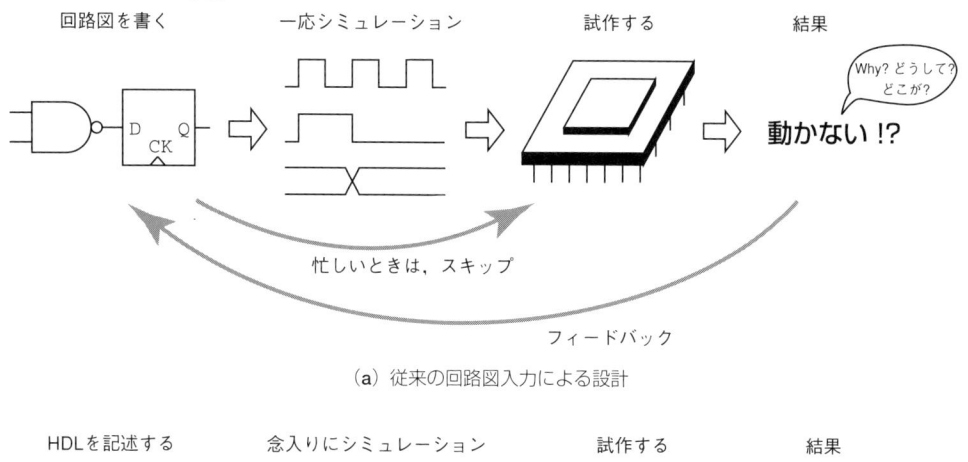

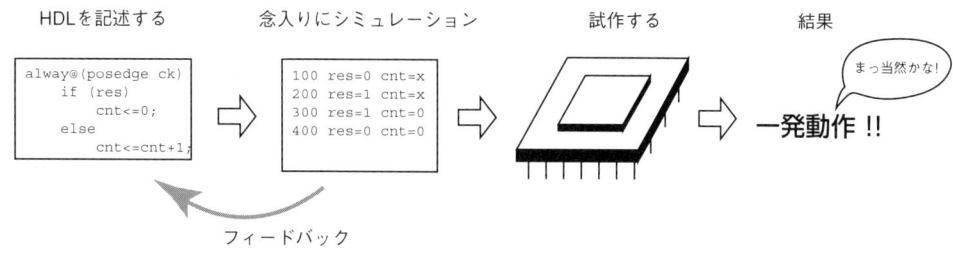

(a) 従来の回路図入力による設計

(b) HDL設計

ンのための入力データの準備や出力波形の観測などは，けっこうめんどうなものです．ついつい手を抜きがちになり，検証精度が低いままモノ作りを先行してしまうことがあります．シミュレーション環境に問題があったことが，根本的な原因として考えられます．

● HDL設計における検証手順

すべてが，このような状況ではないと思います．きちんとやっておられる方も多いことでしょう．一方，HDL設計ではシミュレーション環境が比較的充実しているので，きちんと検証することが容易です．HDL設計による検証手順は，
(1) HDLで記述する
(2) シミュレータで検証する(NGなら(1)へ)
(3) 論理合成を行ってFPGAに書き込む(回路動作を確認する)
(4) 一発動作
となります．

すべてがこううまくいくとはかぎりませんが，(1)と(2)の間で十分に検証しておけば，一発動作実現可能です．従来の回路図入力との違いは，やはりシミュレーション環境です．HDL設計ではその記述力を生かして，さまざまなシミュレーション入出力を表現できます．その一つが，本章で述べる

図6.2
シミュレーション・モデルとは

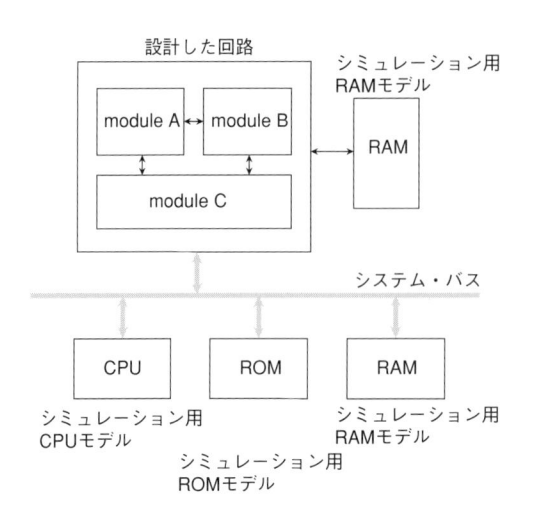

「シミュレーション・モデル」です．

6.1.2　シミュレーション・モデルとは

　シミュレーション・モデルとは，設計対象を検証するためのシミュレーション用周辺回路のことです．図6.2に示すように，設計した回路がCPU，ROM，RAMとともにシステムを構成していたとします．シミュレーションのためのこれらのモデルがあれば，設計した回路の入出力データを特別に用意しなくてもかまいません．CPUのプログラムを用意し，いっしょにシミュレーションすれば，設計した回路の検証を確実に行えます．

　これらのシミュレーション・モデルは，論理合成を行うための回路ではありません．したがって，HDLの記述能力を最大限に生かして，効率よくシミュレーションすることができます．また，シミュレーション・モデルを自作せず，外部から調達することも可能です．CPUなどのモデルは半導体メーカから，ROMやRAMなどはモデリング会社から入手できます．ただし大半が有償です．こういったモデルは，チップの動作を忠実に再現しているので，チップ間のタイミング検証を確実に行えます．しかし，有償である，シミュレーションに時間がかかりがち，ライセンス契約上動作マシンが限定される場合があるなどの問題があり，気軽に使えるものではありません．

　一方，簡略化した自作のシミュレーション・モデルでも，十分に回路を検証できます．回路図入力による設計手法では，シミュレーション・モデルを手軽に作成することができませんでした．入出力データを用意するだけで精いっぱいでした．HDLによるシミュレーション・モデルの自作は，検証精度向上に確実に貢献します．

6.2　シミュレーション・モデルの記述例

　簡単なシミュレーション・モデルの記述例を紹介します．第5章までの記述は論理合成可能な範囲内で行ってきましたが，シミュレーション・モデルにはそういった制約はありません．新しい記述が

図6.3 ROMシミュレーション・モデル

```
// ROM　シミュレーション・モデル
module ROM ( addr, data, oeb );
input     [14:0] addr;
inout     [7:0]  data;
input            oeb;

reg       [7:0]  mem [0:32767];

// 読み出し遅延
parameter   RDELAY = 1500;

assign #RDELAY data = (oeb==0) ? mem[addr]:8'hzz;

//シミュレーション開始時にファイル読み込み
initial $readmemh( "rom_data.hex", mem );

endmodule
```

(a) 回路図

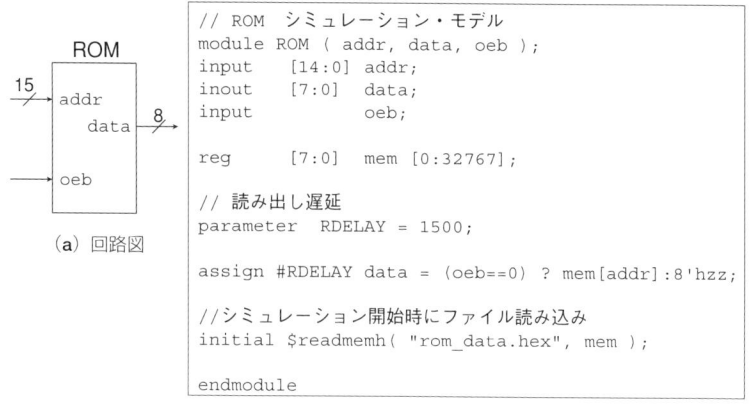

(b) Verilog HDL記述

図6.4 ROM読み出しタイミング

図6.5 ファイル読み込み

rom_data.hex

シミュレーション開始時に
ファイル読み込み

登場しますが，順次説明していきます．

6.2.1 ROMシミュレーション・モデル

　読み出し専用のメモリであるROMのシミュレーション・モデルです．図6.3に示すように，15ビットのアドレス入力addr，8ビットのデータ出力data，'0'で出力が有効となるoeb入力があります．HDL記述を順を追って説明します．

```
reg       [7:0]  mem [0:32767];
```

アドレスが15ビット，データが8ビットなので，32,768バイトのレジスタ配列を定義します．

```
parameter   RDELAY = 1500;
assign #RDELAY data = (oeb==0) ? mem[addr]: 8'hzz;
```

　パラメータ宣言を用いて，ROMの読み出し遅延RDELAYを与えます．この場合，1,500ユニットの遅延です．assign直後に付加した#RDELAYが遅延です．代入文の右辺の信号が変化しても，dataの変化を#RDELAYだけ遅らせることができます．この場合，oeb，addrのいずれが変化しても，同一のRDELAYだけdataの変化が遅れます．読み出しタイミングを図6.4に示します．
　assign文の右辺は，条件演算を用いて，oebが'0'のときにメモリ内容を，'1'のときにハイ・インピーダンスを出力する記述です．
　一般的なROMには，アドレス・アクセス時間やoebに対する遅延時間などが細かく規定されています．これらを忠実に再現することもできますが，本例のように，一律に付加した単純な遅延でも十分実用になります．特に，機能だけを調べればよい場合や，RTLで記述された回路の動作に重点を置いた検証を行う場合には，遅延を付けないシミュレーション・モデルを使用することもあります．

図6.6
RAMシミュレーション・モデル

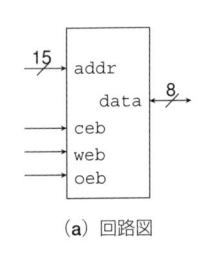

(a) 回路図

```
// RAMシミュレーション・モデル
module RAM ( addr, data, ceb, web, oeb );
input    [14:0]  addr;
inout    [7:0]   data;
input            ceb, web, oeb;

reg      [7:0]   mem [0:32767];
wire             WRITE, READ;
// 書き込み，読み出し遅延
parameter   WDELAY = 1000, RDELAY = 1500;

ALWAYS @( WRITE or data ) begin
    #WDELAY
    if ( WRITE )
        mem[addr] <= data;
end

assign READ  = (oeb==0) & (ceb==0);
assign WRITE = (web==0) & (ceb==0);

assign #RDELAY data = READ ? mem[addr]: 8'hzz;
endmodule
```

(b) Verilog HDL記述

```
initial $readmemh( "rom_data.hex", mem );
```

シミュレーション・モデルの中身は，回路表現だけではありません．このように，ROM内容の初期化の記述も含めることができます．initial文は，シミュレーション開始後に1回だけ実行する記述なので，初期化によく用いられます．この場合，外部ファイルの読み込みを行うシステム・タスク$readmemhを用いて，ファイルrom_data.hexをROMの本体であるレジスタ配列memに格納しています（図6.5）．システム・タスクについては第7章で詳しく説明します．

6.2.2　RAMシミュレーション・モデル

次に，RAMのシミュレーション・モデルの記述例を図6.6に示します．このモデルは，
- 15ビットのアドレス入力addr
- 8ビットのデータ入出力data
- チップ・イネーブルceb
- アウトプット・イネーブルoeb
- ライト・イネーブルweb

からなります．cebが '0' のとき，読み出しや書き込みが可能です．oebが '0' で読み出し，webが '0' で書き込みます．順を追って記述を説明します．

```
wire             WRITE, READ;
```

これは，内部で用いる書き込み用信号と読み出し用信号の宣言です．

■コラムL■　順序回路の初期化は非同期リセット

　本書の順序回路の記述例では，非同期リセットを多用しています．これは回路規模が最優先ではなくなって以来の設計手法です．回路規模を小さくすることを最優先にしていた頃は，「入力を与えてクロックを与えれば，いずれ値が定まる」という発想で順序回路の初期化を行っていました．同期リセットは機能的なリセットとして回路仕様上必要ですが，非同期リセットはほとんど使いませんでした．非同期リセット付きのフリップフロップを安易に使うことは，手を抜いた設計とも見られていました．

　しかし，同期リセットには，
- 初期化のための手順が必要となり，初期化専用のテスト・パターンが必要になる
- 初期化のもれは，テスト・パターンの故障検出率の低下に大きく影響する

という悪影響がありました．したがって，抜けのない初期化パターンをいかに小さく作るかという職人芸的な技量が必要とされました．

　数十万ゲート規模の設計を行うようになってからは，回路規模よりも動作速度や設計期間の短縮が優先されるようになりました．そして，順序回路の初期化は非同期リセットによって行うようになりました．本書の記述例が非同期リセットを多用しているのは，こういう理由によるものです．

　職人芸を必要としていた著者の世代の設計者は，初期化のパターンが不要で一発で回路状態が決まる非同期リセットの動作に，そう快感を覚えます．端子数がネックで回路規模は考慮しなくても良い1万～2万ゲートのチップを担当したときは，当然ながら非同期リセットを全面的に利用しました．そして，不定値のまったく出ない回路シミュレーションに感動したことを覚えています．

```
    parameter    WDELAY = 1000, RDELAY = 1500;
```

書き込み遅延を1,000ユニットに，読み出し遅延を1,500ユニットに設定しています．

```
    always @( WRITE or data ) begin
        #WDELAY
        if ( WRITE )
            mem[addr] <= data;
    end
```

　`always`のあとのイベント式は，第5章のDラッチと同じ記述スタイルです．書き込み信号`WRITE`か，入力データ`data`のどちらかが変化すれば，`always`ブロックが実行されます．

　`always`ブロックの内部が実行されるのは，イベントが発生したあと(`WRITE`か`data`が変化したあと)`WDELAY`だけ遅延してからとなります．したがって，条件式(`WRITE`)の評価も含めて，`if`文の実行はつねに`WDELAY`だけ遅れます．書き込み時のタイミングを図6.7に示します．

　`WDELAY`の付加により，次の二つのタイミング条件が指定可能となります．
- 最小書き込みパルス幅
- 書き込み信号`WRITE`に対する，アドレスとデータのセットアップ時間

図6.7　RAM書き込みタイミング

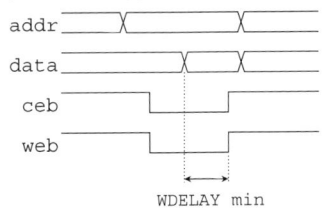

図6.8　ファイル・アクセス

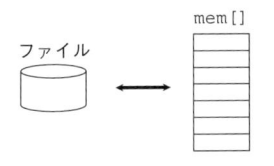

しかし，ここで付加したタイミング条件は，あまり実用的ではありません．例えば，セットアップ時間があってもホールド時間がありません．Verilog HDLには，遅延を含んだライブラリ類を記述するためにspecifyブロックが用意されています．specifyブロックを用いれば，完全なタイミング条件を付加できます(p.148のコラムM「specifyブロック」を参照)．

```
assign READ  = (oeb==0) & (ceb==0);
assign WRITE = (web==0) & (ceb==0);
```

これは内部で用いる読み出し信号，書き込み信号です．それぞれceb==0とのANDをとっています．書き込みにおいては，webとcebは対等の関係にあるので，cebによる書き込み制御も可能です．

```
assign #RDELAY data = READ ? mem[addr]: 8'hzz;
```

読み出し動作は，ROMモデルの場合と同様に，アドレスaddrやREAD信号に対してRDELAYだけの遅延を与えています．

RAMの内容をあらかじめ設定したり，書き込まれた内容をファイルにダンプするために，システム・タスクの$readmemh，$writememhを用います(図6.8)．RAMのHDL記述の中には，これらのシステム・タスクを含めていません．RAMのモデルを接続する上位のモジュールの中で，ファイル・アクセスの記述を行うのが一般的です．

6.2.3　A-D変換シミュレーション・モデル

●ROM構造のA-D変換シミュレーション・モデル

ROMの構造を用いてA-D変換器の動作を記述できます．構造は，図6.9に示すようにアドレス・カウンタ付きのROMとなっています．実際にアナログ値として実数を入力してディジタル値を得る，といった回路ではありません．あらかじめ設定していた値を，A-D変換クロックadckに同期して順次出力しているだけです．

図6.9のブロック図について説明します．値を記憶しておくメモリ部とアドレス・カウンタから構成されます．リセット入力resetでアドレスをリセットし，クロックadckの立ち上がりでアドレスを＋1します．出力outには，アドレス・カウンタで示されたメモリの内容を常時出力しています．このモデルは画像用のA-D変換器を想定したものです．画像データなどのファイルをあらかじめメモリに読み込んでおきます．

図6.9　A-D変換シミュレーション・モデル

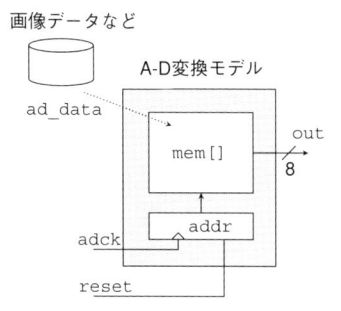

図6.10　A-D変換シミュレーション・モデル記述例

```
// A-D変換シミュレーション・モデル
module AD_block( adck, reset, out );
input          adck, reset;
output  [7:0]  out;

parameter   LINENUM  = 910;    //1ライン画素数
parameter   OUTDELAY = 1000;   // A-D出力遅延

reg    [9:0]   addr;
// 1ライン・メモリ
reg    [7:0]   mem[0:LINENUM-1];

always @( posedge adck ) begin
    if ( reset )
        addr <= 0;
    else
        addr <= addr + 1;
end

assign #OUTDELAY out  = mem[addr];
//シミュレーション開始時にファイル読み込み
initial $readmemh( "ad_data", mem );
endmodule
```

● HDL記述例

HDL記述（図6.10）の要点を説明します．

```
parameter    LINENUM  = 910; // 1ライン画素数
        ...
// 1ライン・メモリ
reg     [7:0]   mem[0:LINENUM-1];
```

parameter宣言を用いて1ラインの画素数LINENUMを定義し，レジスタ配列memのサイズとしています[注]．

```
always @( posedge adck ) begin
    if ( reset )
        addr <= 0;
    else
        addr <= addr + 1;
end
```

注：ビデオ信号（NTSC）を$4f_{sc}$（14.3MHz）でサンプリングすると，1ライン画素数910ドットに対して有効な画素データは750ドット程度である．シミュレーション時に，1ライン中の無効データに不定値などを詰めておけば，取り込み開始位置や終了位置のチェックにもなる．

■コラムM■ specifyブロック

specifyブロックを用いれば，正確なタイミング条件を持ったシミュレーション・モデルを記述することができます．specifyブロックには，非常に多くのタイミング情報を盛り込むことが可能です．ここでは，セットアップ時間とホールド時間の条件を付加する方法だけを説明します．

図6.6のRAMシミュレーション・モデルにおいて，WDELAYの遅延を取り去り，図Mの記述を追加します．specifyブロックはモジュール・アイテムなので，alwaysやassignと同格です．ネット宣言の後なら，どこに記述してもかまいません．specparamは，specifyブロック専用のパラメータ宣言です．

$setup, $holdは，それぞれセットアップ時間，ホールド時間のチェック用のシステム・タスクです．書き込み内部信号WRITEの立ち下がりに対して，入力データdataがセットアップ時間(1,000ユニット)とホールド時間(500ユニット)を満たしているかどうかをチェックします．もしこれらを満たしていなければ，シミュレーション中に警告メッセージを出力します．

図M specifyブロック

```
specify
    specparam  Tsetup = 1000, Thold = 500;
    $setup( data, negedge WRITE, Tsetup );
    $hold ( negedge WRITE, data, Thold  );
endspecify
```

アドレス・カウンタaddrの記述です．adckをクロックとしたリセット付き同期カウンタです．

```
assign  #OUTDELAY out  = mem[addr];
```

アドレス・カウンタaddrで示されたメモリの内容を，つねにoutに出力します．addrの変化からOUTDELAYだけ遅れて，出力outが変化します．

```
initial $readmemh( "ad_data", mem );
```

シミュレーション開始時に画像データad_dataをレジスタ配列memに読み込みます．画像データに，アルゴリズム評価などで用いた画像ファイルの一部を用いれば，より精度の高い検証を行えます．

6.2.4 D-A変換シミュレーション・モデル

●RAM構造のD-A変換シミュレーション・モデル

ROM構造のA-D変換モデルに対して，今度はRAM構造のD-A変換モデルです．A-D変換モデルと同様に，アドレス・カウンタとメモリから構成されています(図6.11)．入力データdinの8ビット・データを，書き込み信号weが'1'のときにD-A変換クロックdackに同期して書き込みます．

図6.11に示すように，メモリ内に格納されたD-A変換データを，システム・タスクを用いて10進数で出力すれば，表計算ソフトなどを用いてグラフ化することもできます．数値の羅列で見るより直

図6.11 D-A変換シミュレーション・モデル

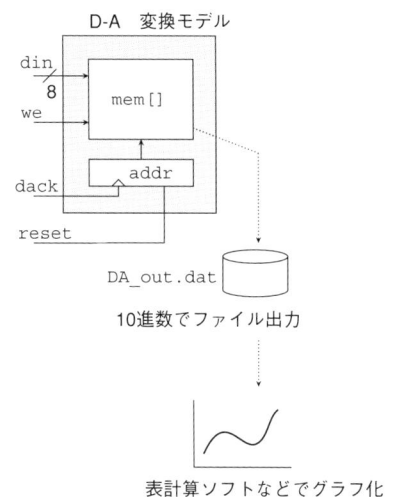

図6.12 D-A変換シミュレーション・モデル記述例

```
// D-A変換シミュレーション・モデル
module DA_block( dack, reset, we, din );
input            dack, reset, we;
input   [7:0]    din;

parameter   LINENUM = 910;          // 1ライン画素数
reg    [9:0]    addr;
reg    [7:0]    mem[0:LINENUM-1];  // 1ライン・メモリ
reg             outflag       ;    // 出力フラグ
integer         i, mcd;

always @( posedge back ) begin
    if ( reset )
        addr <= 0;
    else if ( we ) begin
        mem[addr] <= din;
        addr      <= addr + 1;
    end
end

// ファイルへの10進出力
// 呼び出しモジュール側でoutflagを1にすると出力
initial begin
    outflag = 0;
    wait( outflag );
    mcd = $fopen( "DA_out.dat" );
    for ( i=0; i<LINENUM; i=i+1 )
        $fdisplay( mcd, "%d", mem[i] );
    $fclose(mcd);
end
endmodule
```

感的に評価できます．また，画像データなどの場合，実際にフレーム・メモリを通じてディスプレイに表示すると，より完全な検証が行えます．

● HDL記述例

HDL記述（**図6.12**）では，少し細工をしてみました．ファイルへの10進出力の記述を，モデルの中に組み込みました．さらに，ファイル出力のきっかけを外部で制御できるようにしました（詳細は本章末尾を参照）．要点を順に説明します．

```
reg             outflag;            // 出力フラグ
integer         i, mcd;
```

`outflag`は，ファイル出力のきっかけとなるフラグです．`i`, `mcd`は，ファイル出力時に用いるローカル変数です．

`always`文では，アドレス・カウンタ`addr`とレジスタ配列`mem`の書き込みを一度に記述しています．書き込み信号`we`で`mem`に書き込むと同時に，`addr`を＋1しています．

```
initial begin
    outflag = 0;
    wait( outflag );
```

`outflag`を初期化し，`wait`文で`outflag`が '1' になるまで待ちます．この間，`initial`文の処

理は中断しています．wait文については第7章で詳しく説明します．

```
mcd = $fopen( "DA_out.dat" );
```

システム・タスク$fopenは，C言語の関数fopenと似ています．ただし，$fopenはファイル出力専用です．引き数はファイル名だけで，戻り値は**MCD**（Multi Channel Descriptor）と呼ばれる32ビットの値です．C言語のファイル変数と同様の使われかたをします．ファイル出力システム・タスクの中の引き数で用います．

```
for ( i=0; i<LINENUM; i=i+1 )
    $fdisplay( mcd, "%d", mem[i] );
```

レジスタ配列memの中を，すべて10進でファイルとして出力します．$fdisplayは，$displayのファイル出力版です．フォーマットされた出力が可能です．

```
$fclose(mcd);
```

ファイルのクローズです．
以上のファイル関連システム・タスクについては，第7章でも詳しく解説します．

6.3 タスクによるシミュレーション・モデル

●シミュレーション・モデルの簡略化の必要性

　ROMやRAMなどは比較的単純な機能なので，シミュレーション・モデルとして独立したモジュールを作ることは容易です．しかし，CPUのように複雑な機能をモデリングすることは簡単ではありません．モデルの作成期間が検証対象となる回路の設計期間を超えてしまったなど，本末転倒なことにもなりかねません．
　シミュレーション・モデルを作成する第1の目的は，設計した回路の検証精度を上げることです．したがって，接続部分だけを抜き出したシミュレーション・モデルを作れば目的は達成されます．図6.13に示すように，検証対象に接続されるCPUを，接続部分だけを記述したタスクで表現することができます．

●タスクによるシミュレーション・モデル

　タスクとは，プログラム言語のサブルーチンに相当する概念です．引き数やローカル変数を持ち，内部にタイミングを含んだ回路の動作を記述することができます．図6.13のCPUのシミュレーション・モデルを作成する場合，検証に必要な機能は限られます．検証回路の内部レジスタ設定やステータス読み出しなどです．さらに，これらを読み書きする際に正確なタイミングが実現されていれば，

図6.13 タスクによるシミュレーション・モデル

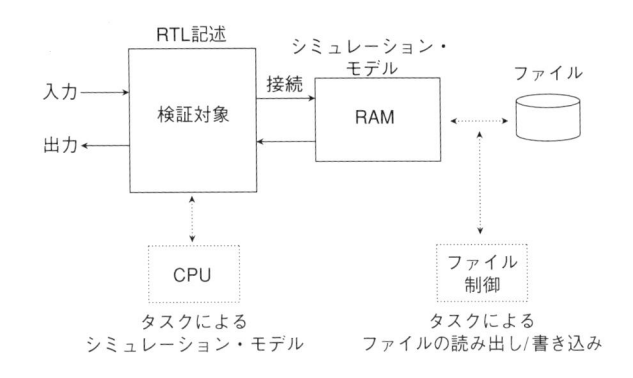

図6.14 タスクによるシミュレーション・モデル

```
// 内部レジスタへの書き込み
//
// 使用法：write(addr, data);
//
task write;
input [1:0] addr;
input [7:0] data;
begin
    # 500    A   = addr ;
    # 500    DIN = data ;
    # 500    WEB = 0    ;
    #4000    WEB = 1    ;
    # 500               ;
end
endtask
```

（a）タスクの定義

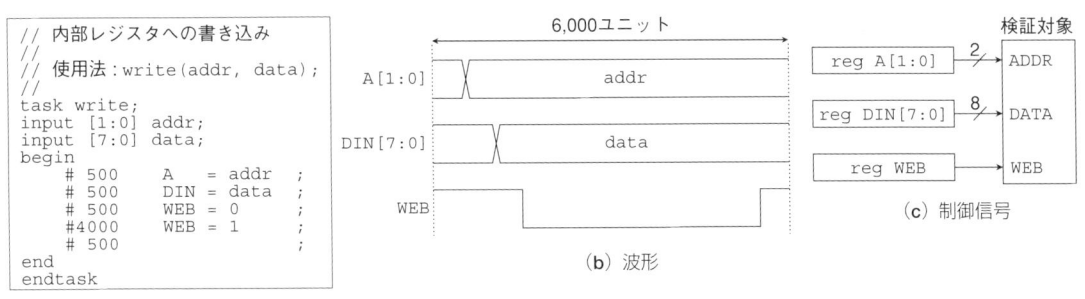

（b）波形

（c）制御信号

それで十分です．

● HDL記述例──内部レジスタにデータを書き込むタスク

　タスクによるシミュレーション・モデルの例を図6.14に示します．これは，検証対象回路の内部レジスタに対してデータを書き込むタスクです．引き数は，レジスタのアドレス(addr)2ビットと，書き込みレジスタ(data)8ビットです．順を追って記述を説明します．

```
    task write;
```

タスクはtaskで始まり，endtaskで終わります．taskに続いてtask名を（この場合はwrite）を記述します．

```
    input [1:0] addr;
    input [7:0] data;
```

引き数の宣言部分です．2ビットのaddr，8ビットのdataを入力の引き数として宣言しています[注]．

注：出力の引き数も可能である．output宣言を用いて，呼び出し側に値を返すタスクを記述できる．詳細は第7章で解説する．

図6.15
タスクの呼び出し

```
parameter [1:0]  CMD_REG = 0, DATA_REG =1;
reg       [7:0]  DATAFILE[0:99];

initial begin
    write( CMD_REG, 8'h03 );
    for ( i=0; i<100; i=i+1 )
        write( DATA_REG, DATAFILE[i] );
end
```

これは，プログラム言語で言う仮引き数です．記述の順番は，タスクを呼び出す際の実引き数の順番と一致させる必要があります．

```
begin
    # 500    A      = addr    ;
    # 500    DIN    = data    ;
    # 500    WEB    = 0       ;
    #4000    WEB    = 1       ;
    # 500                     ;
end
```

この記述により，図6.14(b)のような書き込みサイクルを実現できます．1サイクルは6,000ユニットで，書き込み信号(WEB)のパルス幅は4,000ユニットです．

A，DIN，WEBは，検証対象に入力するレジスタ変数です．すでに次のように定義されているものとします．

```
reg  [1:0] A;
reg  [7:0] DIN;
reg        WEB;
```

これらは，図6.14(c)のように，検証対象の制御信号として接続されているものとします[注]．

以上により，CPUの動作をイメージしたタスクの記述ができ上がりました．次に，これを用いる側，すなわち呼び出し側について説明します．図6.15は，図6.14のwriteタスクを用いて，検証対象のレジスタに値を書き込んでいる例です．シミュレーションのための信号を与える場合，第1章や第2章で概略を説明したようにinitial文を用います．タスクwriteも信号を与えるタスクなので，initial文の中で用います．この記述の要点を説明します．

注：タスクはモジュール内で定義する．このため，モジュール内で宣言した変数をタスク内でアクセスすることができる．つまり，タスクから見れば，モジュール内の変数はグローバル変数と見なすことができる．

図6.16　検証用トップ・モジュール

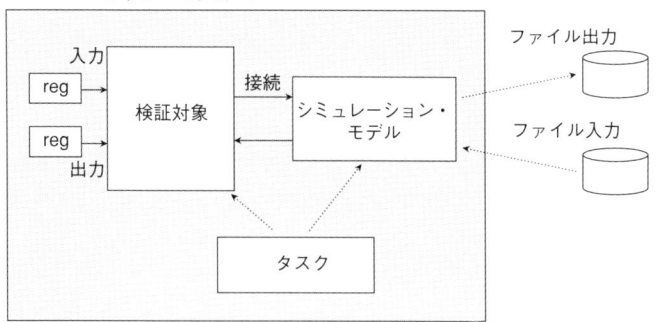

図6.17　検証用トップ・モジュールのHDL記述構造

```
module TEST;
```
レジスタ宣言
ネット宣言
ローカル変数宣言

検証対象呼び出し

シミュレーション・モデル呼び出し

タスク定義

テスト入力記述
表示

```
endmodule
```

```
    write( CMD_REG, 8'h03 );
```

`CMD_REG`はすでにパラメータ宣言されており，値は'0'です．したがって，0番地のレジスタに8'h03を書き込んでいます．

```
    for ( i=0; i<100; i=i+1 )
        write( DATA_REG, DATAFILE[i] );
```

`DATA_REG`はやはりパラメータ宣言されており，値は'1'です．1番地にレジスタ配列`DATAFILE`の内容を，連続100データ書き込んでいます．

＊

以上のように，独立したシミュレーション・モデルを作成しなくても，タスクによって簡略化したシミュレーション・モデルを作成することが可能です．タスクについては，さまざまな利用法があります．第7章で詳しく解説します．

6.4　シミュレーション・モデルの使いかた

●検証用トップ・モジュール

設計した回路を検証するために，
(1) 検証対象回路
(2) 独立したシミュレーション・モデル
(3) タスクによるシミュレーション・モデル

をまとめて，シミュレーションを行います．これらの上位モジュールである検証用トップ・モジュールを作成し，各回路の接続やタスクの呼び出しを行います．

図6.16に検証用トップ・モジュールの構造を示します．検証用トップ・モジュールの中で，検証対象と独立したシミュレーション・モデルを呼び出し，接続します．タスクはトップ・モジュールの中

で定義します．トップ・モジュールのシミュレーション記述(initial文)の中で，検証対象に直接入力を与えたり，タスク呼び出しによる入力印加を行います．また，ファイルの読み出し/書き込みなども，このトップ・モジュールの中で行います．このトップ・モジュールの中で論理合成の対象となるのは検証対象回路だけです．したがって，それ以外の記述についてはVerilog HDLの記述能力を100%生かせます．

図6.17に検証用トップ・モジュールのHDL記述の構造を示します．いくつかの要素から構成されていますが，宣言部以外の順番は任意です．変数(信号)は未定義では使用できないので，宣言部を最初に記述する必要があります．

図6.17を順を追って説明します．

● 検証対象呼び出し
● シミュレーション・モデル呼び出し

これらは，いままで解説してきた下位モジュール呼び出しと同じです．入出力信号の種類が多い場合があるので，接続誤りがないように注意してください．

● タスク定義

タスクは文法上「モジュール・アイテム」と呼ばれ，always文やモジュール呼び出し，functionなどと同格です．モジュールの外部に記述することはできません．

● テスト入力記述

initial文などにより，シミュレーションの動作進行を記述します．タスク呼び出しによる入力信号印加もここで行います．

● 表示

動作を観測します．

● 下位階層信号アクセス

トップ・モジュールから下位モジュールの信号にアクセスする場合があります．例えば，図6.6のRAMシミュレーション・モデルのレジスタ配列memの内容をファイル出力したり，図6.12のD-A変換シミュレーション・モデルのファイル出力フラグoutflagを設定する場合などです．このように別階層の信号にアクセスする場合，次のように記述します[注]．

```
$writememh( "memdump.hex", RAM.mem );  // RAM内容のファイル出力
DA_block.outflag = 1;                   // 出力フラグoutflagの設定
```

インスタンス名の後に．(ピリオド)を付加することにより，そのインスタンス名のモジュールの内部信号にアクセスすることができます．この階層アクセスについても，第7章で詳しく解説します．

注：ここでは，モジュール名＝インスタンス名とした．

第7章 シミュレーション記述

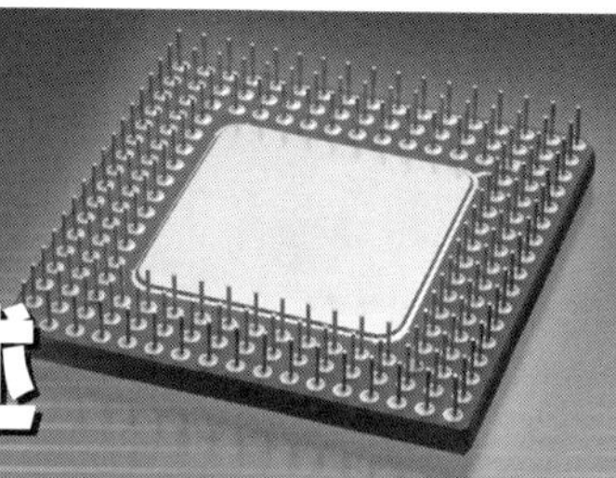

　HDL設計において，とても重要な意味をもつのが「シミュレーション記述」です．FPGAやASICなどの検証にシミュレーションは欠かせません．論理合成を用いることで，ますますシミュレーションの重要性が高まっています．シミュレーションによる検証を効果的に行うために，シミュレーション・モデルが必要であることは，第6章で述べました．この章では，モデル作りやテスト入力記述の作成に必要な各種構文について解説します．

7.1　シミュレーション記述概要

　検証用トップ・モジュールの中で，検証対象回路以外の部分を，シミュレーション記述と呼ぶこととします(図7.1)．検証対象回路は論理合成の適用を前提としているため，制約の多いHDL記述になります．回路表現そのものですから，この記述だけでは正しく動作するかどうかわかりません．シミュレータに通しても文法チェックしかできません．シミュレーション記述では，この回路に与える入出力を観測するモデルを記述したり，接続するシミュレーション・モデルなどを記述します．さらに，タスクを用いて入出力の複雑な機能を表現することができます．

　シミュレーション記述を用いると，従来のシミュレーションのようにただ入力を与えて出力を波形やリストで観測するだけでなく，よりきめの細かい検証を行えるようになります．

図7.1
シミュレーション記述

検証対象回路を除くすべてが，シミュレーション記述

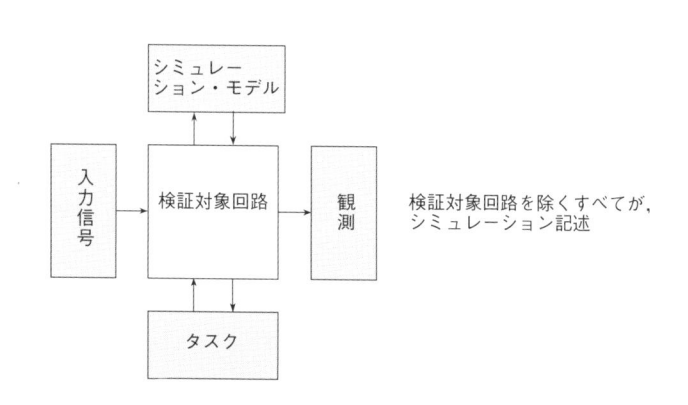

図7.2
代入文を用いた
順次入力

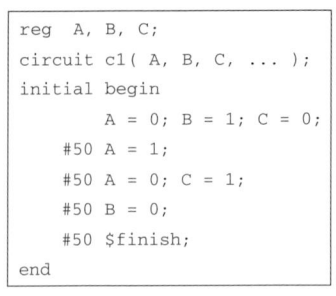

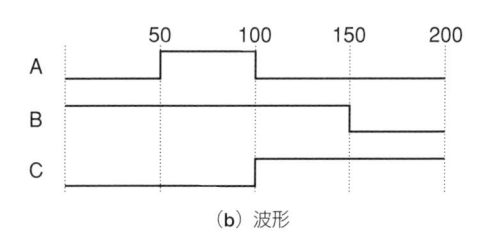

```
reg  A, B, C;
circuit c1( A, B, C, ... );
initial begin
        A = 0; B = 1; C = 0;
    #50 A = 1;
    #50 A = 0; C = 1;
    #50 B = 0;
    #50 $finish;
end
```

(a) HDL記述   (b) 波形

7.1.1 シミュレーションの入力記述

シミュレーションによる回路検証の基本は，検証対象に入力を与えることです．ここでは，入力を与える記述方法をいくつか紹介します．

●代入文を用いた順次入力

レジスタ変数A，B，Cが検証対象の入力となっているとします．initial文の中に代入文を順番に記述することで，入力を変化させることができます．図7.2(a)の記述によって同図(b)の波形で示す入力が得られます．

```
#<定数式>
```

は，遅延を意味します．ここでは，シミュレーション開始後に50ユニットずつ遅延させて，入力を変化させています．この遅延量にシステム・クロック周期を設定することで，入力を1クロックごとに変化させることもできます．この方法は手軽なので，検証を簡単にすませたいときに用います．

●入力パターンを用意し，1クロックごとに入力に印加

あらかじめ，2進数か16進数で表現した入力パターン・ファイルを読み込み，1クロックごとに検証対象回路に印加する方法があります．図7.3に示す方法は，一度レジスタ配列patternに読み込んでから，検証対象に印加しています注．

入力パターン・ファイルの例を図7.4(a)に示します．このファイルでは，印加信号のアドレスは2進数の2ビットで，データは8ビットで，制御信号は2ビットで記述しています．内部にコメントを付加することも可能です．このパターン・ファイルを読み込み，検証対象に印加する記述が図7.4(b)です．$readmembは，2進数ファイルをレジスタ配列に読み込むシステム・タスクです．これを用いてパターン・ファイルを読み込んだ後，1クロックごとにADDR，DIN，REB，WEBの各信号に印加しています．レジスタ配列patternは12ビット幅です．レジスタ配列はビット単位のアクセスができないので，レジスタ変数patを介しています．

注：ファイル読み込みのシステム・タスクは貧弱である．1行読み出しの機能はなく，一括読み込みしかできない．このため，中間バッファとしてレジスタ配列patternを用意した．

図7.3
入力パターン・ファイルを用いた入力

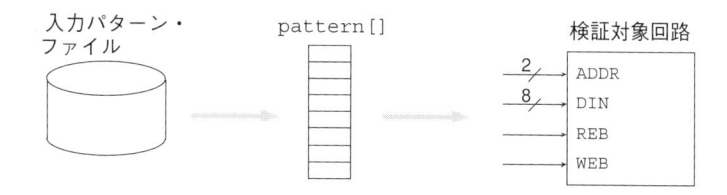

図7.4
入力パターンと印加方法

```
              inpattern
/*
ADDR       REB
    DIN       WEB */
11_00001010_1_1    // コマンド書き込み
11_00001010_1_0
11_00001010_1_1
00_10110110_1_1    // データ書き込み
00_10110110_1_0
00_01001100_1_1
00_01001100_1_0
00_01001100_1_1
       ...
```

(a) 入力パターン・ファイル内容

```
reg    [1:0]   ADDR;
reg    [7:0]   DIN;
reg            REB, WEB;
reg    [11:0]  pat, pattern[0:9999];

circuit circuit(ADDR,DIN,REB,WEB);

initial begin
    $readmemb( "inpattern", pattern );
    ADDR=0; DIN=0; REB=1; WEB=1;
    for ( i=0; i<100; i=i+1 ) begin
        pat=pattern[i];
        #STEP    ADDR=pat[11:10];
                 DIN =pat[9:2];
                 REB =pat[1];
                 WEB =pat[0];
    end
    #STEP  $finish;
end
```

(b) パターン・ファイル内容の印加

　この方法は記述が複雑で，しかもパターン・ファイルが数値の羅列であるためわかりにくく，あまりお勧めではありません．ただし，すでにパターン・ファイルがある場合や，ほかのシミュレータのダンプ・ファイルが '1'，'0' で表現されている場合などに使われることもあります．

●タスクによる入力
　タスクを用いて，検証対象回路への入力を与える方法について説明します．これは第6章でも紹介しました．タスクの例は図6.14，図6.15を参照してください．
　数多くのタスクを作り，タスク呼び出しだけで検証入力を記述すれば，とてもわかりやすく簡潔な検証入力ができ上がります．大規模な回路の検証には欠かせない方法です．検証結果が正しくないとき，回路記述ではなく，検証入力が誤っていることが多くあります．したがって，検証入力をわかりやすく記述できるこの方法は，非常に有効な手法と言えます．
　この方法は，メリットは大きいのですが，準備に手間がかかります．作成したタスク自体が誤っていたら意味がないので，タスクの検証も必要です．したがって，検証回路の規模と目標とする検証精度に応じて，代入文による入力とタスクによる入力を使い分けたり，混在させたりするのがよいでしょう．

7.1.2　シミュレーションの出力記述

　シミュレーションを行うためには，入力だけでなく，シミュレーションの結果を出力する方法やそれを観測する方法も記述しなくてはなりません．そこで，シミュレーション結果を出力し，観測するための記述方法を説明します．

図7.5 $monitorによる結果表示

```
initial $monitor( $time, " addr=%h data=%h", addr, data );
```

(a) $monitorによるリスト表示のHDL記述

```
   0 addr=xxxx data=xx
1000 addr=0000 data=xx
3000 addr=0000 data=00
6000 addr=0000 data=c3
```

(b) $monitorによる結果表示例

図7.6 $displayによる結果表示

```
always #STEP $display( $time, " addr=%h data=%h", addr, data );
```

(a) $displayによるリスト表示のHDL記述

```
   0 addr=xxxx data=xx
1000 addr=0000 data=xx
2000 addr=0000 data=xx
3000 addr=0000 data=00
4000 addr=0000 data=00
5000 addr=0000 data=00
6000 addr=0000 data=c3
```

(b) $displayによる結果表示例

●リスト表示による結果出力

　リスト表示出力とは，シミュレーション結果を文字だけで画面に出力する方法です．文字だけとはいっても2進数や16進数だけで表示するとわかりにくいので，さまざまな補助表示を付加します．ここでは，システム・タスクの$monitorと$displayを用いた方法を紹介します．

　図7.5に$monitorを用いた結果表示の例を示します．$monitorは，次の二つの大きな特徴があります．
- 一度呼び出されると継続して実行される
- 表示すべき信号に変化があったときだけ出力する

　システム・タスク自体が継続性を持っており，initial文の中で1回記述するだけで継続して結果を表示できます．

　図7.5(b)にシミュレーション結果の表示例を示します．信号に変化がないときは表示をスキップしているので，シミュレーション時刻がとびとびになっています．

　図7.6は，$displayを用いた結果表示例です．$displayは，呼び出されたときしか実行されません．したがって，always文を用いて繰り返し表示しています．STEPがシステム・クロックの1周期ならば，1クロックごとの表示になります．

　図7.6(b)は，シミュレーション結果の表示です．$monitorの場合と異なり，信号に変化がなくても1クロックごとの表示を繰り返します．

　画面に出力した結果をそのままファイルに出力することも可能です．$monitorや$displayのファイル出力版があり，これを利用すれば任意のフォーマットで出力させられます．これは7.4節で詳しく解説します．

●波形表示による結果出力

　論理回路のシミュレーションといえば，波形表示が付き物です．波形の表示方法は，製品化されているシミュレータごとにまったく異なります．あるシミュレータは波形表示用のシステム・タスクを用い，また別のシミュレータでは，シミュレーション終了後，波形アナライザを起動して波形を観測

図7.7
論理合成後のシミュレーション

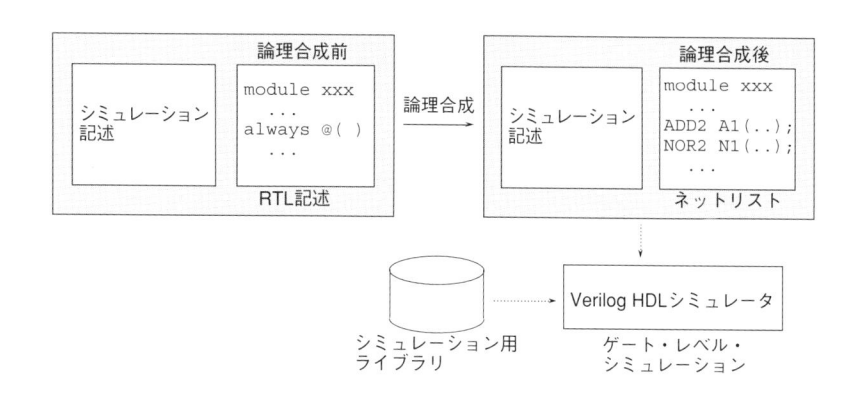

します．そこで，本書では波形出力方法の説明については割愛します．

実は，同期設計されたRTLのシミュレーションでは，波形表示がそれほど重要ではありません．その理由は，

- ゼロ遅延でシミュレーションする
- 内部の出力信号，外部への出力信号のいずれもがクロックに同期している

からです．クロックや入出力の変化点は，つねに同じです．したがって，リスト表示で大半の検証が行えるのです．

しかし，ゲート・レベルのシミュレーションでは，波形表示も用います．とくに，回路に不ぐあいがあったときの遅延関係の解析に必要です．

7.1.3 論理合成後のシミュレーション

RTLで記述された回路は，論理合成によってASICやFPGAのネットリストに変換されます．このネットリストを用いて，従来，回路図入力による設計で行ってきた，ゲート遅延を含んだシミュレーションを行います．これを**ゲート・レベル・シミュレーション**と呼びます．ゲート・レベル・シミュレーションで用いるネットリストは，ASICやFPGAのセルを「モジュール呼び出し」の形で接続しています．したがって，ゲート・レベル・シミュレーションを行うためには，シミュレーション用のセルを集めたライブラリが必要です．このライブラリは，ASICやFPGAのベンダから入手します．

RTLシミュレーションにも論理合成後のゲート・レベル・シミュレーションにも，同一のシミュレーション記述を用いることができます．図7.7に示すように，シミュレータに読み込ませる記述をRTLからネットリストに代えるだけです．シミュレーション・モデルや入力の記述，出力の記述は，同じものを使用できるようにします[注]．

7.1.4 シミュレーションの流れ

●**時間の概念について**

HDLとプログラム言語の最大の違いは，時間の概念です．プログラム言語では，「記述の順」に実

注：同じシミュレーション記述が使えるように，最初から作っておくべきである．計画的にシミュレーション記述を作っておかないと，論理合成後，大幅な手直しが必要になる．

図7.8
シミュレーションの流れ

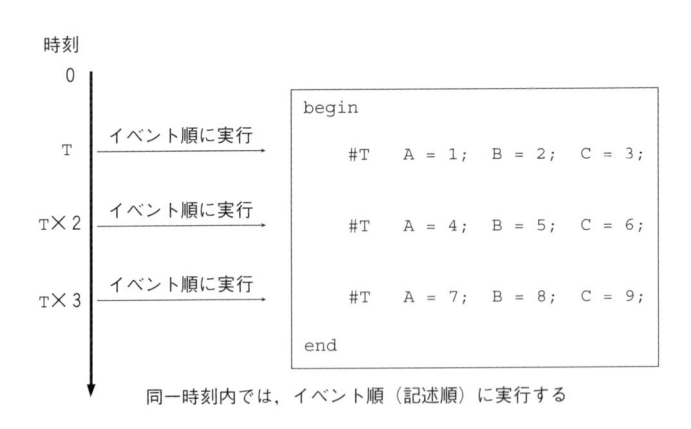

```
        begin
  #T      A = 1;   B = 2;   C = 3;

  #T      A = 4;   B = 5;   C = 6;

  #T      A = 7;   B = 8;   C = 9;
        end
```

同一時刻内では，イベント順（記述順）に実行する

行されますが，HDLでは「時刻の順」に実行されます．また，複数の回路が(見かけ上)同時に動作することが可能です．

図7.8は，シミュレーションの実行順を示したものです．時刻0からシミュレーションが始まり，時刻T，T×2，T×3に記述された動作があるとします．実行は，時刻の順に行われます．同一時刻に複数の動作が記述されていたときは，後述するイベントの順番に実行されます．実際の回路では，同一時刻に複数の動作が発生しますが，コンピュータ上のシミュレーションでは，複数の処理を同一のタイミングで実行することはできません．そこで，**イベント**という概念が用いられています．イベントとは，信号や状態が変わる「きっかけ」のこと，あるいは変わること（＝動作）そのものをいいます．

同一時刻内で生じる動作は，すべてイベント・リストに登録され，これを順次処理していきます．すべてのイベントが処理された後，次の時刻の処理が行われます．イベントは，回路の動作の中で動的に発生します．また，記述の順番もイベントの順序に影響します．図7.8の例では，同一時刻Tの中では，記述の順番通り，A，B，Cの順に代入が行われます．

7.1.5　モジュール・アイテムとステートメント

第7章では，数多くのシミュレーション記述のための構文を紹介します．それに先立って，文法上の重要点を説明します．モジュールの構造は，第3章の簡単な文法紹介や数多くの記述例の中で説明してきました．ここであらためて，構造について説明します．

モジュールは，図7.9に示すように「モジュール・アイテム」から構成されています．モジュール・アイテムとは，「各種宣言」や「下位モジュール呼び出し」，「always文やfunction」などです．これらモジュール・アイテムには，if文やcase文などのステートメントを記述することはできません．プログラム言語のように，いきなりif文やfor文を書いたら文法エラーとなります．if文やcase文などのステートメントは，initial，always，function，taskの各構文の中だけで使われます．

これまで数多く紹介してきた記述例では，if文やcase文をfunctionの中だけで用いたものが大半でした．これは論理合成ツールの制約のためです．シミュレーション記述では，Verilog HDLの文法に則していれば，どのような記述でも許されるので，initial文やalways文の中でif文やfor文を用いることが可能です．

図7.9
モジュール・アイテムと
ステートメント

```
• 各種宣言
• ゲート呼び出し
• 下位モジュール呼び出し
• initial文
• always文
• 継続的代入（assign文による代入）
• function
• task
  など
```
（a）モジュール・アイテム

```
• if文
• case文
• for文
• while文
• repeat文
• begin～endブロック
• fork～joinブロック
  など
```
（b）ステートメント

図7.10
initial文とalways文

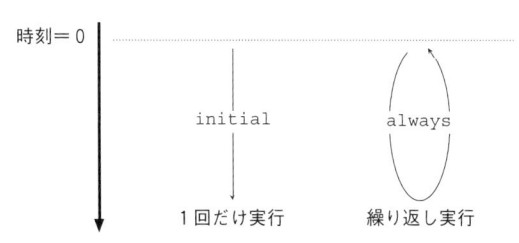

	シミュレーション記述中	回路記述中
always	クロックなどの記述	順序回路の記述
initial	テスト入力などの記述	使用しない（論理合成対象外）

7.1.6　initial文とalways文

　initial文とalways文も，いままでの記述例の中で数多く登場してきました．この両者は，対応する概念をもった構文です．**図7.10**に示すように，initial文はシミュレーション開始後，「1回だけ実行」されます．これに対してalways文は，「繰り返し実行」されます．

　Verilog HDLによる回路記述やシミュレーション記述の中では，この二つの構文は欠かせない存在です．そして，用途は使用される記述によって異なります．シミュレーション記述の中では，always文は繰り返し動作を生かして，クロックの記述などに用いられます．一方，initial文は1回だけ実行されるので，プログラム言語のように用いられます．シミュレーション記述の中では，回路に与える入力の記述に用いられます．

　回路記述の中では，always文だけが論理合成可能で，initial文は対象外です．always文は，繰り返しの条件としてクロック入力を記述することにより，順序回路の記述に用いることができます．

　always文をシミュレーション記述として用いた例をいくつか紹介します．まず，単相クロック（**図7.11(a)**）です．順を追って説明します．

```
  reg ck;
```

　クロックをレジスタ変数で宣言します．

図7.11　alwaysブロック記述例

```
// 単相クロック
reg ck;

//1周期 100ユニット
parameter STEP=100;

always #(STEP/2)
    ck = ~ck;

initial ck = 1;
```

(a) 単相クロック

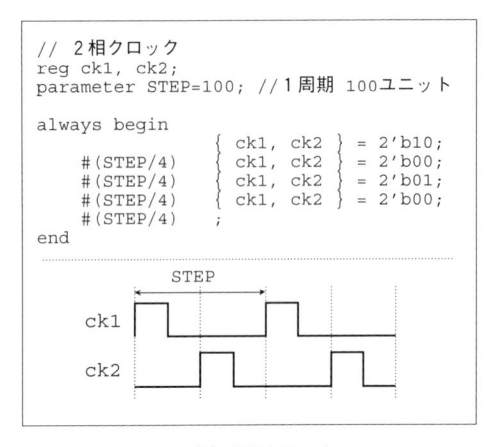

```
// 2相クロック
reg ck1, ck2;
parameter STEP=100; //1周期 100ユニット

always begin
               { ck1, ck2 } = 2'b10;
    #(STEP/4)  { ck1, ck2 } = 2'b00;
    #(STEP/4)  { ck1, ck2 } = 2'b01;
    #(STEP/4)  { ck1, ck2 } = 2'b00;
    #(STEP/4)     ;
end
```

(b) 2相クロック

```
parameter STEP=100;
```

クロックの1周期をパラメータ宣言します．

```
always #(STEP/2)
  ck = ~ck;
```

半周期ごとにレジスタ変数ckを反転します．always文を用いているので，シミュレーション実行中はつねに1周期100ユニット，デューティ比50%のクロックを生成できます．

```
initial  ck = 1;
```

初期値を与えます．シミュレーション開始直後，ckは不定値なので，always文の繰り返しだけでは値が定まりません．

次に，2相クロック(**図7.11(b)**)の例について，要点だけを説明します．

```
always begin
              { ck1, ck2 } = 2'b10;
  #(STEP/4)   { ck1, ck2 } = 2'b00;
  #(STEP/4)   { ck1, ck2 } = 2'b01;
  #(STEP/4)   { ck1, ck2 } = 2'b00;
  #(STEP/4)     ;
end
```

図7.12　for文
for （＜代入文1＞;＜式＞;＜代入文2＞） ＜ステートメント＞

```
// for文記述例
integer i;
parameter STEP = 1000;

initial begin
    for ( i=0; i<256; i=i+1 ) begin
        // 1クロックごとに
        // din入力を変化
        #STEP din=mem[i];
                ...
                ...
    end
    ...
    ...
end
```

図7.13　while文
while （＜式＞） ＜ステートメント＞

```
// while文記述例
parameter STEP = 1000;

initial begin
    ...
    ...
    ...
    // BUSY信号が0になるまで待つ
    while ( BUSY ) #STEP ;
end
```

1/4周期ごとに，二つのクロックck1，ck2が変化します．連接したck1，ck2に2ビットの値を代入して，記述を単純にしています．また，ck1，ck2には定数を直接代入しているので，初期値の設定は不要です．

always文は，クロックの生成だけでなく，シミュレーション結果の表示に用いることも可能です．すでに7.1.2で解説したとおりです．

7.2　ステートメント

initial文やfunctionの中で用いられるステートメントについて解説します．モジュール直下に記述できないことは，すでに説明したとおりです．ここではおもに，シミュレーション記述の中で用いるステートメントについて解説します．

7.2.1　for文

for文は，C言語とよく似た処理を行います（**図7.12**）．最初に＜**代入文1**＞が実行され，＜**式**＞が真ならば＜**ステートメント**＞を繰り返します．＜**代入文2**＞は，各ループの末尾で＜**ステートメント**＞の後に実行されます．

図7.12の記述例は，レジスタ配列memに格納されているデータを，1クロックごとにdinに印加しています．

```
#STEP din=mem[i];
```

のように遅延を与えることにより，シミュレーションを進めながらデータの印加が可能となります．もし遅延を与えなければ，シミュレーションにおいて瞬時に入力データが変化してしまいます．

7.2.2　while文

while文もC言語と同じ動作です（**図7.13**）．＜**式**＞が真ならば，＜**ステートメント**＞を繰り返します．

図7.14 repeat文
repeat（＜式＞）＜ステートメント＞
＜式＞は繰り返し回数
● 固定回数のループ

```
// repeat文記述例
reg [7:0] data;
parameter  DUST = 120;

initial begin
    ...
    ...
    // データ・レジスタの空読み
    repeat( DUST )
        readreg( DATAREG, data );
    ...
    ...
end
```

図7.15 forever文
forever＜ステートメント＞
● 無限ループ

```
// forever文記述例
parameter   STEP = 1000;
initial
    // クロック生成
    forever begin
        #(STEP/2) ck=0;
        #(STEP/2) ck=1;
    end
```

図7.13の記述例では，BUSY信号が'0'になるまで待っています．検証対象となる回路に対して，動作の起動トリガやコマンドを与えた後の処理終了待ちを記述できます．終了までのクロック数が予想できないときに便利な使いかたです．

#で始まる遅延付加も＜ステートメント＞です．ただし；が必要です．もし，ここで#STEPをつけなければ，BUSYが'0'になるのを待つ間，シミュレーション時刻が進みません．つまり，永久にBUSYが'0'にならないので，#STEPが必要です．

7.2.3 repeat文

repeat文は，固定回数のループを作るための構文です（図7.14）．＜式＞で与えられた回数だけ＜ステートメント＞を繰り返します．＜式＞に変数が用いられた場合，＜式＞を評価した時点での値が，繰り返し回数となります．

図7.14の例は，パラメータ宣言で設定した値DUSTの回数だけ，タスクreadregを呼び出しています．データ・レジスタの空読みとして動作しています．

7.2.4 forever文

forever文は，無限ループを作る構文です（図7.15）．＜ステートメント＞を無限に繰り返します．
図7.15の例は，クロックを生成する記述例です．周期をSTEPとし，半周期ごとにCLKを'0'，'1'に設定します．initial文とforever文を組み合わせると，always文と同じように動作させることが可能です．

for文やwhile文を用いて，repeat文やforever文と同一の動作を記述することが可能です．しかし，repeat文やforever文には，ループ変数を使用しなくて済むというメリットがあります．

7.2.5 タイミング制御

#や@を用いてシミュレーション動作の実行を制御することができます．これをタイミング制御と呼びます．いままでの記述例を補足しながら，あらためて解説します．

#や@は，ともに処理の実行を遅らせる機能があります．

図7.16 タイミング制御

```
#<定数式>        <定数式>の示す期間遅延
@<イベント式>    <イベント式>のイベント発生まで遅延
```

```
// 例1   always文内で使用
always #(STEP/2)
    CLK = ~CLK;

always @( posedge CLK )
begin
    ...
    ...
end
```

```
// 例2   initial文内で使用
initial begin
    #STEP  ...
    #STEP  ...
    ...
    // CLKの立ち下がりを待つ
    @( negedge CLK ) ...
end
```

`#<定数式>`
は，`<定数式>`の値によって指定された期間，処理の実行が遅れます．
`@<イベント式>`
は，`<イベント式>`によって指定されたイベントが発生するまで，処理の実行が遅れます．
`<イベント式>`の中では，

- `posedge`： 立ち上がり
- `negedge`： 立ち下がり

などのエッジ限定の「接頭語」を付加することができます．これらを付加しなければ，両エッジとなります．また，イベントどうしの論理和演算に or を用いることが可能です．

`#`や`@`を always 文と initial 文の中で用いた例を図7.16に示します．always 文の中で用いると，`#<定数式>`は繰り返しの周期設定となります．よって，クロックなどの生成に用いることができます．`@<イベント式>`は，信号のエッジを限定することにより，フリップフロップ(FF)などの記述に用いることができます．

一方，initial 文の中の`#<定数式>`は，テスト入力のように入力を順次変化させる場合に用います．`@<イベント式>`は，図7.16の例のように，ある信号の変化を待つことができます．この例の場合，CLK信号の立ち下がりを待ちます．

7.2.6 wait文

タイミング制御を行う3番目の方法が，wait 文です．`@<イベント式>`が「エッジ・センシティブ」，つまり信号やイベントの変化点を待つのに対して，`wait( <式> )`は「レベル・センシティブ」，つまり`<式>`が真なら即実行し，偽なら待ちます．

図7.17の例では，BUSY信号が'0'になるまで待っています．BUSYが最初から'0'であれば，待たずに次を実行します．

7.2.7 イベント宣言とイベント起動

Verilog HDLのデータ型には，**レジスタ型**(`reg`)と**ネット型**(`wire`)があります．これらは実際の回路表現に用いられる型で，物理データ型と呼ばれます．これに対して，おもにシミュレーション記述

図7.17 wait文

```
wait （＜式＞）    レベル・センシティブ
                式が真なら即実行，偽なら待つ

@＜イベント式＞   エッジ・センシティブ
                イベント発生まで遅延
```

```
// wait文例
initial begin
    #STEP   ...
    #STEP   ...
       ...
    // BUSYが0になるまで待つ
    wait( ~BUSY ) ...
end
```

図7.18　イベント宣言とイベント起動

```
event     イベント型変数の宣言
->        イベントの起動
```

```verilog
// D-A変換シミュレーション・モデル（図6.12の改良版）
module DA_block( dack, reset, we, din );
input              dack, reset, we;
input     [7:0]    din;
parameter  LINENUM = 910;        // 1ライン画素数
reg       [9:0]    addr;
reg       [7:0]    mem[0:LINENUM-1];  // 1ライン・メモリ
event              outflag;        // 出力フラグ
integer            i, mcd;

                   ...

// ファイルへの10進出力
// 呼出しモジュール側で-> outflagとすると出力
initial begin
    @( outflag );
    mcd = $fopen( "DA_out.dat" );
    for ( i=0; i<LINENUM; i=i+1 )
        $fdisplay( mcd, "%d", mem[i] );
    $fclose(mcd);
end
endmodule
```

の中で用いられる抽象データ型があります．抽象データ型には，

- integer   ：整数型　32ビット符号付き整数
- time   ：時間型　64ビット符号なし整数
- real   ：実数型
- event   ：イベント型
- parameter ：パラメータ型

があります[注]．この中のイベント型について説明します．

イベント型は，値を持たない特殊な変数です．タイミング制御の中のイベント式に用います．イベント型変数は，

　　event outflag;

と，宣言します．そしてイベントの起動では，

　　-> outflag;

とします．「-> イベント変数」は，イベントを起動するステートメントです．イベントの発生を待つ側は，

　　@(outflag) ...

となります．イベントを用いて図6.12のD-A変換シミュレーション・モデルを書き直した例を，図7.18に示します．イベント型は値を持たないので，初期化の必要がなく動作が確実です．

注：integer, parameterについては，いままで説明してきたとおりである．timeとrealについての説明は，本書では省略した．

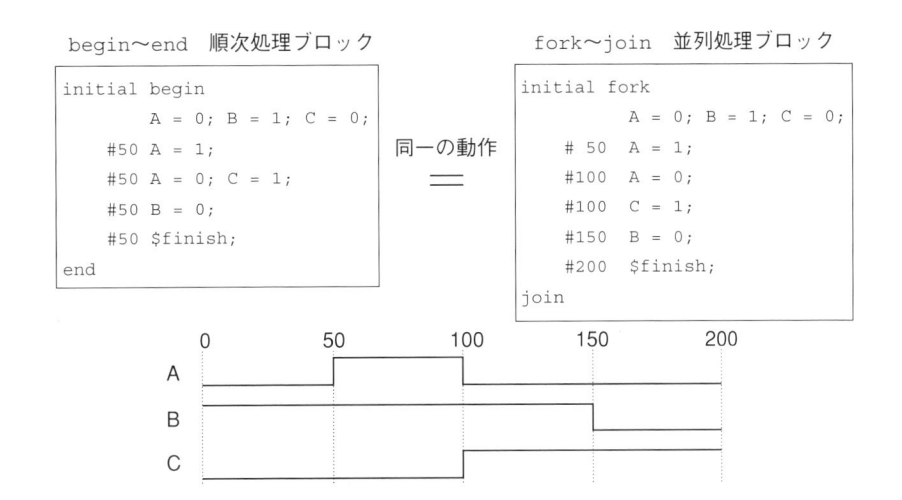

図7.19
begin〜endと
fork〜join

```
begin〜end  順次処理ブロック
initial begin
        A = 0; B = 1; C = 0;
    #50 A = 1;
    #50 A = 0; C = 1;
    #50 B = 0;
    #50 $finish;
end
```

同一の動作
＝

```
fork〜join  並列処理ブロック
initial fork
        A = 0; B = 1; C = 0;
    # 50 A = 1;
    #100 A = 0;
    #100 C = 1;
    #150 B = 0;
    #200 $finish;
join
```

7.2.8 begin〜endとfork〜join

回路記述やシミュレーション記述の中で用いられてきた，begin〜end構造は，複数の文をまとめる「複文」として扱ってきました．C言語の｛ 〜 ｝と同じ意味と思われたかもしれません．実は，begin〜endは**順次処理ブロック**と呼ばれ，内部の処理を記述の順番に実行するブロックでした．

これに対して，**並列処理ブロック**と呼ばれるfork〜joinで囲まれたブロックがあります．これは内部の処理を並列に（同時に）実行するブロックです．

図7.19に順次処理ブロックと並列処理ブロックの記述例を示します．ともに，図に示す波形を生成する記述です．順次処理ブロックでは，50ユニットごとの相対的な遅延を与え，信号を順次変化させています．並列処理ブロックでは，与えた遅延が絶対時間となります．#50，#100などは，シミュレーション開始時刻を0とした絶対時間です．

順序回路の記述では，always文の内部に並列処理ブロック（fork〜join）を用いたいところです．並列処理ブロックを用いれば，第5章のシフト・レジスタの問題などがスッキリ解決します．しかし，シミュレーションでは正しく動作しても，論理合成ツールが「複文」としての順次処理ブロック（begin〜end）にしか対応していません．やむなくbegin〜endを用いています．したがって，順序回路記述で用いる代入文には，並列動作を期待できるノン・ブロッキング代入文（<=）を使います．

7.3 タスク

タスクとは，プログラム言語のサブルーチンに相当する概念です．タスクの基本と，タスクをシミュレーション・モデルに用いた例は，第6章（6.3節）で述べたとおりです．ここでは，もう少し進んだ利用法として，タスク内の記述テクニックを紹介します．

7.3.1 CPUによるRead/Writeモデル

図7.20に示すタスク記述例では，データ圧縮チップとそれに接続したCPUを想定し，圧縮チップの内部レジスタの読み出し/書き込みを行っています．writeタスクについては，6.3節で説明したも

図7.20
CPUによるRead/Write モデル

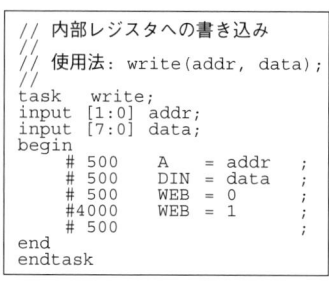

```
// 内部レジスタへの書き込み
//
// 使用法: write(addr, data);
//
task    write;
input [1:0] addr;
input [7:0] data;
begin
    # 500     A   = addr   ;
    # 500     DIN = data   ;
    # 500     WEB = 0      ;
    #4000     WEB = 1      ;
    # 500
end
endtask
```

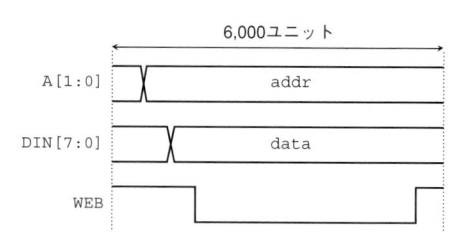

(a) レジスタへのWrite

```
// LZ-Coderレジスタへの読み出し
//
// 使用法: read(addr, data);
//
task read;
input  [1:0] addr;
output [7:0] data;
begin
    # 500    A   = addr    ;
    #2000    REB = 0       ;
    #3000    data= DOUT    ;
             REB = 1       ;
    # 500
end
endtask
```

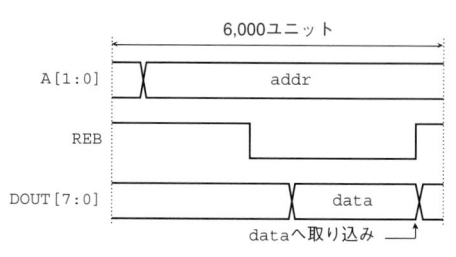

(b) レジスタへのRead

図7.21
CPUによるRead/Write モデルの呼び出し

```
// Read/Writeタスクの呼び出し
//
// 使用法: enc(size);
//
task enc;
output [13:0]  size;
reg    [7:0]   status_reg;
begin
    $display("enc: start...");
    write( COMMAND, ENCSTART_CMD );   // コマンド書き込み
    #(STEP*4) ;
    status_reg = BUSY_FLAG;
    while ( (status_reg & BUSY_FLAG)!=0 )
        read( STATUS, status_reg );     // ステータス読み出し
    read( OUTNUM_LOW,  size[7:0]  );   // レジスタ読み出し
    read( OUTNUM_HIGH, size[13:8] );
end
endtask
```

のと同一です．readタスク(**図7.20(b)**)では，タスクによる戻り値を実現しています．

```
task read;
input  [1:0] addr;
output [7:0] data;
```

戻り値dataをoutput宣言することにより，タスクからの出力となります．つまり，呼び出し側へ値を戻すことができます．ここではアドレスを与え，内部レジスタを読み出す動作を記述しています．

```
    #3000       data = DOUT   ;
```

出力dataへの代入文により値を戻すことができます．

このRead/Writeタスクを呼び出しているのが，**図7.21**のencタスクです．圧縮チップに対してコマンドを与え，圧縮動作を起動しているタスクです．encタスクの中でRead/Writeタスクを呼び出しています．このようにタスクはネスティングが可能です．このencタスクも戻り値(size)があります．いくつか重要な記述があるので順を追って説明します．

```
    reg   [7:0]   status_reg;
```

タスクの宣言部分にローカル変数を宣言できます．integerやレジスタ変数を，ローカル変数として用いることができます．

```
    $display("enc: start...");
```

回路のデバッグ用に，タスクの実行中であることを画面表示します．適切なメッセージ表示は，デバッグ効率を向上させます．

```
    write( COMMAND, ENCSTART_CMD );
```

あらかじめパラメータ宣言しておいた定数を用いて，writeタスクの引き数とします．この場合，コマンド・レジスタに圧縮開始コマンドを書き込んでいます．数値定数を直接用いないことで，直観的に理解しやすくなります．

```
    while ( (status_reg & BUSY_FLAG)!=0 )
        read( STATUS, status_reg );
```

ステータス・レジスタを読み出しつつ，BUSYフラグが'0'になるのを待っています．

```
    read( OUTNUM_LOW,  size[7:0]  );
    read( OUTNUM_HIGH, size[13:8] );
```

圧縮処理が終了したあと，圧縮後のサイズが格納されているレジスタを読み出しています．タスクの出力であるsizeは14ビットなので，分割して値を得ています．

7.3.2 各種タスク・テクニック

データの個数が決まっていないファイルをレジスタ配列に読み込むタスクread_file_allを例に，

> ■コラムN■　乱数を入れちゃえ
>
> 　ここだけの話(!?)ですが，著者はLSI検査用データ(テスト・パターン)作成で，手を抜いたことがあります．そのLSIは，著者がテスト回路とテスト・パターンの作成を請け負ったものでした(あまり楽しいしごとではない)．十分なテスト回路を用意したつもりでした．しかし，あるブロックは，加算回路が何段もあって出力はわずか数本という，きわめて可観測性の低い回路でした．
> 　その回路のテスト・パターン作成に力尽きてしまった著者は，乱数を入力することでテスト・パターンをでっち上げてしまいました．回路図入力による設計でしたが，Verilog HDLシミュレータを用いていたので，乱数を作ることは簡単です．システム・タスクの$randomを用いて100個のデータを順次入力し，出力された値を期待値としていたのでした．結局，不良LSIを検出できなかった(パターン抜け)という報告もなく，現在に至っています．
> 　HDLを使っていなければ，こんな逃げ道はとらなかっでしょう．まさに「HDLさまさま」です．

　タスクの記述テクニックを紹介します．1データが8ビットで，読み込むレジスタ配列`infile`は，想定されるファイルの大きさより十分大きいものとします．

● 文字列引き数

```
input [80*8:1] filename;
```

　Verilog HDLでは，文字列の定数や変数を扱うことができます．ただし，1バイト・コードのASCII文字列に限られます．1文字を8ビットとし，文字数分のビット幅を持つ信号として扱います．ここでは，80文字分の入力信号`filename`を宣言しました．
　一方，呼び出し側では，

```
read_file_all( "chk_data/sample.hex" );
```

のように，ファイル名を指定できます．この文字列は，タスクの仮引き数`filename`に格納されます．

```
$readmemh( filename, infile );
```

とすることにより，ファイル名をシステム・タスクに渡すことができます．
　文字列は8の整数倍の多ビット信号なので，連接演算を用いて文字列を連結できます．例えば，

```
parameter [80*8:1] in_filename = "chk_data/sample";
```

と文字列定数を宣言し，

図7.22
read_file_all タスク

```
// 入力ファイルをinfileへ一括読み込み
//
// 使用法: read_file_all( "filename" );
//
task read_file_all;
input [80*8:1] filename;
integer i;
begin
    $readmemh( filename, infile );
    begin :find_eof
        for ( i=0; i<FILE_MAX; i=i+1 )
            if ( infile[i]===8'hxx )
                disable find_eof;
    end
    IN_TOTAL = i;
    $display("read_file_all:
            '%0s' %0d byte read.",
            filename, IN_TOTAL );
end
endtask
```

図7.23　infile[ ]のスキャン

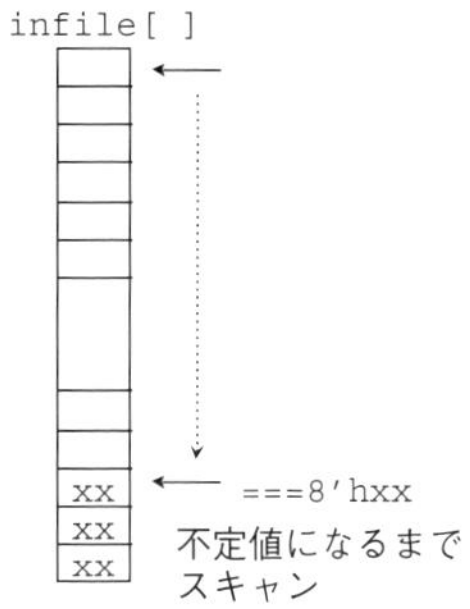

infile[ ]

===8'hxx
不定値になるまで
スキャン

```
    read_file_all( {in_filename, ".hex"} );
```

と，拡張子の部分だけを付加することも可能です．

●ファイル末尾チェック

　システム・タスクは，基本的にVerilog HDLシミュレータに依存します．個々のシミュレータによって若干の違いがあります．しかし，ファイル入力に関するシステム・タスクが貧弱なことはたしかです．例えば，ファイル・サイズを求めるシステム・タスクにお目にかかったことはありません．そこでファイル末尾をチェックし，ファイル・サイズを求める記述を作りました．

　図7.22のread_file_allの中で，

```
    if ( infile[i]===8'hxx )
```

が要点です．ファイルは一括してレジスタ配列infile[ ]に読み込みます．infileは読み込むファイルに対して十分大きいものとします．配列の各要素の初期値はx(不定)なので，読み込んだファイルのデータを越えた領域はxのままです．infileを先頭からスキャンし，xに達するまでデータの個数をカウントすれば，ファイル・サイズを求めることができます(図7.23)．

　このとき等号演算子===を用いれば，xを比較できます．!==も同様です．これに対して，==や!=は，比較対象がx(不定)やz(ハイ・インピーダンス)のときに偽の扱いとなるので，このような比較に用いることはできません．

●break，continueの実現

　ファイル末尾をチェックするためのもう一つのテクニックが，C言語のbreakの実現です．

図7.24
breakとcontinueの実現

```
begin: LABEL
    for ( ... )
        if ( 条件 )
            disable LABEL;
end
```
(a) break

```
for ( ... ) begin: LABEL
    ...
    if ( 条件 )
        disable LABEL;
end
```
(b) continue

```
begin :find_eof
    for ( i=0; i<FILE_MAX; i=i+1 )
        if ( infile[i]===8'hxx )
            disable find_eof;
end
```

順序処理ブロックには，ブロック名を付けることができます．このブロックには`find_eof`というラベルを付加しました．

ファイル末尾が見つかったとき，この順次処理ブロック`find_eof`の処理を`disable`文によって中止することにより，`for`文を中止することができます．これは，C言語の`break`と同じ動作です(図7.24(a))．

同じように`for`文内に順次処理ブロックを作り，これを`disable`文によって中止すると，C言語の`continue`を実現できます(図7.24(b))．

7.4 システム・タスク

いままでの記述の中でも数多く登場した「システム・タスク」についてあらためて整理します．システム・タスクとは，あらかじめシミュレータに組み込まれているタスクのことで，タスク名はすべて`$`で始まります．システム・タスクは，原則的にシミュレータごとに異なります．しかし，ここで述べるシステム・タスクは，どのシミュレータでもほぼ共通です．

7.4.1 ファイルRead/Writeシステム・タスク

ファイルRead/Writeシステム・タスクと呼ばれるものには，

- `$readmemh`
- `$readmemb`
- `$writememh`
- `$writememb`

の4種類があります(図7.25)．これらは，外部ファイルとメモリ(レジスタ配列)の間でデータをやり取りするシステム・タスクです．扱えるファイルは，2進数または16進数で表現されたテキスト・ファイルです．バイナリ・ファイルを直接扱うことはできません．

`filename`は，ファイル名を記述した文字列定数です．前節でも説明したように，文字列を値とした多ビット変数を用いてもかまいません．

図 7.25
ファイル Read/Write システム・タスク

●ファイルの読み込み
$readmemh("filename", memname, begin_addr, end_addr); //16進
$readmemb("filename", memname, begin_addr, end_addr); // 2進

●ファイルの書き出し
$writememh("filename", memname, begin_addr, end_addr); //16進
$writememb("filename", memname, begin_addr, end_addr); // 2進

注1) begin_addr, end_addrは省略できる
  read時 ： ファイル・サイズに依存
  write時： メモリ・サイズに依存
注2) 読み込みファイル内には
  空白（タブ，スペース，改行）
  コメント
  が許される
注3) 読み込みファイル中に
  @hhhh...h の形式でアドレスを16進指定できる

memname はレジスタ配列の名まえです．

begin_addr, end_addr は，読み書きするレジスタ配列の開始アドレスと終了アドレスです．省略した場合，読み込み (readmem) 時はファイル・サイズに依存し，書き出し (writemem) 時はメモリ・サイズに依存します．

読み込むファイルは，フリー・フォーマットです．タブ，スペース，改行などの空白文字が許されます．またコメントを付加することもできます．さらに，

```
@hhh...h
```

の形式でアドレスを 16 進数で指定できます．例えば，

```
// プログラム開始  0100H
@0100 31 00 00
      21 00 80
      3E FF
      ...
// テーブル開始  8000H
@8000 59 63 33 41
      01 20 09 90
      ...
```

といったファイルを読み込み，100 番地と 8000 番地以降にデータを格納することができます．

7.4.2 表示用システム・タスク

表示用システム・タスクとしては，図 7.26 に示すように，

● $display

図7.26 表示用システム・タスク

```
$display( P1, P2, P3, ... , Pn );    行末に改行あり
$write  ( P1, P2, P3, ... , Pn );    行末に改行なし
$monitor( P1, P2, P3, ... , Pn );    指定した信号に変化があれば表示
                                      一度呼び出されると継続的に実行
$strobe ( P1, P2, P3, ... , Pn );    すべてのイベント処理が終了してから表示
```

- 表示内容P1, P2, ...は，信号（変数）や文字列
- C言語のような特殊文字，フォーマット出力も可能

特殊文字

\n	改行
\t	タブ
\\	バック・スラッシュ（\）
\"	ダブル・クォート（"）
\ddd	任意文字，dは8進数

各種フォーマット（大文字でも可）

%h	16進数	%c	文字
%d	10進数	%s	文字列
%o	8進数	%v	信号強度
%b	2進数	%m	階層名
		%t	時刻

- `$write`
- `$monitor`
- `$strobe`

などがあります．シミュレーション結果をテキストで画面に表示するシステム・タスクを使って，変数や文字列などを表示できます．

●フォーマット付き出力が可能

これらは，C言語の`printf()`のように，フォーマットされた出力が可能です．つまり，文字列の中の%に続く文字で，16進数，2進数，文字列などのフォーマットを指定できます．フォーマット指定を行わない場合は10進数で表示されます．

表示するけた数を指定することはできません．したがって，信号のビット幅分の'0'や空白が表示されます．%に続いて'0'を付加すると，これら上位側の'0'や空白を削除して表示できます．

例えば，

```
%0d
```

とすれば，左詰めの10進数で表示することができます．

改行やタブ表示を行う際の記述も，C言語と同じです．バック・スラッシュ\（日本語フォントでは¥）に続く文字で，こうした特殊文字を表示できます．

●$monitorは信号変化時のみ出力

表示用システム・タスクは，呼び出されたときだけ実行されます．しかし，`$monitor`だけは特別です．`$monitor`の中に記述した信号が変化したときだけ，表示されます．また，1回呼び出されると継続的に実行されます．したがって，

```
initial $monitor( "CK=%b D=%b Q=%b", CK, D, Q );
```

```
図7.27            mcd = $fopen( "filename" );              ファイルのオープン
フォーマットされたファイ  $fclose( mcd );                         ファイルのクローズ
ル出力システム・タスク   $fdisplay( mcd, P1, P2, P3, ... , Pn );  $displayと同一形式で出力
                 $fwrite  ( mcd, P1, P2, P3, ... , Pn );  $writeと同一形式で出力
                 $fmonitor( mcd, P1, P2, P3, ... , Pn );  $monitorと同一形式で出力
                 $fstrobe ( mcd, P1, P2, P3, ... , Pn );  $strobeと同一形式で出力
```

注) mcdは32ビットのファイル変数
あらかじめintegerかregを宣言しておく
reg [31:0] mcd; または
integer mcd;

```
// 1，0ファイル出力記述例
integer mcd;
initial mcd = $fopen( "test.pat" );
always begin
    #(STEP-1)   $fdisplay( mcd, "%b",
                           { A,B,C,D,E });
    #1;
end
```

と記述した場合は，CK，D，Qに変化があったときだけ表示されます[注1]．

$display は，呼び出された時点で表示を行っています．一方，$strobe は，呼び出された時刻内のすべてのイベント処理が終了したあと，実行されます．

7.4.3 フォーマットされたファイル出力システム・タスク

$writememb や $writememh は，それぞれ2進数，16進数のファイル出力でした．より自由度の高いフォーマットでファイル出力を行えるのが，

- $fopen
- $fclose
- $fdisplay
- $fwrite
- $fmonitor
- $fstrobe

などの，$f で始まるシステム・タスクです（図7.27）．前節で説明した表示用システム・タスクをそのままファイル出力可能にしたものです．C言語の関数である printf() と fprintf() の関係とよく似ています．

あらかじめ，32ビットの**ファイル変数**(Multi Channel Descriptor)を用いて，ファイルをオープンします．ファイル出力システム・タスクの最初の引き数に，このファイル変数を用います．ファイル出力システム・タスクは，表示用システム・タスクと同様に，フォーマット出力が可能です[注2]．$fopen でオープンしたファイルは，シミュレーションを終了するか $fclose でクローズします．

このシステム・タスクは，シミュレーション結果をさまざまな形式でファイル出力するときに便利

注1：変化がない場合はなにも表示されないので，多数のクロックのシミュレーションを行うとき，画面が表示だらけで実行が遅くなるような状況を防げる．また，表示するタイミングをクロックに対してどこにするべきか，などといったことを気にする必要もないので，著者は $monitor を好んで使っている．

注2：フォーマットされたファイル出力システム・タスクがあるのであれば，同様のファイル入力システム・タスクが欲しいところである．C言語の fscanf() や fgets() に相当するシステム・タスクがあれば，Verilog HDLの可能性が広がると思う．これは Verilog-2001 になってようやく実現された．詳しくは Appendix II で紹介する．

図7.28 値を返すシステム・タスク

```
$time      シミュレーション時刻（64ビット）
$stime     シミュレーション時刻（32ビット）
$random    乱数（32ビット）
```

```
// 例
initial $monitor( $stime, " addr=%h", addr );

reg [7:0] din;
initial begin
    for ( i=0; i<100; i=i+1 )
        // 1クロックごとにdinに乱数を入力
        #STEP din = $random;
    ...
end
```

図7.29 シミュレーションの実行を制御するシステム・タスク

```
$stop      中断して対話モードへ
$finish    終了
```

```
// 例
initial begin
    ...
    // 特定の条件でシミュレーション中断
    if ( ... )
        $stop;
    ...
    #STEP ...
    #STEP $stop;
    #STEP ...
    #STEP $finish;
end
```

です．例えば，図7.27の例のように，1クロックごとにシミュレーション結果を2進数で出力すれば，ほかのシミュレータにデータを渡すことができます．alwaysのあとの遅延量を変えれば，任意のストローブ・ポイントでシミュレーション結果を取り込むことができます．

7.4.4　値を返すシステム・タスク

引き数を持たず，値を返すだけのシステム・タスクとして，

- $time
- $stime
- $random

などがあります．これらは，「システム・ファンクション」とも言われるタスクです．図7.28に示すように，シミュレーション時刻や乱数を返すシステム・タスクがあります．

表示用システム・タスクの説明の中で「$monitorは，記述した信号に変化があったときだけ表示する」と述べましたが，$timeと$stimeは例外です．シミュレーション時刻は刻々と変化しますが，そのつど表示されることはありません．

7.4.5　シミュレーションの実行を制御するシステム・タスク

シミュレーションを中断するためのシステム・タスクとして

- $stop

が，またシミュレーションを終了させるシステム・タスクとして

- $finish

があります（図7.29）．$stopによってシミュレーションは中断し，対話モードに入ります．

$finishは，完全にシミュレーションを終了させます．これらのシステム・タスクは，シミュレータによって扱いが若干異なります．$finishがなくても，入力や内部信号に変化がなければ，シミュレーションの実行を終了するものもあります．

図7.30 force文とrelease文

```
force<代入文>     強制代入
release<信号名>   解除
```

```
// 例
initial begin
    ...
    ...
    force enable = 1;
    ...
    ...
    release enable;
    ...
end
```

- force文
  プローブを当てて
  信号印加
- release文
  プローブをはなす

図7.31 さまざまな遅延

```
assign #DELAY out = in0 & in1;
always @( posedge ck )
    cnt <= #DELAY cnt + 1;
initial begin
    #DELAY A = 1;
    ...
end
```

(a) 代入時の遅延

```
wire [7:0] #DELAY bus;
```

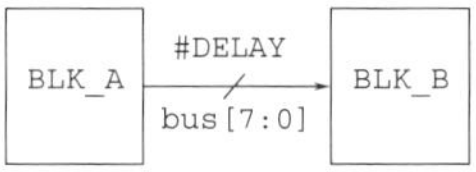

```
BLK_A  ─#DELAY─  BLK_B
         bus[7:0]
```

(b) 宣言時の遅延

7.5 その他のシミュレーション記述

7.5.1 force文とrelease文

実際の回路では不可能でも，シミュレーションでは容易にできることがあります．代表的なものが**外部からの信号設定**です．これには force 文と release 文が用いられます（図7.30）．

force文を使えば，レジスタ信号でも，ネット信号でも任意の値に設定できます．force に続いて代入文を記述します．ほかの信号から駆動されていても，force 文が実行された時点から強制代入された値となります．

release 文は，force 文による強制代入を解除します．release に続いて信号名を一つだけ記述できます．release が実行された時点で，もともと駆動していた信号が有効になります．force と release は，回路のデバッグに有効です．不ぐあい部分をある程度限定できたあと，原因を特定するためのシミュレーションに用いることができます．

例えば，ある信号 enable が回路の不ぐあいにより'0'に固定されたままだったとします．この信号が本来'1'になる時点で強制的に force 文により'1'に設定すれば，回路の検証を続行することができます．原因を特定し，修正方法を見いだしてから記述を修正すれば，確実にデバッグできます．

7.5.2 さまざまな遅延

`#`を用いて遅延を付加できることは，すでに説明しました．ただし，遅延の付加には，いろいろな方法が用意されています．ここではそれらをまとめておきます．

●代入文による遅延

遅延は，代入文で用いるのが一般的です（図7.31(a)）．assign 文による継続的代入では，代入先の信号の変化を遅らせることができます．assign 文は，組み合わせ回路を記述する手段なので，#DELAY により回路に遅延を付加したことになります．

順序処理ブロックの中のレジスタ変数への代入では，右辺に遅延を付加することができます．このときは，代入処理だけが遅延します．右辺の式の評価は遅延しません．一方，左辺に遅延を付加した

場合，式の評価と代入の両方が遅延します．

●ネット信号による遅延

遅延は，代入文だけでなくネット信号にも付加することができます（図7.31(b)）．ネット信号の宣言時に遅延を与え，そのネットの値が確定するまでの遅延時間を設定できます．モジュール内で用いれば，`assign`による代入で与えたことと同じ効果になります．また，図7.31(b)のようにモジュール間のネットに付加すれば，モジュール間伝播遅延を表現できます．

7.5.3　階層アクセス

ある程度の回路規模になると，回路を階層に分けて設計します．これは，設計の見通しをよくするためです．さらに，検証のためのシミュレーション記述は，検証対象モジュールを呼び出す形にするのが普通なので，少なくとも2階層になります．シミュレーション記述の中で，検証対象の内部信号に直接アクセスするときは，次のように記述します．

> インスタンス名 . インスタンス名 . … 　信号名

インスタンス名とは，モジュールを呼び出した際に付加した個別の名まえです．図7.32のように，検

■コラム0■　呪われたシミュレーション

大規模回路の設計が大詰めを迎えると，ちょっとしたことでも大きなつまづきになることがあります．わずかな変更や修正で，回路全体がパタッと動かなくなることがあり，呪いでもかけられたのではないかと思うことさえあります．著者の経験をお話しします．

(1) 修正時にレジスタへの代入を `<=` ではなく，`=` にしてしまった

原因は，単なるブロッキング代入（＝）だったのですが，問題となった部分がブロック間でデータを受け渡ししているレジスタだったので，原因の特定にとても手間がかかりました．どうもデータが筒抜けになっているようだが，どうしてそうなるのか納得がいかず，ただ時間ばかりがすぎていきました．たった1箇所の＝で，これほど苦労するとは思いませんでした．

(2) 回路記述の修正と同時にシミュレーション用タスクを変更したら，結果はメロメロ

たまたま複雑なバグを修正したときのことです．ついでに前から気になっていたタスクを修正したのが運の尽きでした．内部レジスタへの書き込みを行っている基本タスクを修正した際に，ちょっとしたタイプ・ミスをしてしまいました．基本タスクなので，回路動作全体に影響します．いきなり不定値の連続で，動作しません．

しかも回路の修正が正しく行われなかったのだと思い込んでしまいました．もともと複雑な状況のバグだったので，動作を最初から追い直したり，別の入力を与えたシミュレーションを実施してみたり，あらゆる方向から検討し直しましたが，わかりません．ふと，タスクは大丈夫かなと気づき，一件落着しました．この苦労は何だったんだと悔やまれました．

＊

回路検証には冷静な目が必要です．思い込みをせず，つねに客観的な広い視野で物事を見るようにしましょう（これは著者への教訓でもある）．

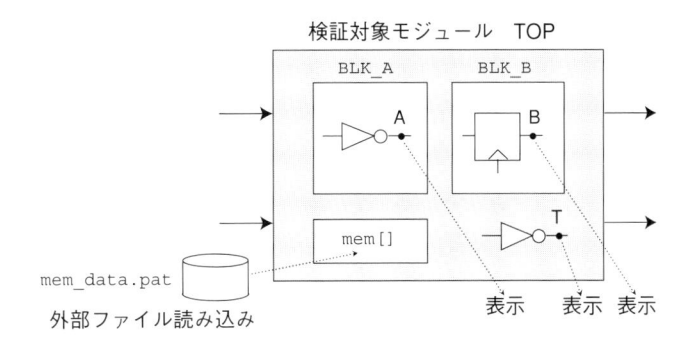

図7.32
階層アクセス

検証対象モジュール TOP 内の信号 T にアクセスしたければ，

　　TOP.T

さらに下のモジュール BLK_A 内の信号 A にアクセスしたければ，

　　TOP.BLK_A.A

と，最上位から順番に記述します．
　アクセスする信号が，メモリ（レジスタ配列）でも，

　　TOP.mem

と記述すれば，ファイルの読み出し/書き込みが行えます．

7.5.4　コンパイラ指示子

　C言語のプリプロセッサと同じように，シミュレーションの実行前のコンパイル時に，さまざまな処理を行うことができます．｀（バック・クォート）で始まるコンパイラ指示子で，コンパイル時の処理を指定します．代表的なコンパイラ指示子としては，

- ｀define
- ｀include
- ｀timescale
- ｀ifdef ～ ｀else ～ ｀endif

などがあります（図7.33）．
　テキスト置換｀define やファイル読み込み｀include は，C言語の#define や#include とほぼ同じ動作です．ただし，｀define で定義された文字列は，参照時にも｀（バッククォート）を付ける必要があります．
　図7.33の例に示すように，｀define には階層アクセス時の長いインスタンス名を定義しておくこ

図7.33
コンパイラ指示子

モジュール内外のいずれにも配置可能

`define　　テキスト置換
　　　　　　`define　A　lzc_top.lzc_addr
　　　　　　initial $monitor("dicptr=%h", `A.dicptr);

`include　　ファイル読み込み
　　　　　　`include "lzc_task"

`timescale　単位付け
　　　　　　`timescale　100ps/100ps
　　　　　　　　　　　　↑　　　↑
　　　　　　　1ユニットを100psに　丸めの精度を100psに

とで，表示用システム・タスク内の記述がスッキリします．また`includeでは，タスクや最上位のネットリスト記述，初期化のためのテスト入力などを別ファイルにまとめておき，さまざまなテスト記述の中で共通に読み込むといった使いかたが便利です．

　`timescaleは，シミュレーション時刻を実時間に単位付けするために用います．論理合成前のRTL記述の段階では，ゼロ遅延でシミュレーションを行うので，単位付けは必要ありませんでした．論理合成後のゲート・レベル・シミュレーションでは，シミュレーション用のゲート・ライブラリに実時間の単位付けがなされているため，シミュレーション記述でもこの`timescaleが必要になります．

　`timescaleでは，二つの値を付加します．それぞれ1シミュレーション・ユニットの実時間と，遅延計算上の丸め精度です．数値は，

　　1, 10, 100

のいずれか，単位は，

　　fs, ps, ns, us, ms, s

のいずれかです．

　　1ユニットの実時間≧丸め精度

である必要があります．これらは一般に，同じ値にしておきます．与える値は，使用するゲート・ライブラリ中に記されている値に合わせます．現実的には，1ps，10ps，100psなどの値が用いられています．

　コンパイラ指示子には，条件コンパイルもあります(図7.34)．<マクロ名>が定義されていれば<記述1>をコンパイルし，定義されていなければ<記述2>をコンパイルします．`elseと<記述2>を省略することも可能で，この場合`ifdefと`endifで囲うことになります．

　「マクロ名」の定義方法には以下の2種類があります．

(1) `**defineで定義**

　　`define TP1

のように`defineを使って定義できます．この場合，TP1に対してテキスト置換する対象がありま

図7.34 条件コンパイル

```
`ifdef <マクロ名>
    <記述1>
`else
    <記述2>
`endif
```

図7.35 条件コンパイルの利用

```
`ifdef TB1
    <テストベンチ1>
`endif
`ifdef TB2
    <テストベンチ2>
`endif
`ifdef TB3
    <テストベンチ3>
`endif
```

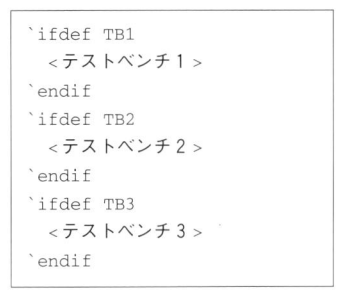

図7.36 コメント

```
//          1行コメント
            行末までコメント扱い
/*  ~  */   複数行コメント
            囲まれた範囲内がコメント扱い
```

複数行コメントのネスティングはできない

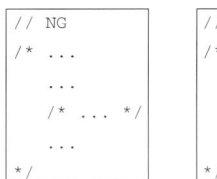

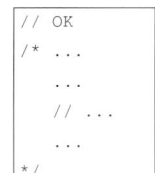

```
// NG              // OK
/* ...             /* ...
   ...                ...
   /* ... */          // ...
   ...                ...
*/                 */
```

せんが，TP1というマクロ名が定義されたことになります．

(2) **シミュレータの起動時に定義**

シミュレータ起動時にマクロ名を定義することができます．定義方法はシミュレータによって異なります．図7.35のように同じファイルの中に複数のテストベンチを含め，シミュレーション開始時に切り替えて実行することができます．

7.5.5 コメント

HDL設計のメリットの一つに，記述の中にふんだんにコメントを書けるという点があります．従来の回路図による設計の中でもコメントを付けられましたが，すべてが文字で表現されているHDLのほうが，コメント付加が容易で確実です．

コメントには2種類の記述があります(図7.36)．C++と同じです．//は1行コメント，/*~*/は複数行コメントです[注]．/*~*/のネスティングは行えません．

注：日本語のコメントも可能である．しかし，漢字コードは，/* ~ */内ではよくても，//タイプではエラーになるシミュレータがある．しかも，EUCはよくてもシフトJISではダメというものもある．

第8章 電子錠の拡張

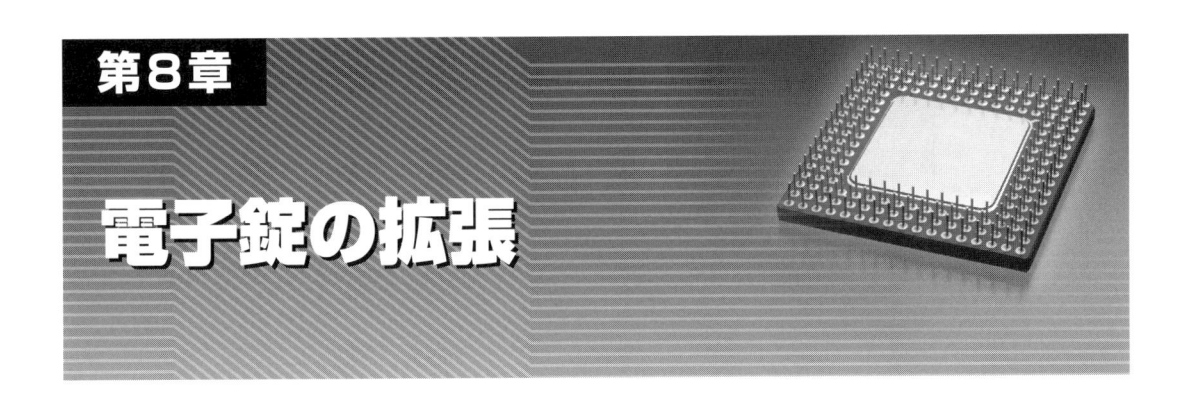

　回路記述の例として，第2章で紹介した電子錠の拡張を行ってみます．実用的にするため，「暗証番号を設定できるメモリ機能」，「7セグメントLEDによる表示機能」などを追加しました．そして汎用のFPGAボードを用いて，この回路を実現してみました．

8.1 回路仕様

　第2章で紹介した電子錠は暗証番号が決まっていたので，実用性はありませんでした．実際の電子錠は，利用開始時に暗証番号を設定でき，また入力確認のための表示機能も付いています．

●全体構成

　図8.1に拡張版電子錠の仕様を示します．10個の数値キーのほかに，暗証番号記憶キー(MEM)と，施錠のためのキー(CLS)があります．実際の電子錠では，施錠キーが扉の開閉ノブと連動しているものもあります．また，7セグメント表示は5けたあり，
- キー入力による数値
- 錠の状態

を表示します．

●操作仕様

　暗証番号の設定は，リセット後の初期状態でのみ行えます．一度設定すると，施錠と開錠しかできません．したがって，勝手に暗証番号を変えて開錠することはできません．リセット・スイッチは扉の内側にあり，開錠しているときしかリセットできないこととします．

　操作仕様を図8.1(b)に示します．初期状態では"----"を表示し，キー入力を待ちます．キー入力があれば，右のけたから電卓のようにシフトしながら表示します．最後に入力した4けたを表示して，超えた分は順次消えます．なお，4秒間入力がないと表示をすべて"----"にして，初期状態に戻ります．4けた入力後，4秒以内にMEMキーを押せば，暗証番号を設定して開錠状態("OPEN"表示)になります．"N"は小文字の"n"の形で代用します．

　CLSキーにより施錠し，"CLOSE"を表示します．アルファベットの"O"と"S"は，数字の"0"と

図8.1
拡張版電子錠の仕様

(a) 操作パネル

- 初期状態
- 記憶用暗証番号を入力中　5 9 6
- 記憶用暗証番号4けたを入力　3
- 暗証番号を記憶　MEM
- 施錠　CLS
- 開錠用暗証番号を入力中　5 9 6
- 暗証番号4けた目を入力し，一致　3

4秒間無入力

4秒間無入力

開錠

0.5秒間点滅

(b) キー入力と表示

"5"と同じセグメントを点灯しています．開錠のために暗証番号を入力し，最後に入力した4けたが一致すれば，全けたを0.5秒間点滅し，開錠します．暗証番号入力中に4秒間入力がないと，入力した値は捨てられ，施錠直後の状態になります．

●設計仕様

設計仕様を図8.2に示します．端子機能(図8.2(a))は，第2章の回路から大幅に追加しています．テンキーは独立したスイッチではなく，3行4列のマトリックスの交点をON/OFFする構成になっています．したがって，12個のキーに対して，3ビットの出力`rowout`と4ビットの入力`colin`を接続します．7セグメント表示は，ダイナミック点灯方式を用いています．5けたの表示に対して，7ビットの`segment`と5ビットの`common`を接続しています．

供給するクロック`orgclk`は49.195MHzです．また，リセット入力`reset`は，内部の全フリップフロップ(FF)に接続した非同期リセット信号です．回路の初期化のためだけに使います．

なお，すべての信号はハイ・アクティブ('1'で動作)としました．

●ブロック構成

本回路は四つのブロックから構成されています(図8.2(b))．最終的にFPGAボードで動作を確認しましたが，ほかのボードに移植することを考慮して，以下のように回路ブロックを構成しました．
- 電子錠本体(`elelock`)
- クロック生成部(`clkgen`)
- キー入力部(`keyscan`)

図8.2 拡張版電子錠の設計仕様

信号名	方向	機　能	信号名	方向	機　能
orgclk	入力	クロック(49.152MHz)	common[4:0]	出力	7セグメント表示のコモン
reset	入力	リセット	segment[6:0]	出力	7セグメント表示のセグメント
colin[3:0]	入力	キー・マトリックス入力	sw[2:0]	入力	テスト用スイッチ入力
rowout[2:0]	出力	キー・マトリックス出力	state[2:0]	出力	テスト用ステート出力
lock	出力	電子錠出力	regout[3:0]	出力	テスト用レジスタ出力

(a) 端子機能

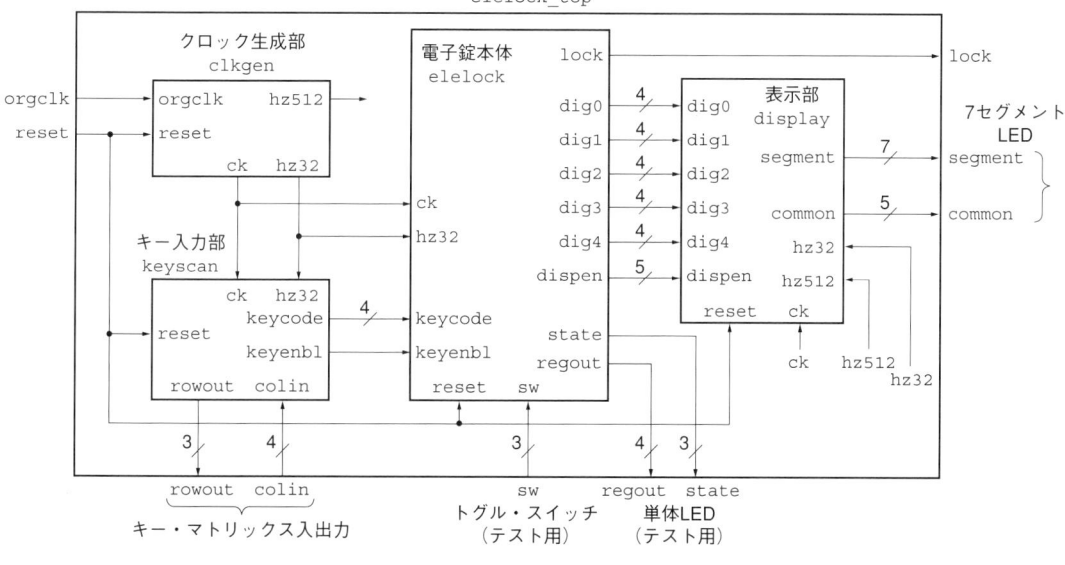

(b) ブロック図

- 表示部(display)

● テスト用入出力

FPGAボードに接続されているトグル・スイッチと単体のLEDを使って，テスト用の入出力を追加しました．内部レジスタやステート・レジスタの表示に使っています．

8.2 クロック生成部

クロック生成部では，FPGAボード上で供給されているクロック(49.192MHz)を分周して，本回路のシステム・クロックである32,768Hzを作成しています．回路動作としては500Hz程度の周波数で十分ですが，ディジタル・ウォッチなどで多用されているこの周波数を選びました．

● 回路構成とHDL記述

ブロック図とタイミング・チャートを図8.3に示します．ボード上のクロック49.195MHzを750分

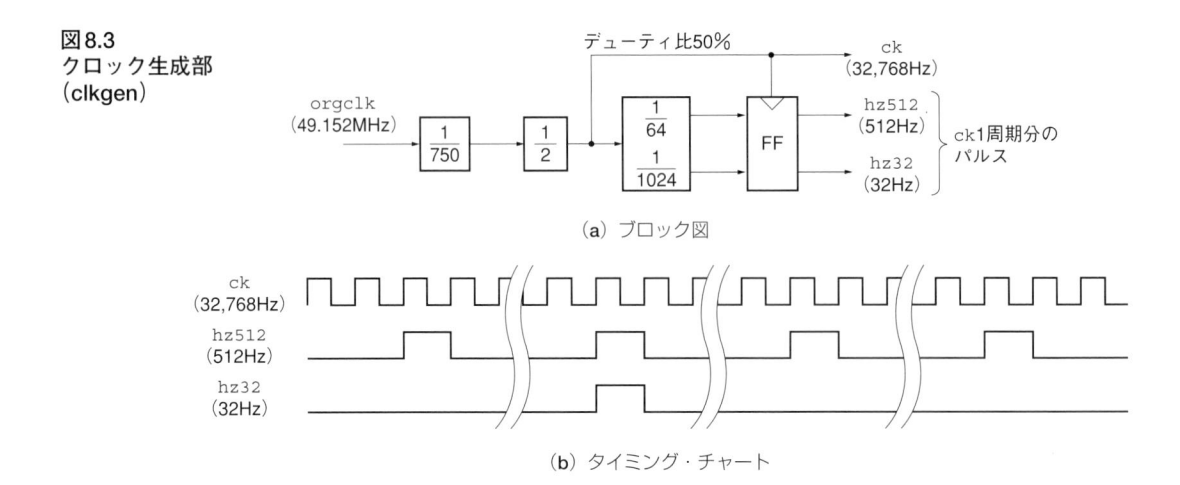

図8.3
クロック生成部
(clkgen)

(a) ブロック図

(b) タイミング・チャート

周および2分周して，デューティ比が50%の32,768Hzを得ています．さらに，各ブロックで使う512Hzと32Hzの信号を作成しています．これらの信号は，システム・クロックckの1周期分のパルスです．本回路は同期回路システムで設計するので，各種制御信号はすべて，システム・クロックの1周期のパルスとします（図8.3(b)）．

記述をリスト8.1に示します．10ビットのカウンタcntで，初段の750分周を行っています．さらにこれを2分周して，デューティ比が50%のシステム・クロックckを作成しています．システム・クロックを作成するまでの順序回路では，ボードのクロック（orgclk：49.152MHz）をクロックとして記述しています．その後のカウンタでは，システム・クロックckをクロックとしています．記述のうえではalways文のイベント式に記述した信号名の違いでしかありませんが，回路構成上は大きな差があります．どちらのクロックで駆動しているかは重要です．

8.3 キー入力部

マトリックス構成のキー回路を制御して，キー・コードとキー入力検出信号を得る回路です．多くのキー入力を必要とする場合，配線本数を減らすためにマトリックス方式のキー入力回路を用います．キー入力を行単位または列単位で順次読み取ることで，すべてのキーの状態を認識することができます．

●キー・マトリックスの回路

本回路で必要なキーは12個ですが，実現するFPGAボードには，4×4の16個のキーが格子状に並んで接続されています（図8.4）．nCOLIN1～nCOLIN4の4ビットに，1行分の4個のキー状態を読み出せます．読み出す行を指定するのがnROWOUT1～nROWOUT4です．この信号を順番に0にし，それに合わせてnCOLIN1～nCOLIN4を読み出すことで，16個のキーの状態を判別できます．この動作をキー・スキャンと呼びます．なお，回路に含まれるダイオードは，nROWOUTを駆動するバッファのショートを防ぐために入れてあります．これがない場合，上下方向のキーを同時に押したときにバッファの出力間がショートして，過大電流が流れる危険があります．

リスト8.1　クロック生成部

```
/* クロック生成部 */

module clkgen( orgclk, reset, ck, hz512, hz32 );
input    orgclk;      /* 49.152MHz                  */
input    reset;       /* リセット入力               */
output   ck;          /* システム・クロック 32768Hz */
output   hz512;       /* 512Hz                      */
output   hz32;        /* 32Hz                       */

/* システム・クロック (32768Hz) 作成 */
reg             ck;
reg      [9:0]  cnt;

wire     hz64k = ( cnt==10'd750-1 );

always @( posedge orgclk or posedge reset ) begin
    if ( reset )
        cnt <= 10'h000;
    else if ( hz64k )
        cnt <= 10'h000;
    else
        cnt <= cnt + 10'h001;
end

/* 2分周してデューティ比を50%にする */
always @( posedge orgclk or posedge reset ) begin
    if ( reset )
        ck <= 1'b0;
    else if ( hz64k )
        ck <= ~ck;
end


/* 512Hzおよび32Hz作成 */
reg      [9:0]  cnt2;
reg             hz512, hz32;

always @( posedge ck or posedge reset ) begin
    if ( reset )
        cnt2 <= 10'h000;
    else
        cnt2 <= cnt2 + 10'h001;
end

always @( posedge ck or posedge reset ) begin
    if ( reset ) begin
        hz512 <= 1'b0;
        hz32  <= 1'b0;
    end
    else begin
        hz512 <= (cnt2[5:0]== 6'h3f);
        hz32  <= (cnt2    ==10'h3ff);
    end
end

endmodule
```

図8.4
キー・マトリックス回路

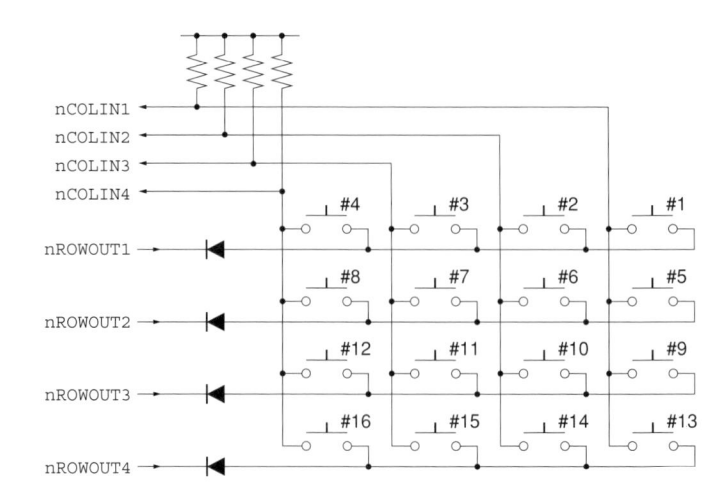

- nROWOUT1〜nROWOUT4を順番に'0'にする（同時に0にしない）
- nCOLIN1〜nCOLIN4を読み出せば，1行分のキー状態を読み込める
- 2キーを同時に押しても，判別可能

図8.5
キー・スキャンのタイミング

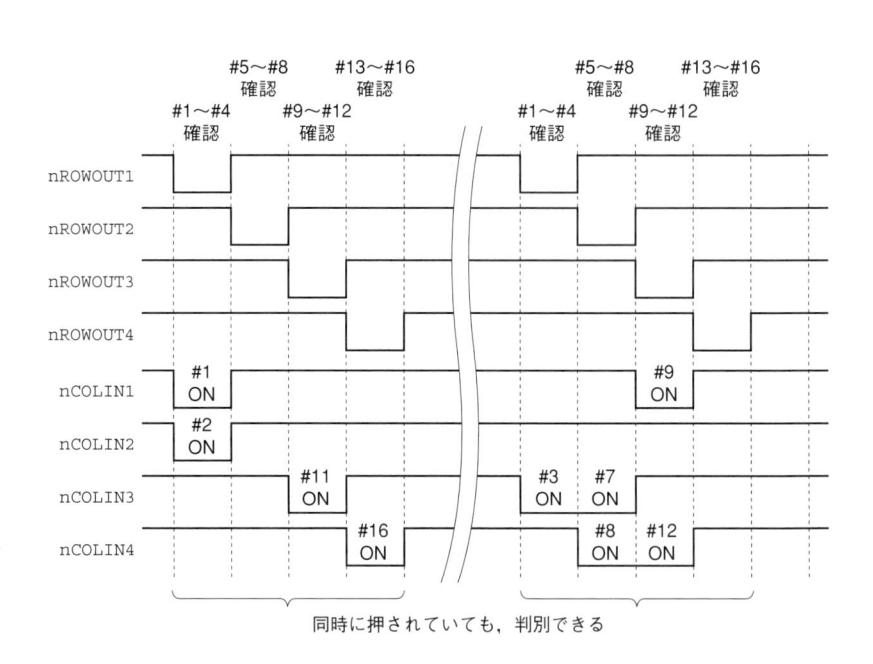

●キー・スキャン

制御タイミングを**図8.5**に示します．FPGAに接続したキー・マトリックスの信号は，すべてロー・アクティブです．電子錠の回路はハイ・アクティブで設計していますが，最終的にFPGA化する際に，インバータを接続しています．

nROWOUTを0にして，対応する1行を読み取ります．これを4行分繰り返します．多数のキーが同時に押されていても認識できます．キー・スキャンは数十Hz程度の低速で十分です．人間のキー入力速度を判別できれば良いからです．

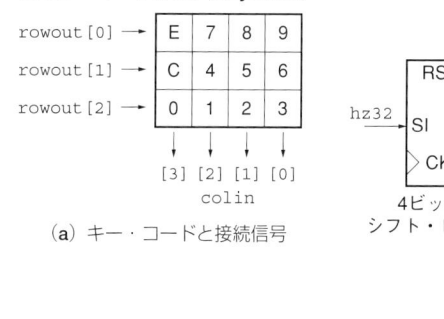

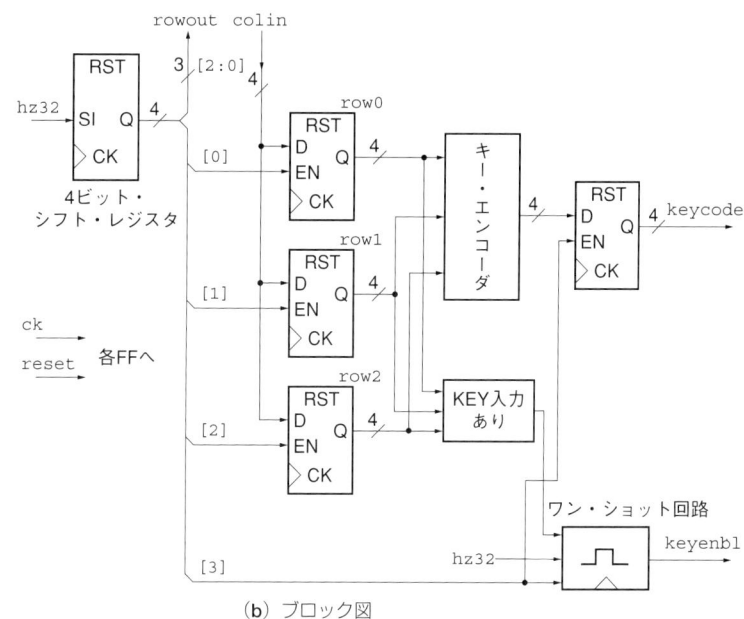

図8.6 キー入力部(keyscan)

(a) キー・コードと接続信号

(b) ブロック図

●キー入力部の構成

本回路で実現するキー入力部の仕様を**図8.6**(a)に示します．3×4の12個のキーに対して，図のようにキー・コード(16進数)を割り当てます．CはCLSキー，EはMEMキーです．rowoutとcolinはそれぞれハイ・アクティブの信号です．

図8.6(b)にブロック図を示します．32Hzの信号hz32をトリガとして，キー・スキャンを開始します．4ビットのシフト・レジスタを用いてhz32を1クロックずつ遅らせた信号を作り，これをキー・マトリックスの駆動信号rowoutとしています．rowoutの各ビットを '1' にすると同時に，キー出力colinを読み込み，row0～row2の各FFに取り込みます．すべてのキーの状態が，いったんFFに保持されることになります注．キー・エンコード回路により，このFFの出力をキー・コードに変換して出力します．キー・コードの保持をシフト・レジスタの4ビット目の信号で行い(keycode)，さらにキーの有無を検出してkeyenblに出力します．

●キー入力部のタイミング

タイミング・チャートを**図8.7**に示します．4ビットのシフト・レジスタの下位3ビットsftreg[2:0]をrowoutに接続します．この信号をイネーブル信号としてcolin入力の値をrow0～row2へ順次取り込みます．シフト・レジスタの最上位ビットsftreg[3]でkeycode出力を確定させます．同時にワン・ショット回路のke1, ke2レジスタをアクティブにして，keyenblを作成し

注：この方式では，すべてのキーの状態を一度FFに保持するので，パソコンのキーボードのように100個以上もキーがあると，大量のFFが必要になる．キー・スキャンしながらそのつどキー・コードを発生して保持すれば，使用するFFの量は減るが，回路が複雑になる．実際に記述してみたが，キーが12個程度なら本書の方式で十分である．

図8.7 キー入力部タイミング

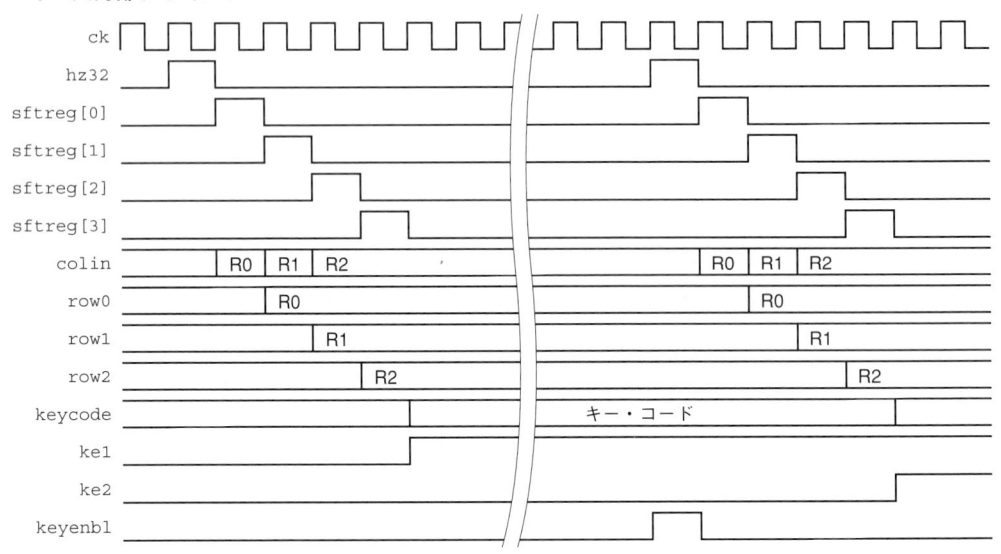

```
ck
hz32
sftreg[0]
sftreg[1]
sftreg[2]
sftreg[3]
colin       R0 R1 R2         R0 R1 R2
row0        R0               R0
row1          R1              R1
row2            R2              R2
keycode                  キー・コード
ke1
ke2
keyenbl
```

ています．

　キー・スキャンはhz32信号によって開始するので，キー・スキャンの周波数は32Hzになります．チャタリング除去のためにも妥当な周波数です．

● HDL記述

　キー入力部の記述をリスト8.2に示します．ブロック図（図8.6(b)）に忠実であり，特別な記述はありません．一つだけ補足すると，キー・エンコードは優先順位付きの回路にしました．仕様では細かく決めていませんでしたが，複数のキーを同時押ししたときには，上側および右側を優先しました．これにより，同時押しによって無関係な数値が入力されてしまう危険を防いでいます．

　キー・エンコードの記述の中で，row0のLSBから順次比較して，キー・コードを決めています．if～elseによって優先順位を表現しています．

8.4　電子錠本体

　第2章の回路では暗証番号が固定でした．暗証番号を設定するためには，暗証番号を記憶するレジスタだけでなく，電子錠の状態（暗証番号の設定中，施錠，開錠など）を遷移させるステート・マシンも必要になります．クロックやキー入力があらかじめ用意されていたとしても，回路は複雑になります．

● 全体構成

　電子錠本体のブロック図を図8.8に示します．各ブロックの概略は以下のようになっています．
- 暗証番号レジスタ……暗証番号を保持する
- キー入力レジスタ……数値キーのキー・コードを，入力した順に保持する

リスト 8.2　テン・キー入力部

```verilog
/* テン・キー入力部 */

module keyscan( ck, reset, hz32, colin, rowout, keycode, keyenbl );
input           ck;         /* システム・クロック 32768Hz */
input           reset;      /* リセット入力              */
input           hz32;       /* 32Hz                      */
input   [3:0]   colin;      /* キー・マトリックス入力    */
output  [2:0]   rowout;     /* キー・マトリックス出力    */
output  [3:0]   keycode;    /* キー・コード              */
output          keyenbl;    /* キー入力有効              */

reg     [3:0]   keycode;

/* キー・スキャン用の4ビット・シフト・レジスタ */
reg     [3:0]   sftreg;

always @( posedge ck or posedge reset ) begin
    if ( reset )
        sftreg <= 4'h0;
    else
        sftreg <= {sftreg[2:0], hz32};
end

/* シフト・レジスタの下位3ビットをキー・スキャンに利用 */
assign rowout = sftreg[2:0];

/* 各キーのON/OFF保持用レジスタ */
reg     [3:0]   row0, row1, row2;

/* 1行目保持 */
always @( posedge ck or posedge reset ) begin
    if ( reset )
        row0 <= 4'h0;
    else if ( sftreg[0] )
        row0 <= colin;
end

/* 2行目保持 */
always @( posedge ck or posedge reset ) begin
    if ( reset )
        row1 <= 4'h0;
    else if ( sftreg[1] )
        row1 <= colin;
end

/* 3行目保持 */
always @( posedge ck or posedge reset ) begin
    if ( reset )
        row2 <= 4'h0;
    else if ( sftreg[2] )
        row2 <= colin;
end

/* キー・エンコード */
reg     [3:0]   keyenc;
```

```
always @( row0 or row1 or row2 ) begin
    if ( row0[0] )
        keyenc <= 4'h9;
    else if ( row0[1] )
        keyenc <= 4'h8;
    else if ( row0[2] )
        keyenc <= 4'h7;
    else if ( row0[3] )
        keyenc <= 4'he;
    else if ( row1[0] )
        keyenc <= 4'h6;
    else if ( row1[1] )
        keyenc <= 4'h5;
    else if ( row1[2] )
        keyenc <= 4'h4;
    else if ( row1[3] )
        keyenc <= 4'hc;
    else if ( row2[0] )
        keyenc <= 4'h3;
    else if ( row2[1] )
        keyenc <= 4'h2;
    else if ( row2[2] )
        keyenc <= 4'h1;
    else if ( row2[3] )
        keyenc <= 4'h0;
    else
        keyenc <= 4'hf;
end


/* keycode出力作成 */
always @( posedge ck or posedge reset ) begin
    if ( reset )
        keycode <= 4'h0;
    else if ( sftreg[3] )
        keycode <= keyenc;
end


/* チャタリング除去およびkeyenbl出力作成 */
reg     ke1, ke2;

always @(  posedge ck or posedge reset ) begin
    if ( reset ) begin
        ke1 <= 1'b0;
        ke2 <= 1'b0;
    end
    else if ( sftreg[3] ) begin
        ke2 <= ke1;
        ke1 <= |(row0 | row1 | row2);
    end
end

assign keyenbl = ke1 & ~ke2 & hz32;

endmodule
```

図8.8 電子錠本体（elelock）ブロック図

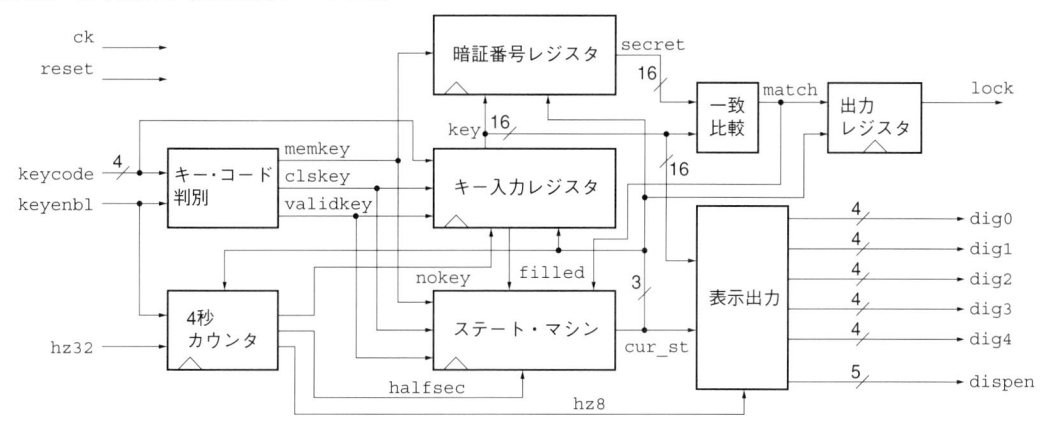

- ステート・マシン……電子錠本体の制御
- キー・コード判別……数値キーと制御キー（MEMキー，CLSキー）の判別
- 4秒カウンタ……4秒間の無入力状態検出，および暗証番号一致時の点滅表示タイミング作成
- 一致比較，出力レジスタ……記憶した暗証番号とキー入力の一致を判別して出力
- 表示出力……各表示けた出力と，各けたの表示/非表示

次に，この中の主要なブロックについて説明します．

●ステート・マシン

図8.1の表示例に示したように，拡張版の電子錠にはさまざまな状態（ステート）があります．この状態の遷移を回路で表現したものがステート・マシンです．本回路では6個のステートを用意しました（図8.9(a)）．電子錠の出力としては開錠（OPEN）と施錠（CLOSE）の2ステートだけあればよいことになりますが，暗証番号を設定したり，暗証番号が一致したときに点滅表示するなどのステートも必要となります．

これらのステートは図8.9(b)に示した状態遷移図にしたがって動作します．矢印に添えた信号がアクティブになれば，次のステートに移動します．どの信号もアクティブになっていない場合は，ループの矢印先に移動，つまり同じ状態を保持します．

状態遷移に使用するこれらの信号を図8.9(c)に示します．この中でfilledは，4けた入力されたときにアクティブになる信号です．4けた以上入力したときは，最後に入力した4けたを保持しています．しかし，4けたに満たない場合は，そのまま暗証番号として設定できない仕様としました．したがって，暗証番号の設定にはfilledがアクティブである必要があります．

●暗証番号レジスタとキー入力レジスタのHDL記述

電子錠本体の記述をリスト8.3に示します．主要な部分について解説します．

キー入力レジスタ（key）および暗証番号レジスタ（secret）は，それぞれ4ビット×4本のレジスタです．メモリと同じレジスタ配列で宣言しています．どちらのレジスタも初期状態とリセット時には全ビットを'1'にしています．キー・コードは0000(0)～1001(9)と1100(CLS)，1110(MEM)の

図8.9 ステート・マシン

ステート名	機能	表示
HALT	リセット後の初期状態	----
MEMNUMIN	記憶用暗証番号を入力中	キー入力値
OPENST	開錠（暗証番号設定済み）	OPEn
CLOSE	施錠	CLOSE
SECNUMIN	開錠用暗証番号を入力中	キー入力値
MATCHDSP	暗証番号が一致	暗証番号点滅

(a) ステート名と機能

信号名	意味
validkey	0〜9の数値キーが押された
nokey	4秒間キー入力がない
memkey	MEMキーが押された
filled	4けた入力されている
clskey	CLSキーが押された
match	暗証番号が一致
halfsec	0.5秒経過した

(c) 状態遷移に必要な信号

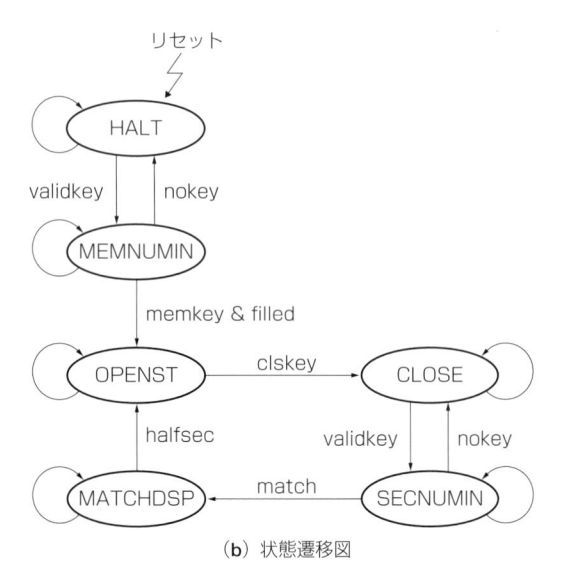

(b) 状態遷移図

リスト8.3 電子錠本体

```
/* 拡張版電子錠本体 */

module elelock( ck, reset, hz32, keycode, keyenbl, lock,
                dig4, dig3, dig2, dig1, dig0, dispen, sw, state, regout );
    input              ck;        /* システム・クロック 32768Hz      */
    input              reset;     /* リセット入力                    */
    input              hz32;      /* 32Hz                            */
    input    [3:0]     keycode;   /* キー・コード                    */
    input              keyenbl;   /* キー入力有効                    */
    output             lock;      /* 錠出力                          */
    output   [3:0]     dig4, dig3, dig2, dig1, dig0;  /* 各けた表示出力 */
    output   [4:0]     dispen;    /* けたごとの表示制御              */
    input    [2:0]     sw;        /* スイッチ入力（デバッグ用）      */
    output   [2:0]     state;     /* ステート出力（デバッグ用）      */
    output   [3:0]     regout;    /* レジスタ出力（デバッグ用）      */
/* ステート値 */
parameter HALT=3'h0, MEMNUMIN=3'h1, OPENST=3'h2, CLOSE=3'h3,
          SECNUMIN=3'h4, MATCHDSP=3'h5;

    reg      [2:0]     cur_st;    /* ステート・レジスタ */
    reg      [2:0]     next_st;   /* ステート生成回路 */

    wire     memkey   = (keycode==4'he) && keyenbl;  /* メモリ・キー入力  */
    wire     clskey   = (keycode==4'hc) && keyenbl;  /* クローズ・キー入力 */
    wire     validkey = (keycode<=4'h9) && keyenbl;  /* 数値キー入力       */

/* 4秒カウンタ */
    reg      [6:0]     sec4;

    always @( posedge ck or posedge reset ) begin
        if ( reset )
            sec4 <= 7'h00;
```

```verilog
        else if ( keyenbl && (cur_st!=MATCHDSP) )
            sec4 <= 7'h00;
        else if ( hz32 )
            sec4 <= sec4 + 7'h01;
end

wire    nokey   = (sec4      ==7'h7f);   /* 4秒間キー入力なし */
wire    halfsec = (sec4[3:0]==4'hf);
wire    hz8     = sec4[1];

wire    filled, match;

/* ステート・レジスタ */
always @( posedge ck or posedge reset ) begin
    if ( reset )
        cur_st <= HALT;
    else
        cur_st <= next_st;
end

/* ステート生成回路 */
always@ ( cur_st or validkey or filled or nokey or clskey or memkey
            or match or halfsec )
begin
    case ( cur_st )
        HALT:       if ( validkey )
                        next_st <= MEMNUMIN;
                    else
                        next_st <= HALT;
        MEMNUMIN:   if ( memkey && filled )
                        next_st <= OPENST;
                    else if ( nokey )
                        next_st <= HALT;
                    else
                        next_st <= MEMNUMIN;
        OPENST:     if ( clskey )
                        next_st <= CLOSE;
                    else
                        next_st <= OPENST;
        CLOSE:      if ( validkey )
                        next_st <= SECNUMIN;
                    else
                        next_st <= CLOSE;
        SECNUMIN:   if ( match )
                        next_st <= MATCHDSP;
                    else if ( nokey )
                        next_st <= CLOSE;
                    else
                        next_st <= SECNUMIN;
        MATCHDSP:   if ( halfsec )
                        next_st <= OPENST;
                    else
                        next_st <= MATCHDSP;
        default:    next_st <= HALT;
    endcase
end

/* キー入力レジスタ */
reg     [3:0]   key [0:3];
```

```verilog
always @( posedge ck or posedge reset ) begin
    if ( reset ) begin
        key[3]   <= 4'b1111;
        key[2]   <= 4'b1111;
        key[1]   <= 4'b1111;
        key[0]   <= 4'b1111;
    end
    else if ( ((cur_st==MEMNUMIN || cur_st==SECNUMIN) && nokey) ||
              (cur_st==OPENST && clskey) ) begin
        key[3]   <= 4'b1111;
        key[2]   <= 4'b1111;
        key[1]   <= 4'b1111;
        key[0]   <= 4'b1111;
    end
    else if ( validkey && (cur_st!=MATCHDSP) ) begin
        key[3]   <= key[2];
        key[2]   <= key[1];
        key[1]   <= key[0];
        key[0]   <= keycode;
    end
end

/* 4けた入力済み */
assign filled = (key[3]!=4'hf);

/* 暗証番号レジスタ */
reg      [3:0]    secret [0:3];
wire              mem_set;
assign mem_set = filled && (cur_st==MEMNUMIN) && memkey;

always @( posedge ck or posedge reset ) begin
    if ( reset ) begin
        secret[3]   <= 4'b1111;
        secret[2]   <= 4'b1111;
        secret[1]   <= 4'b1111;
        secret[0]   <= 4'b1111;
    end
    else if ( mem_set ) begin
        secret[3]   <= key[3];
        secret[2]   <= key[2];
        secret[1]   <= key[1];
        secret[0]   <= key[0];
    end
end

/* 暗証番号一致信号 */
assign match = (key[0]==secret[0]) && (key[1]==secret[1])
            && (key[2]==secret[2]) && (key[3]==secret[3]);

/* 電子錠出力 */
reg              lock;
always @( posedge ck or posedge reset ) begin
    if ( reset )
        lock <= 1'b0;
    else if ( cur_st==CLOSE )
        lock <= 1'b1;
    else if ( match == 1'b1 )
        lock <= 1'b0;
```

```verilog
        end

    /* 表示出力 */
    reg     [3:0]   dig4, dig3, dig2, dig1, dig0;
    reg     [4:0]   dispen;

    wire    [4:0]   numdisp = {1'b0, (key[3]!=4'hf), (key[2]!=4'hf),
                                     (key[1]!=4'hf), 1'b1};

    always @( cur_st or key[3] or key[2] or key[1] or key[0] or numdisp or hz8 )
    begin
        case ( cur_st )
            HALT:       begin
                            dispen <= 5'b01111;
                            dig4 <= 4'h0; dig3 <= 4'ha; dig2 <= 4'ha;
                            dig1 <= 4'ha; dig0 <= 4'ha;
                        end
            MEMNUMIN:   begin
                            dispen <= numdisp;
                            dig4 <= 4'h0; dig3 <= key[3]; dig2 <= key[2];
                            dig1 <= key[1]; dig0 <= key[0];
                        end
            OPENST:     begin
                            dispen <= 5'b01111;
                            dig4 <= 4'h0; dig3 <= 4'h0; dig2 <= 4'hf;
                            dig1 <= 4'he; dig0 <= 4'hd;
                        end
            CLOSE:      begin
                            dispen <= 5'b11111;
                            dig4 <= 4'hc; dig3 <= 4'hb; dig2 <= 4'h0;
                            dig1 <= 4'h5; dig0 <= 4'he;
                        end
            SECNUMIN:   begin
                            dispen <= numdisp;
                            dig4 <= 4'h0; dig3 <= key[3]; dig2 <= key[2];
                            dig1 <= key[1]; dig0 <= key[0];
                        end
            MATCHDSP:   begin
                            if ( hz8 )
                                dispen <= numdisp;
                            else
                                dispen <= 5'b00000;
                            dig4 <= 4'h0; dig3 <= key[3]; dig2 <= key[2];
                            dig1 <= key[1]; dig0 <= key[0];
                        end
            default:    begin
                            dispen <= 5'b01111;
                            dig4 <= 4'h0; dig3 <= 4'ha; dig2 <= 4'ha;
                            dig1 <= 4'ha; dig0 <= 4'ha;
                        end
        endcase
    end

    /* 内部信号表示（デバッグ用） */
    assign regout = (sw[2]==1'b1) ? secret[sw[1:0]]: key[sw[1:0]];
    assign state  = cur_st;

endmodule
```

12種類なので，全ビットが'1'の場合にはキー入力がないことを示しています．したがって，先ほどのfilledの信号は，keyレジスタの4本目(key[3])の全ビットが'1'でなければアクティブになります．キー入力レジスタは，キー入力を受け付けるステートのときに0～9のキーが入力されれば，キー・コードをkey[0]に保持し，key[3]の方向にシフトします．

暗証番号レジスタ(secret[0]～secret[3])には，ステートMEMNUMINのときにMEMキーが入力されれば，key[0]～key[3]の値を記憶します．このときkeyとsecretが一致するので，両レジスタの一致比較信号matchがアクティブになりますが，もともと開錠しているので問題ありません．CLSキー入力によりkeyレジスタが'1'にリセットされ，不一致状態になります．

● ステート・マシンのHDL記述

ステート・マシンはシンプルな記述になっています．ステート・レジスタはcur_st，ステート生成回路の出力はnext_stです．ともに3ビットでレジスタ宣言していますが，cur_stはFFの，next_stは組み合わせ回路の出力になります．図8.9(b)の状態遷移図にしたがってnext_stを作成しています．

● 表示出力のHDL記述

各表示けた出力dig0～dig4と，各けたの表示/非表示出力dispenを，一つのalways文で作成しています．ステートに応じた表示出力となるため，case文で分岐し，これらの信号に対して必要な値を代入しています．キー入力中はkeyレジスタの値を，ステートOPENSTやステートCLOSEでは文字表示のための固定値を代入しています．

キー入力が4けたに満たない場合は該当するkeyレジスタの値が全ビット'1'なので，dispenの該当するビットを'0'にして非表示としています．

8.5 表示部

表示部は，5けたの7セグメントLEDを駆動する回路です．これはダイナミック点灯方式の回路です．1けたずつ個別に駆動するのではなく，各けたのセグメント信号を共通に接続し，コモン信号で表示を制御します．

● 表示仕様と回路構成

7セグメントLEDの各セグメントの名称は図8.10(a)に示すとおりです．表示コードと表示内容は，図8.10(b)のように対応しています．"OPEn"や"CLOSE"などの表示に使う文字も含めて，16通りのすべてを割り当てています．非表示は，対応するコモン側の信号を非アクティブにすることで実現しています．

回路構造は，図8.10(c)に示すようにシンプルです．5ビットのリング・カウンタでコモン信号の元を作り，この信号でセグメント側を選択します．7セグメント・デコーダを通じてセグメント出力を得ています．各けたの表示/非表示制御信号dispenとリング・カウンタ出力のANDをとることで，コモン信号を作成しています．表示部のタイミングを図8.11に示します．common[0]やdig0のように，数値の小さいほうが右側のけたになります．

図8.10 表示部(display)

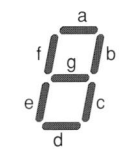

(a) セグメント名称

(b) セグメント・デコーダ仕様

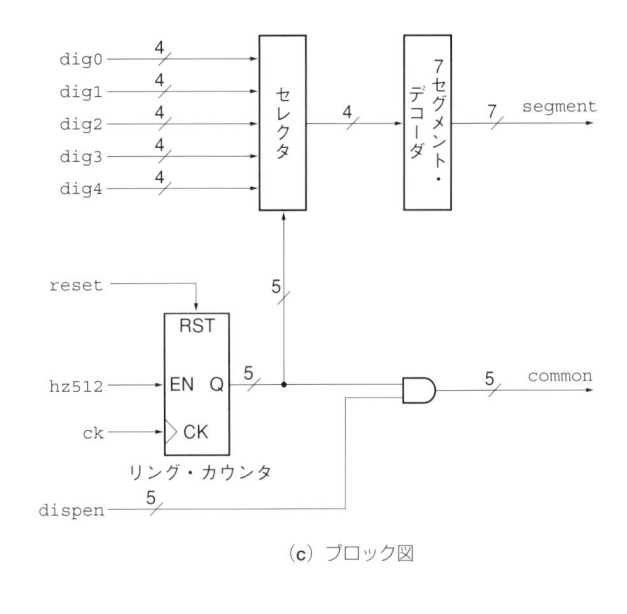

[3]	[2]	[1]	[0]		a	b	c	d	e	f	g
0	0	0	0	0	1	1	1	1	1	1	0
0	0	0	1	1	0	1	1	0	0	0	0
0	0	1	0	2	1	1	0	1	1	0	1
0	0	1	1	3	1	1	1	1	0	0	1
0	1	0	0	4	0	1	1	0	0	1	1
0	1	0	1	5	1	0	1	1	0	1	1
0	1	1	0	6	1	0	1	1	1	1	1
0	1	1	1	7	1	1	1	0	0	1	0
1	0	0	0	8	1	1	1	1	1	1	1
1	0	0	1	9	1	1	1	1	0	1	1
1	0	1	0	-	0	0	0	0	0	0	1
1	0	1	1	L	0	0	0	1	1	1	0
1	1	0	0	C	1	0	0	1	1	1	0
1	1	0	1	n	0	0	1	0	1	0	1
1	1	1	0	E	1	0	0	1	1	1	1
1	1	1	1	P	1	1	0	0	1	1	1

(c) ブロック図

図8.11 表示部タイミング

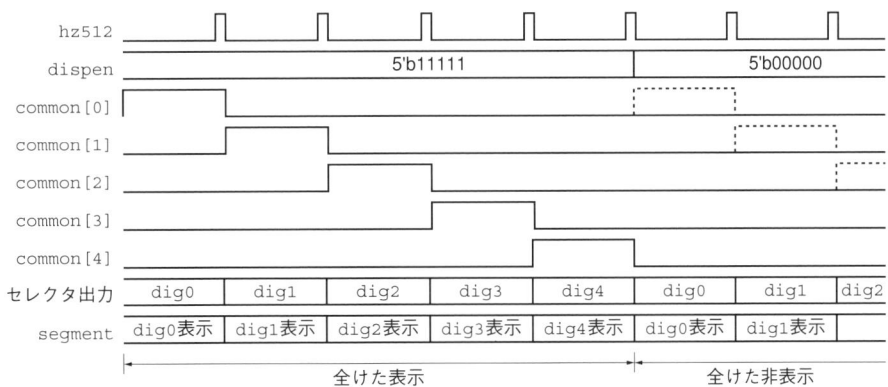

● HDL 記述

回路記述を**リスト8.4**に示します．リング・カウンタは512Hzで動作します．5けたあるので，フレーム周波数は約100Hzとなります．この程度の周波数だと，フリッカ（ちらつき）もありません．さらに7セグメント・デコーダを`function`で作成し，セグメント出力を作成するセレクタの中で呼び出しています．

● 最上位階層のHDL記述

以上の4ブロックを接続している最上位階層が`elelock_top`です．図8.2に示した構造になってい

リスト8.4　表示部

```verilog
/* 表示部 */

module display( ck, reset, hz512, dig4, dig3, dig2, dig1, dig0,
                dispen, common, segment );
input               ck;         /* システム・クロック 32768Hz     */
input               reset;      /* リセット入力                    */
input               hz512;      /* 512Hz                          */
input       [3:0]   dig4, dig3, dig2, dig1, dig0;  /* 各けた表示入力 */
input       [4:0]   dispen;     /* けたごとの表示制御              */
output      [4:0]   common;     /* 7セグメントLEDのコモン信号      */
output      [6:0]   segment;    /* 7セグメントLEDのセグメント信号  */

/* 表示用リング・カウンタ */
reg         [3:0]   cnt;
wire        [4:0]   ring = { cnt, ~|cnt };

always @( posedge ck or posedge reset ) begin
    if ( reset )
        cnt <= 4'h0;
    else if ( hz512 )
        cnt <= ring[3:0];
end

assign common = ring & dispen;

/* 7セグメント・デコーダ */
function [6:0] segdec;
input [3:0] din;
begin
    case ( din )
        4'h0    : segdec = 7'b1111110;
        4'h1    : segdec = 7'b0110000;
        4'h2    : segdec = 7'b1101101;
        4'h3    : segdec = 7'b1111001;
        4'h4    : segdec = 7'b0110011;
        4'h5    : segdec = 7'b1011011;
        4'h6    : segdec = 7'b1011111;
        4'h7    : segdec = 7'b1110010;
        4'h8    : segdec = 7'b1111111;
        4'h9    : segdec = 7'b1111011;
        4'ha    : segdec = 7'b0000001;  // '-'
        4'hb    : segdec = 7'b0001110;  // 'L'
        4'hc    : segdec = 7'b1001110;  // 'C'
        4'hd    : segdec = 7'b0010101;  // 'n'
        4'he    : segdec = 7'b1001111;  // 'E'
        4'hf    : segdec = 7'b1100111;  // 'P'
        default : segdec = 7'bxxxxxxx;
    endcase
end
endfunction

/* セグメント出力 */
reg         [6:0]   segment;
```

```
always @( common or dig4 or dig3 or dig2 or dig1 or dig0 ) begin
    case ( common )
        5'b00001: segment <= segdec(dig0);
        5'b00010: segment <= segdec(dig1);
        5'b00100: segment <= segdec(dig2);
        5'b01000: segment <= segdec(dig3);
        5'b10000: segment <= segdec(dig4);
        default:  segment <= 7'bxxxxxxx;
    endcase
end

endmodule
```

■コラムP■ 厳密より現実 ～セット/リセット付きD-FFは正確に表現できない～

セット/リセット付きD-FFをVerilog HDLで記述すると，図P(a)のようになります．各信号の優先順位は，

リセット ＞ セット ＞ クロック

とします．論理合成を行えば，所望のセット/リセット付きD-FFを生成できます．

しかし，この記述は動作が完全ではありません．リセット入力とセット入力が同時にアクティブになった後，リセットだけ解除した瞬間を考えてみます（図P(b)）．本来ならばセット入力が有効になってQ出力が'1'になるべきですが，次のクロックの立ち上がりで'1'になっています．これはセット信号やリセット信号に対して，negedgeによって立ち下がりにだけ反応しているためです．これらのnegedgeを取り，両エッジに反応するようにしても，別の症状が発生して正しい動作にはなりません．Verilog HDLでは，セット/リセット付きD-FFを正しく記述することができないのです．

セット/リセット付きD-FFを使う場合，リセットとセットを同時にアクティブにするのはご法度です．また，この記述を論理合成ツールに入力すると正しい結果が得られます．したがって，これで良しとしています．つまり，Verilog HDLでは，厳密さよりも現実を重んじているともいえます．

図P　セット/リセット付きD-FF

```
module DFF_SR( CK, D, Q, RB, SB );
input   CK, D, RB, SB;
output  Q;
reg     Q;

always @( posedge CK or negedge RB
                     or negedge SB ) begin
    if ( RB==1'b0 )
        Q <= 1'b0;
    else if ( SB==1'b0 )
        Q <= 1'b1;
    else
        Q <= D;
end

endmodule
```

(a) 記述

RBが解除しても'1'にならず，次のCKの立ち上がりで'1'になる

(b) 動作タイミング

リスト8.5　最上位階層

```verilog
/* 拡張版電子錠の最上位階層 */

module elelock_top ( orgclk, reset, colin, rowout, lock,
                     common, segment, sw, state, regout );
input            orgclk;    /* 49.152MHz                    */
input            reset;     /* リセット入力                 */
input    [3:0]   colin;     /* キー・マトリックス入力       */
output   [2:0]   rowout;    /* キー・マトリックス出力       */
output           lock;      /* 錠出力                       */
output   [4:0]   common;    /* 7セグメントLEDのコモン信号   */
output   [6:0]   segment;   /* 7セグメントLEDのセグメント信号 */

input    [2:0]   sw;        /* テスト用スイッチ入力         */
output   [2:0]   state;     /* テスト用ステート出力         */
output   [3:0]   regout;    /* テスト用レジスタ出力         */

/* モジュール間接続信号 */
wire     [3:0]   keycode;
wire             keyenbl;
wire             ck, hz512, hz32;
wire     [3:0]   dig4, dig3, dig2, dig1, dig0;
wire     [4:0]   dispen;

/* 各モジュールの接続 */
clkgen   clkgen( .orgclk(orgclk), .reset(reset), .ck(ck), .hz512(hz512),
                 .hz32(hz32) );

keyscan  keyscan( .ck(ck), .reset(reset), .hz32(hz32), .colin(colin),
                  .rowout(rowout), .keycode(keycode), .keyenbl(keyenbl) );

elelock  elelock( .ck(ck), .reset(reset), .hz32(hz32),
                  .keycode(keycode), .keyenbl(keyenbl), .lock(lock),
                  .dig4(dig4), .dig3(dig3), .dig2(dig2), .dig1(dig1), .dig0(dig0),
                  .dispen(dispen), .sw(sw), .state(state), .regout(regout) );

display  display( .ck(ck), .reset(reset), .hz512(hz512),
                  .dig4(dig4), .dig3(dig3), .dig2(dig2), .dig1(dig1), .dig0(dig0),
                  .dispen(dispen), .common(common), .segment(segment) );

endmodule
```

ます．記述をリスト8.5に示します．各階層を接続しているだけの記述です．

8.6 回路検証

　本回路のようにユーザ・インターフェースを持つ回路は，「間合いを取る」などの動作の本質ではない部分をもっており，シミュレーションによって検証しにくい回路といえます．また，回路の最上位

リスト8.6　クロック生成部テストベンチ

```
/* クロック生成部テストベンチ */
module clkgen_test;
reg     ck;
reg     reset;
wire    sysclk, hz512, hz32;

parameter STEP=1000;

clkgen clkgen( ck, reset, sysclk, hz512, hz32 );

always begin
    ck=1; #(STEP/2);
    ck=0; #(STEP/2);
end

initial begin
    reset = 0;
    #STEP reset = 1;
    #STEP reset = 0;

    #(STEP*4000000) $finish;
end

endmodule
```

階層に与えたクロックは約49MHzですが，内部動作は約32kHzです．さらにキー・スキャンは32Hzで，表示は512Hzです．原発振に比べて動作クロックがきわめて遅いので，シミュレーションのステップが無用に多くなってしまいます．したがって，最上位階層からの検証は行わず，個々の回路ブロックを検証し，最終的には実機で動作を確認することとします．

●クロック生成部の検証

クロック生成部のテストベンチ（シミュレーション記述）をリスト8.6に示します．クロックを与え続け，出力を観測しているだけです．出力を観測する記述がありませんが，シミュレータ付属の波形表示ツールで観測するとき，多くの場合は特別な記述を必要としません．

●キー入力部の検証

キー入力部のテストベンチをリスト8.7に示します．カウンタを記述して32Hzの信号hz32を作成しています．

実際にキーが接続されていると，rowout信号に合わせてcolin信号が変化します．これを実現するために，rowoutの各ビットの立ち上がりを見つけて，colin信号に値を代入しています．col0～col2はそれぞれ，rowout[0]～rowout[2]がアクティブのときにcolinに与える信号です．

hz32に同期してcol0～col2を変化させるタスクがcol0to2です．hz32の立ち上がりを待ち，

第8章　電子錠の拡張

リスト8.7　キー入力部テストベンチ

```
/* キー入力部テストベンチ */

module keyscan_test;
reg             ck;
reg             reset;
reg             hz32;
reg     [3:0]   colin, col0, col1, col2;
wire    [2:0]   rowout;
wire    [3:0]   keycode;
wire            keyenbl;

parameter STEP=1000;

keyscan keyscan( ck, reset, hz32, colin, rowout, keycode, keyenbl );

always begin
    ck=1; #(STEP/2);
    ck=0; #(STEP/2);
end

/* 32Hz作成 */
reg     [9:0]   cnt;

always @( posedge ck or posedge reset ) begin
    if ( reset )
        cnt <= 10'h000;
    else
        cnt <= cnt + 10'h001;
end

always @( posedge ck or posedge reset ) begin
    if ( reset )
        hz32 <= 1'b0;
    else
        hz32 <= (cnt==10'h3ff);
end


/* rowoutに合わせてcolinを変化 */
always @( posedge rowout[0] or posedge rowout[1]
                            or posedge rowout[2] ) begin
    if ( rowout[0] )
        colin = col0;
    else if ( rowout[1] )
        colin = col1;
    else if ( rowout[2] )
        colin = col2;
end
```

```
    /* hz32に同期してcol0～col2を設定 */
    task col0to2;
    input    [3:0]    c0, c1, c2;
    begin
        @(posedge hz32);
        #(STEP*8)    col0 = c0; col1 = c1; col2 = c2;
        @(posedge hz32);
        #(STEP*8)    col0 = 0; col1 = 0; col2 = 0;
    end
    endtask


    initial begin
        reset = 0; colin = 0; col0 = 0; col1 = 0; col2 = 0;
        #STEP reset = 1;
        #STEP reset = 0;

        col0to2( 8, 0, 0 ); // MEM
        col0to2( 4, 0, 0 ); // 7
        col0to2( 2, 0, 0 ); // 8
        col0to2( 1, 0, 0 ); // 9

        col0to2( 0, 8, 0 ); // CLS
        col0to2( 0, 4, 0 ); // 4
        col0to2( 0, 2, 0 ); // 5
        col0to2( 0, 1, 0 ); // 6

        col0to2( 0, 0, 8 ); // 0
        col0to2( 0, 0, 4 ); // 1
        col0to2( 0, 0, 2 ); // 2
        col0to2( 0, 0, 1 ); // 3

        col0to2( 4'h5, 4'h5, 4'h5 );    /* 同時押し */
        col0to2( 4'ha, 4'ha, 4'ha );    /* 同時押し */

        col0to2( 0, 0, 0 );
        $finish;
    end

    endmodule
```

さらにキー・スキャンが終了するまで遅延させて，col0～col2を変化させています．
　以上を用いて，最初は1キーずつ，全キーを順番に押して，次に複数キーの同時押しを確認しています．

●電子錠本体の検証
　電子錠本体のテストベンチをリスト8.8に示します．制御の中心であるステート・マシンの動作と表示出力をわかりやすくするため，いくつかのくふうを施しました．
　まず，ステート名を文字列で示すため，ステート名格納用の8文字分のレジスタstatenameを用

意しました．ステートが変化するたびに，ステート名をこのレジスタに格納しています．次に`dig4`～`dig0`の表示出力をファンクション`tochar`で文字に変換し，各表示けたの表示の有無を`dispen`で判別して，表示文字列`disp`を作成しています．これらを，テストベンチ内の`$monitor`文で文字列として表示しています．

電子錠本体は，システム・クロックのほかに32Hzの信号を入力し，表示点滅の間合いや無入力キー状態の判別に用いていました．この信号は，システム・クロックの32kHzに対して約1/1000も遅いので，シミュレーションを加速させるために，8システム・クロックごとに`hz32`を発生させて入力しています．

シミュレーションした結果を**図8.12**に示します．キー入力レジスタや暗証番号レジスタ，さらにステート値や表示出力をわかりやすく出力しています．波形だけでは動作を判別しにくい場合もあるので，出力をくふうすることはデバッグにとても有効です．

●表示部の検証

表示部のテストベンチを**リスト8.9**に示します．ダイナミック点灯の周波数は512Hzです．システ

図8.12
電子錠本体のシミュレーション結果

```
    0 rst=0   kcode=0000  kenbl=0  key=xxxx  sec=xxxx  st=          disp= ----
  500 rst=0   kcode=0000  kenbl=0  key=xxxx  sec=xxxx  st=HALT      disp= ----
 1000 rst=1   kcode=0000  kenbl=0  key=ffff  sec=ffff  st=HALT      disp= ----
 2000 rst=0   kcode=0000  kenbl=0  key=ffff  sec=ffff  st=HALT      disp= ----
 7000 rst=0   kcode=0000  kenbl=1  key=ffff  sec=ffff  st=HALT      disp= ----
 7500 rst=0   kcode=0000  kenbl=1  key=fff0  sec=ffff  st=MEMNUMIN  disp=    0
 8000 rst=0   kcode=0000  kenbl=0  key=fff0  sec=ffff  st=MEMNUMIN  disp=    0
14000 rst=0   kcode=0001  kenbl=0  key=fff0  sec=ffff  st=MEMNUMIN  disp=    0
15000 rst=0   kcode=0001  kenbl=1  key=fff0  sec=ffff  st=MEMNUMIN  disp=    0
15500 rst=0   kcode=0001  kenbl=1  key=ff01  sec=ffff  st=MEMNUMIN  disp=   01
16000 rst=0   kcode=0001  kenbl=0  key=ff01  sec=ffff  st=MEMNUMIN  disp=   01
22000 rst=0   kcode=0010  kenbl=0  key=ff01  sec=ffff  st=MEMNUMIN  disp=   01
23000 rst=0   kcode=0010  kenbl=1  key=ff01  sec=ffff  st=MEMNUMIN  disp=   01
23500 rst=0   kcode=0010  kenbl=1  key=f012  sec=ffff  st=MEMNUMIN  disp=  012
24000 rst=0   kcode=0010  kenbl=0  key=f012  sec=ffff  st=MEMNUMIN  disp=  012
30000 rst=0   kcode=0011  kenbl=0  key=f012  sec=ffff  st=MEMNUMIN  disp=  012
31000 rst=0   kcode=0011  kenbl=1  key=f012  sec=ffff  st=MEMNUMIN  disp=  012
31500 rst=0   kcode=0011  kenbl=1  key=0123  sec=ffff  st=MEMNUMIN  disp= 0123
32000 rst=0   kcode=0011  kenbl=0  key=0123  sec=ffff  st=MEMNUMIN  disp= 0123
38000 rst=0   kcode=0100  kenbl=0  key=0123  sec=ffff  st=MEMNUMIN  disp= 0123
39000 rst=0   kcode=0100  kenbl=1  key=0123  sec=ffff  st=MEMNUMIN  disp= 0123
39500 rst=0   kcode=0100  kenbl=1  key=1234  sec=ffff  st=MEMNUMIN  disp= 1234
40000 rst=0   kcode=0100  kenbl=0  key=1234  sec=ffff  st=MEMNUMIN  disp= 1234
46000 rst=0   kcode=1110  kenbl=0  key=1234  sec=ffff  st=MEMNUMIN  disp= 1234
47000 rst=0   kcode=1110  kenbl=1  key=1234  sec=ffff  st=MEMNUMIN  disp= 1234
47500 rst=0   kcode=1110  kenbl=1  key=1234  sec=1234  st=OPENST    disp= 0PEn
48000 rst=0   kcode=1110  kenbl=0  key=1234  sec=1234  st=OPENST    disp= 0PEn
54000 rst=0   kcode=1100  kenbl=0  key=1234  sec=1234  st=OPENST    disp= 0PEn
55000 rst=0   kcode=1100  kenbl=1  key=1234  sec=1234  st=OPENST    disp= 0PEn
55500 rst=0   kcode=1100  kenbl=1  key=ffff  sec=1234  st=CLOSE     disp=CL05E
56000 rst=0   kcode=1100  kenbl=0  key=ffff  sec=1234  st=CLOSE     disp=CL05E
62000 rst=0   kcode=0101  kenbl=0  key=ffff  sec=1234  st=CLOSE     disp=CL05E
63000 rst=0   kcode=0101  kenbl=1  key=ffff  sec=1234  st=CLOSE     disp=CL05E
63500 rst=0   kcode=0101  kenbl=1  key=fff5  sec=1234  st=SECNUMIN  disp=    5
64000 rst=0   kcode=0101  kenbl=0  key=fff5  sec=1234  st=SECNUMIN  disp=    5
70000 rst=0   kcode=0110  kenbl=0  key=fff5  sec=1234  st=SECNUMIN  disp=    5
71000 rst=0   kcode=0110  kenbl=1  key=fff5  sec=1234  st=SECNUMIN  disp=    5
                              ～ 以下略 ～
```

リスト8.8　電子錠本体テストベンチ

```verilog
/* 拡張版電子錠本体テストベンチ */

module elelock_test;
reg             ck, reset, hz32, keyenbl;
reg     [3:0]   keycode;

wire            lock;
wire    [3:0]   dig4, dig3, dig2, dig1, dig0;
wire    [4:0]   dispen;

reg     [2:0]   sw;
wire    [2:0]   state;
wire    [3:0]   regout;

parameter HALT=3'h0, MEMNUMIN=3'h1, OPENST=3'h2, CLOSE=3'h3,
          SECNUMIN=3'h4, MATCHDSP=3'h5;
parameter STEP=1000, HZ32CYCLE=8;

reg     [7:0]   disp [4:0];
reg     [8*8:1] statename; /* ステート名 */

/* クロック生成 */
always begin
    ck=0; #(STEP/2);
    ck=1; #(STEP/2);
end

/* hz32信号（8クロックごとに生成） */
always begin
    hz32=0; #(STEP*(HZ32CYCLE-1));
    hz32=1; #STEP;
end

elelock EL( ck, reset, hz32, keycode, keyenbl, lock,
            dig4, dig3, dig2, dig1, dig0, dispen, sw, state, regout );

/* 表示コードを文字に変換 */
function [7:0] tochar;
input   [3:0]   dig;
begin
    case ( dig )
        4'h0    : tochar = "0";
        4'h1    : tochar = "1";
        4'h2    : tochar = "2";
        4'h3    : tochar = "3";
        4'h4    : tochar = "4";
        4'h5    : tochar = "5";
        4'h6    : tochar = "6";
        4'h7    : tochar = "7";
        4'h8    : tochar = "8";
        4'h9    : tochar = "9";
```

```
                4'ha    : tochar = "-";
                4'hb    : tochar = "L";
                4'hc    : tochar = "C";
                4'hd    : tochar = "n";
                4'he    : tochar = "E";
                4'hf    : tochar = "P";
            endcase
    end
endfunction


/* 表示文字列作成 */
always @( dig4 or dig3 or dig2 or dig1 or dig0 or dispen ) begin
    if ( dispen[4] )
        disp[4] = tochar(dig4);
    else
        disp[4] = " ";
    if ( dispen[3] )
        disp[3] = tochar(dig3);
    else
        disp[3] = " ";
    if ( dispen[2] )
        disp[2] = tochar(dig2);
    else
        disp[2] = " ";
    if ( dispen[1] )
        disp[1] = tochar(dig1);
    else
        disp[1] = " ";
    if ( dispen[0] )
        disp[0] = tochar(dig0);
    else
        disp[0] = " ";
end


/* ステート名設定 */
always @( state ) begin
    case ( state )
        HALT   : statename = "HALT    ";
        MEMNUMIN: statename = "MEMNUMIN";
        OPENST : statename = "OPENST  ";
        CLOSE  : statename = "CLOSE   ";
        SECNUMIN: statename = "SECNUMIN";
        MATCHDSP: statename = "MATCHDSP";
        default : statename = "????????";
    endcase
end


/* キー入力タスク */
task keyin;
input   [3:0]   key;
begin
```

```
                keycode = key;
    #STEP       keyenbl = 1;
    #STEP       keyenbl = 0;
    #(STEP*(HZ32CYCLE-2));
end
endtask


initial begin
            reset = 0; sw = 0; keycode = 0; keyenbl = 0;
    #STEP       reset = 1;
    #STEP       reset = 0;
    #(STEP*4);
    keyin(0);
    keyin(1);
    keyin(2);
    keyin(3);
    keyin(4);

    keyin(4'he);    // MEM
    keyin(4'hc);    // CLS

    keyin(5);
    keyin(6);
    keyin(7);
    keyin(8);
    keyin(9);
    keyin(0);
    keyin(1);
    keyin(2);
    keyin(3);
    keyin(4);
    keyin(5);
    #(STEP*200);
    keyin(4'hc);    // CLS
    keyin(9);
    keyin(8);
    keyin(7);
    #(STEP*1200);   /* 4秒後にCLOSEに戻る */
    $finish;
end

initial $monitor( $stime, " rst=%b  kcode=%b  kenbl=%b  key=%h%h%h%h
sec=%h%h%h%h  st=%s   disp=%s",
    reset, keycode, keyenbl, EL.key[3], EL.key[2], EL.key[1], EL.key[0],
    EL.secret[3], EL.secret[2], EL.secret[1], EL.secret[0], statename,
    {disp[4], disp[3], disp[2], disp[1], disp[0]} );

endmodule
```

ム・クロックの32kHzに対してやはり遅いので，4クロックごとにhz512を生成してシミュレーションを加速しています．さらに，シミュレーション結果を見やすくするため，セグメント出力を文字に変換して，"CLOSE"や"OPEn"の文字列を見やすくしています．

$monitor文などの画面表示を行っていませんが，シミュレータ付属の波形表示ツールの中で表示形態を「文字」に設定すれば確認できます．多くの波形表示ツールでは，16進数，10進数などの延長でASCIIコードを選択でき，8ビットの値を文字として波形の中に表示する機能が備わっています．

8.7 FPGAによる動作確認

シミュレーションによる回路検証を個別のブロックで実施しました．中にはシミュレーションを加速して実施したものもあります．したがって，実機による動作確認がより重要になります．

● FPGA用の階層を用意

本回路の動作を汎用のFPGAボードを使って確認してみます．使用するFPGAボードにはテン・キ

リスト8.9　表示部テストベンチ

```
/* 表示部テストベンチ */

module display_test;
reg              ck, reset;
wire             hz512;
reg      [3:0]   dig4, dig3, dig2, dig1, dig0;
reg      [4:0]   dispen;
wire     [4:0]   common;
wire     [6:0]   segment;

parameter STEP=1000;

always begin
    ck = 0; #(STEP/2);
    ck = 1; #(STEP/2);
end

display display( ck, reset, hz512, dig4, dig3, dig2, dig1, dig0,
                 dispen, common, segment );

/* hz512信号（4クロックごとに生成） */
reg      [1:0]   cnt;

always @( posedge ck or posedge reset ) begin
    if ( reset )
        cnt <= 0;
    else
        cnt <= cnt + 1;
```

```verilog
        end

    assign hz512 = (cnt==3);


    /* セグメント・パターンを文字に変換 */
    reg [7:0]    seg;

    always @( segment )begin
        case ( segment )
            7'b1111110: seg = "0";
            7'b0110000: seg = "1";
            7'b1101101: seg = "2";
            7'b1111001: seg = "3";
            7'b0110011: seg = "4";
            7'b1011011: seg = "5";
            7'b1011111: seg = "6";
            7'b1110010: seg = "7";
            7'b1111111: seg = "8";
            7'b1111011: seg = "9";
            7'b0000001: seg = "-";
            7'b0001110: seg = "L";
            7'b1001110: seg = "C";
            7'b0010101: seg = "n";
            7'b1001111: seg = "E";
            7'b1100111: seg = "P";
            default:    seg = "?";
        endcase
    end


    initial begin
                dispen = 5'b11111;
                reset = 1;
        #STEP   reset = 0;
                dig4=4'h0; dig3=4'h1; dig2=4'h2; dig1=4'h3; dig0=4'h4;
        #(STEP*20);
                dig4=4'h5; dig3=4'h6; dig2=4'h7; dig1=4'h8; dig0=4'h9;
        #(STEP*20);
                dig4=4'ha; dig3=4'hb; dig2=4'hc; dig1=4'hd; dig0=4'he;
        #(STEP*20);
                dig4=4'hc; dig3=4'hb; dig2=4'h0; dig1=4'h5; dig0=4'he; // CLOSE
        #(STEP*20);
                dispen = 5'b01111;
                dig4=4'h0; dig3=4'h0; dig2=4'hf; dig1=4'he; dig0=4'hd; // OPEn
        #(STEP*20);
                dispen = 5'b00000;
        #(STEP*20);
                $finish;
    end

endmodule
```

図8.13
FPGA化のための階層

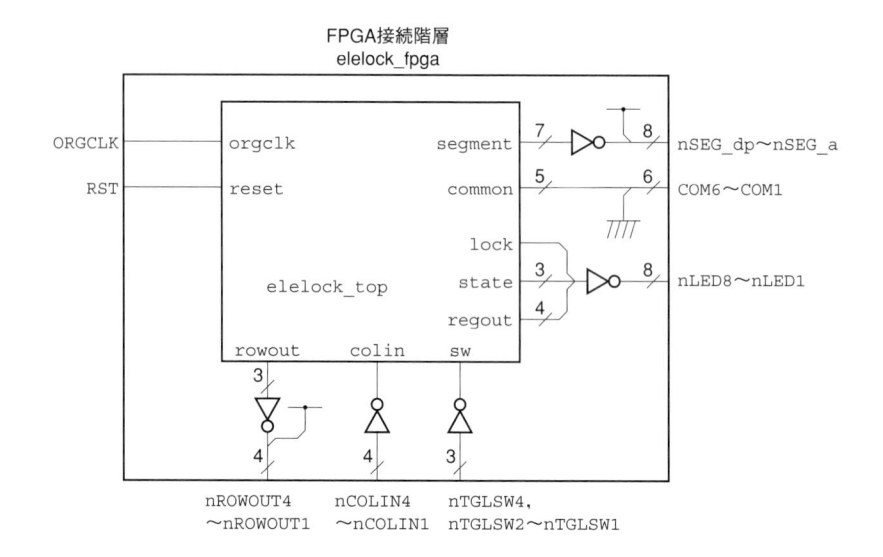

ーや7セグメントLEDが接続されていますが，ほとんどの端子がロー・アクティブです．本回路はハイ・アクティブで設計したので，レベル変換が必要です．そこで，最上位階層のelelock_topの上にもう一つの階層を用意し，ここでレベル変換などを行ってFPGAに組み込むことにしました（**図8.13**）．

nROWOUT4などのように小文字のnで始まる信号が，FPGAボード上のロー・アクティブの信号です．ボード上の信号は大文字を基本にしています．記述を**リスト8.10**に示します．このボードには，FPGAのほかに，CPU（SH-2）が搭載されており，ロータリ・エンコーダやシリアルI/Oなどが実装されています．FPGAに接続している信号はすべて宣言し，電子錠の回路では未接続にしてあります．FPGA開発ツールに不必要な端子割り当てを行わせないための予防策です．

●FPGAツールによる論理合成と配置配線

シミュレーションによって動作を確認したHDL記述を，FPGA開発ツールの「Quartus II（米国Altera社製）」に読み込ませます．このツールには無償版のQuartus II Web Editionがあり，今回はこれを使用しました．FPGA化のための階層elelock_fpgaから下の階層まで一気に読み込み，論理合成と配置配線を行いました．

ボードに搭載されているFPGAはACEX1Kと呼ばれるシリーズの「EP1K30TC144（Altera社製）」です．これには約1,700個のLE（Logic Element）が含まれています．一つのLEには，1個のFFと，4入力の任意論理の組み合わせ回路が入っています．さらに，これとは別に約24,500ビットのROMもしくはRAMを構築できるメモリ・ブロックを内蔵しているので，かなり大きな回路でも実現できます．16ビットの簡単なCPUも実現可能です．

配置配線した後の結果（レポート）を**図8.14**に示します．1,728個のLEのうちの310個だけを使っているので，17％の使用率となっています．

リスト8.10　FPGA接続用階層

```
/* FPGA接続用階層 */

module ELELOCK_FPGA (
    ORGCLK, RST, nCS, nWR, nRD, CS,              /* CPUインターフェース      */
    ADDR, DBUS,                                   /* CPUバス                 */
    COM6, COM5, COM4, COM3, COM2, COM1,          /* 7セグメントLEDコモン    */
    nSEG_dp, nSEG_a, nSEG_b, nSEG_c,             /* 7セグメントLEDセグメント*/
    nSEG_d,  nSEG_e, nSEG_f, nSEG_g,             /* 7セグメントLEDセグメント*/
    nCOLIN4,  nCOLIN3,  nCOLIN2,  nCOLIN1,       /* テン・キー横方向入力    */
    nROWOUT4, nROWOUT3, nROWOUT2, nROWOUT1,      /* テン・キー縦方向出力    */
    nLED8, nLED7, nLED6, nLED5,                  /* 単品LED                 */
    nLED4, nLED3, nLED2, nLED1,                  /* 単品LED                 */
    nTGLSW4, nTGLSW3, nTGLSW2, nTGLSW1,          /* トグル・スイッチ        */
    nDREQ1, DACK1, DRAK1, nIRQ7, nWAIT,          /* CPU周辺インターフェース */
    SPEAKER, RENC_A, RENC_B,                     /* スピーカほか            */
    EXT232_RXD, EXT232_TXD, EXT232_CTS, EXT232_RTS, /* RS-232Cインターフェース */
    DM_PU_ON, DP_PU_ON, USB_nOE, USB_SPEED, USB_VMO, USB_VPO,   /* USB      */
    USB_RCV, USB_VP, USB_VM, USB_MODE, USB_SUSPND, USB_nDTCT    /* USB      */
);

input   ORGCLK, RST, nCS, nWR, nRD;
input   [19:0] ADDR;
inout   [7:0] DBUS;

output  COM6, COM5, COM4, COM3, COM2, COM1;
output  nSEG_dp, nSEG_a, nSEG_b, nSEG_c, nSEG_d, nSEG_e, nSEG_f, nSEG_g;

input   nCOLIN4,  nCOLIN3,  nCOLIN2,  nCOLIN1;
output  nROWOUT4, nROWOUT3, nROWOUT2, nROWOUT1;

output  nLED8, nLED7, nLED6, nLED5, nLED4, nLED3, nLED2, nLED1;
input   nTGLSW4, nTGLSW3, nTGLSW2, nTGLSW1;

input   DACK1, DRAK1;
output  nDREQ1, nIRQ7, nWAIT;
output  SPEAKER;

input   CS;                         /* CPUからのCSではなくFPGAの専用端子 */
input   RENC_A, RENC_B;             /* ロータリ・エンコーダ（未接続）    */

input   EXT232_RXD;
output  EXT232_TXD;
input   EXT232_CTS;
output  EXT232_RTS;

output  DM_PU_ON, DP_PU_ON, USB_nOE;    /* USB関連はすべて未接続         */
output  USB_SPEED, USB_VMO, USB_VPO;
input   USB_RCV, USB_VP, USB_VM;
output  USB_MODE, USB_SUSPND;
input   USB_nDTCT;
```

```
/* 使用しない出力端子の固定 */
assign nROWOUT1    = 1;

assign nDREQ1      = 1;
assign nIRQ7       = 1;
assign nWAIT       = 1;
assign SPEAKER     = 0;

assign EXT232_TXD  = 0;
assign EXT232_RTS  = 0;
assign DM_PU_ON    = 0;
assign DP_PU_ON    = 0;
assign USB_nOE     = 1;
assign USB_SPEED   = 0;
assign USB_VMO     = 0;
assign USB_VPO     = 0;
assign USB_MODE    = 0;
assign USB_SUSPND  = 0;

wire    [3:0]    colin, keycode;
wire    [2:0]    rowout;
wire             keyenbl;
wire             clk, hz512, hz32, lock;
wire    [4:0]    common;
wire    [6:0]    segment;
wire    [2:0]    sw;
wire    [2:0]    state;
wire    [3:0]    regout;

/* 電子錠最上位階層の接続 */
elelock_top elelock_top ( .orgclk(ORGCLK), .reset(RST), .colin(colin),
         .rowout(rowout), .lock(lock), .common(common), .segment(segment),
         .sw(sw), .state(state), .regout(regout) );

/* 基板上の信号を電子錠入出力信号へ変換 */
assign colin   = ~{ nCOLIN4, nCOLIN3, nCOLIN2, nCOLIN1 };
assign { nROWOUT4, nROWOUT3, nROWOUT2 } = ~rowout;

assign { COM6, COM5, COM4, COM3, COM2, COM1 } = { 1'b0, common };
assign { nSEG_dp, nSEG_a, nSEG_b, nSEG_c, nSEG_d, nSEG_e, nSEG_f, nSEG_g }
         = ~{ 1'b0, segment };

assign sw = ~{ nTGLSW4, nTGLSW2, nTGLSW1 };
assign { nLED8, nLED7, nLED6, nLED5, nLED4, nLED3, nLED2, nLED1 }
         = ~{ lock, state, regout };

endmodule
```

図8.14　論理合成および配置・配線結果

```
Processing status                        Fitting Successful - Tue Jul 29 19:11:20 2003
Timing requirements/analysis status      No requirements
Chip name                                elelock_fpga
Device for compilation                   EP1K30TC144-2
Total logic elements                     310 / 1,728 ( 17 % )
Total pins                               92 / 102 ( 90 % )
Total memory bits                        0 / 24,576 ( 0 % )
Total PLLs                               0 / 1 ( 0 % )
Device for timing analysis               EP1K30TC144-2
```

写真8.1　実機による動作確認("CLOSE"と表示)

写真8.2　実機による動作確認("596"と表示)

●動作確認

　FPGAボードで動作したようすを，**写真8.1〜8.2**に示します．無入力状態の検出時間や開錠のときの表示点滅など，間合いのある仕様の場合，実機で動作を確認しないと使用感を判断できません．シミュレーションでは，わかり得ないところでもあります．

　実際，点滅速度や点滅期間は，実機で動作を確認した後，手直ししました．開錠のときの表示点滅は，当初4Hzで行っていましたが，間のびした感じがあったので，8Hzに変更した経緯があります．

Appendix I

Verilog HDL 文法概要

I.1　Verilog HDL 文法

　I.1.1から示すVerilog HDL構文規約の参照方法を以下に示します．なお，ここで示したVerilog HDL構文規約は，IEEE 1364のドラフト (*Verilog HDL LRM, DRAFT, IEEE 1364*, October 1995) より引用しました．

<<基本注意事項>>
(1) ここでの構文規約は，BNF (Backus-Naur Form) で表現した．
(2) ｛｝は繰り返し可能な記述，［］は省略可能な記述を示す．
(3) 予約語や文法上必要な記号類は太字とした．
(4) 斜体の単語を含む用語は，斜体の部分を除いた用語が別途定義されていることを示す．

I.1.1　ソース・テキスト

```
source_text ::= {description}
description ::=
    module_declaration
   |udp_declaration
module_declaration ::=
     module_keyword module_identifier [ list_of_ports ] ; { module_item } endmodule
module_keyword ::= module | macromodule
list_of_ports ::= ( port { , port} )
port ::=
    [ port_expression ]
   | . port_identifier ( [ port_expression ] )
port_expression ::=
    port_reference
   | { port_reference { , port_reference } }
port_reference ::=
    port_identifier
   | port_identifier [ constant_expression ]
   | port_identifier [ msb_constant_expression : lsb_constant_expression ]
module_item ::=
    module_item_declaration
   | parameter_override
   | continuous_assign
   | gate_instantiation
   | udp_instantiation
```

```
        | module_instantiation
        | specify_block
        | initial_construct
        | always_construct
module_item_declaration ::=
         parameter_declaration
       | input_declaration
       | output_declaration
       | inout_declaration
       | net_declaration
       | reg_declaration
       | integer_declaration
       | real_declaration
       | time_declaration
       | realtime_declaration
       | event_declaration
       | task_declaration
       | function_declaration
parameter_override ::= defparam list_of_param_assignments ;
```

I.1.2 宣言

```
parameter_declaration ::= parameter list_of_param_assignments ;
list_of_param_assignments ::= param_assignment { , param_assignment } ;
param_assignment ::= parameter_identifier = constant_expression ;
input_declaration ::= input [range] list_of_port_identifiers ;
output_declaration ::= output [range] list_of_port_identifiers ;
inout_declaration ::= inout [range] list_of_port_identifiers ;
list_of_port_identifiers ::=port_identifier { , port_identifier } ;
reg_declaration ::= reg [range] list_of_register_identifiers ;
time_declaration ::= time   list_of_register_identifiers ;
integer_declaration ::= integer  list_of_register_identifiers ;
real_declaration ::= real real_identifier { , real_identifier } ;
realtime_declaration ::= realtime real_identifier ) , real_identifier } ;
event_declaration ::= event  event_identifier { , event_identifier } ;
list_of_real_identifiers::= real_identifier { , real_identifier }
list_of_register_identifiers ::= register_name { , register_name }
register_name ::=
       register_identifier
     | memory_identifier [ upper_limit_constant_expression : lower_limit_constant_expression ]
range ::= [ msb_constant_expression : lsb_constant_expression ]
net_declaration ::=
       net_type [ vectored | scalared ] [range][delay3] list_of_net_identifiers ;
     | trireg [ vectored | scalared ] [change_strength] [range][delay3]
           list_of_net_identifiers ;
     | net_type  [vectored | scalared ] [drive_strength] [range] [delay3]
           list_of_net_decl_assignments ;
net_type ::= wire | tri | tri1 | supply0 | wand | triand | tri0 | supply1 | wor | trior
list_of_net_identifiers ::= net_identifier { , net_identifier }
drive_strength ::=
       ( strength0 , strength1 )
     | ( strength1 , strength0 )
     | ( strength0 , highz1 )
```

```
       | ( strength1 , highz0 )
       | ( highz1 , strength0 )
       | ( highz0 , strength1 )
strength0 ::= supply0 | strong0 | pull0 | weak0
strength1 ::= supply1 | strong1 | pull1 | weak1
charge_strength ::= ( small ) | ( medium ) | ( large )
delay3 ::= # delay_value | # ( delay_value [ , delay_value [ , delay_value ] ] )
delay2 ::= # delay_value | # ( delay_value [ , delay_value ] )
delay_value ::= unsigned_number | parameter_identifier | constant_mintypmax_expression
list_of_net_decl_assignments ::= net_decl_assignment { , net_decl_assignment }
net_decl_assignment ::= net_identifier = expression
function_declaration ::=
    function [range_or_type] function_identifier ;
    function_item_declaration { function_item_declaration}
    statement
    endfunction
range_or_type. ::= range | integer | real | realtime | time
function_item_declaration ::=
      block_item_declaration
    | input_declaration
task_declaration ::=
    task task_identifier ;
    {task_item_declaration }
    statement_or_null
    endtask
task_argment_declaration ::=
      block_item_declaration
    | output_declaration
    | inout_declaration
block_item_declaration ::=
      parameter_declaration
    | reg_declaration
    | integer_declaration
    | real_declaration
    | time_declaration
    | realtime_declaration
    | event_declaration
```

I.1.3 プリミティブ・インスタンス

```
gate_instantiation ::=
      n_input_gatetype [dive_strength] [delay2] n_input_gate_instance { ,
         n_input_gate_instance } ;
    | n_output_gatetype [drive_strength] [delay2] n_output_gate_instance { ,
         n_output_gate_instance } ;
    | enable_gatetype [drive_strength] [delay3] enable_gate_instance { ,
         enable_gate_instance } ;
    | mos_switchtype [delay3] mos_switch_instance { , mos_switch_instance } ;
    | pass_switchtype pass_switch_instance { , pass_switch_instance } ;
    | pass_en_switchtype [delay3] pass_en_switch_instance { , pass_en_switch_instance } ;
    | cmos_switchtype [delay3] cmos_switch_instance { , cmos_switch_instance } ;
    | pullup [pullup_strength] pull_gate_instance { , pull_gate_instance } ;
    | pulldown [pulldown_strength] pull_gate_instance { , pull_gate_instance } ;
```

```
n_input_gate_instance ::= [name_of_gate_instance]
    ( output_terminal , input_terminal { ,input_terminal } )
n_output_gate_instance ::= [name_of_gate_instance]
    ( output_terminal { , output_terminal } , input_terminal )
enable_gate_instance ::= [name_of_gate_instance]
    ( output_terminal { , output_terminal } , enable_terminal )
mos_switch_instance ::= [name_of_gate_instance]
    ( output_terminal , input_terminal , enable_terminal )
pass_switch_instance ::= [name_of_gate_instance] ( inout_terminal , inout_terminal )
pass_enable_switch_instance ::= [name_of_gate_instance]
    ( inout_terminal , inout_terminal , enable_terminal )
cmos_switch_instance ::= [name_of_gate_instance]
    ( output_terminal , input_terminal , ncontrol_terminal , pcontrol_terminal )
pull_gate_instance ::= [name_of_gate_instance] ( output_terminal )
name_of_gate_instance ::= gate_instance_identifier [range]
pullup_strength ::=
      ( strength0 , strength1 )
    | ( strength1 , strength0 )
    | ( strength1 )
pulldown_strength ::=
      ( strength0 , strength1 )
    | ( strength1 , strength0 )
    | ( strength0 )
input_terminal ::= scalar_expression
enable_terminal ::= scalar_expression
ncontrol_terminal ::= scalar_expression
pcontrol_terminal ::= scalar_expression
output_terminal ::= terminal_expression | terminal_identifier [ constant_expression ]
inout_terminal ::= terminal_identifier | terminal_identifier [ constant_expression ]
n_input_gatetype ::= and | nand | or | nor | xor | xnor
n_output_gatetype ::= buf | not
enable_gatetype ::= bufif0 | bufif1 | notif0 | notif1
mos_switchtype ::= nmos | pmos | rnmos | rpmos
pass_switchtype ::= tran | rtran
pass_en_switchtype ::= tranif0 | tranif1 | rtranif1 | rtranif0
cmos_switchtype ::= cmos | rcmos
```

I.1.4 モジュール・インスタンス生成

```
module_instantiation ::=
    module_identifier [ parameter_value_assignment ] module_instance { , module_instance } ;
parameter_value_assignment ::= # ( expression { , expression } )
module_instance ::= name_of_instance ( [list_of_module_connections ] )
name_of_instance ::= module_instance_identifier [ range ]
list_of_module_connections ::=
      ordered_port_connection { , ordered_port_connection }
    | named_port_connection { , named_port_connection }
ordered_port_connection ::= [ expression ]
named_port_connection ::= . port_identifier ( [ expression ] )
```

I.1.5 UDP宣言とインスタンス生成

```
udp_declaration ::=
    primitive udp_identifier ( udp_port_list ) ;
    udp_port_declaration { udp_port_declaration }
    udp_body
    endprimitive
udp_port_list ::= output_port_identifier , input_port_identifier { , input_port_identifier }
udp_port_declaration ::=
      output_declaration
    | input_declaration
    | reg_declaration
udp_body ::= combinational_body | sequential_body
combinational_body ::= table combinational_entry { combinational_ently } endtable
combinational_entry ::= level_input_list : output_symbol ;
sequential_body ::= [udp_initial_statement ] table sequential_entry { sequential_ently }
    endtable
udp_initial_statement ::= initial udp_output_port_identifier = init_val ;
init_val ::= 1'b0 | 1'b1 | 1'bx | 1'bx | 1'B0 | 1'B1 | 1'Bx | 1'BX | 1 | 0
sequential_ently ::= seq_input_lest : current_state : next_state ;
seq_input_list ::= level_input_list | edge_input_list
level_input_list ::= level_symbol { level_symbol }
edge_input_list ::= { level_symbol } edge_indicator { level_symbol }
edge_indicator ::= ( level_symbol level_symbol ) | edge_symbol
current_state ::= level_symbol
next_state ::= output_symbol | -
output_symbol ::= 0 | 1 | x | X
level_symbol ::= 0 | 1 | x | X | ? | b | B
edge_symbol ::= r | R | f | F | p | P | n | N | *
udp_instantiation ::= udp_indentifier [ drive_strength ] [ delay2 ]
    udp_instance { , udp_instance } ;
udp_instance ::= [ name_of_udp_instance ] ( output_port_connection ,
    input_port_connection { , input_port_connection } )
name_of_udp_instance ::= udp_instance_identifier [ range ]
```

I.1.6 動作記述

```
continuous_assign ::= assign [drive_strength] [delay3] list_of_net_assignments ;
list_of_net_assignments ::= net_assignment { , net_assignment }
net_assignment ::= net_lvalue = expression
initial_construct ::= initial statement
always_construct ::= always statement
statement ::=
      blocking_assignment ;
    | non_blocking assignment ;
    | procedural_continuous_assignments ;
    | procedural_timing_control_statement
    | conditional_statement
    | case_statement
    | loop_statement
    | wait_statement
    | disable_statement
```

```
        | event_trigger
        | seq_block
        | par_block
        | task_enable
        | system_task_enable
 statement_or_null ::= statement | ;
 blocking_assignment ::= reg_lvalue = [ delay_or_event_control ] expression
 non-blocking_assignment ::= reg_lvalue <= [ delay_or_event_control ] expression
 procedural_continuous_assignment ::=
        | assign reg_assignment ;
        | deassign reg_lvalue ;
        | force reg_assignment ;
        | force net_assignment ;
        | release reg_lvalue ;
        | release net_lvalue ;
 procedural_timing_control_statement ::=
        delay_or_event_control statement_or_null
 delay_or_event_control ::=
        delay_control
        | event_control
        | repeat ( expression ) event_control
 delay_control ::=
        # delay_value
        | # ( mintypmax_expression )
 event_control ::=
        @ event_identifier
        | @ ( event_expression )
 event_expression ::=
        expression
        | event_identifier
        | posedge expression
        | negedge expression
        | event_expression or event_expression
 conditional_statement ::=
        | if ( expression ) statement_or_null [ else statement_or_null ]
 case_statement ::=
        | case ( expression ) case_item {case_item} endcase
        | casez ( expression ) case_item {case_item} endcase
        | casex ( expression ) case_item {case_item} endcase
 case_item ::=
        expression { , expression } : statement_or_null
        | default [ : ] statement_or_null
 loop_statement ::=
        | forever statement
        | repeat ( expression ) statement
        | while ( expression ) statement
        | for ( reg_assignment ; expression ; reg_assignment ) statement
 reg_assignment ::= reg_lvalue = expression
 wait_statement ::=
        | wait ( expression ) statement_or_null
 event_trigger ::=
        | -> event_identifier ;
 disable_statement ::=
```

```
        | disable task_identifier ;
        | disable block_identifier ;
seq_block ::= begin [ : block_identifier { block_item_declaration } ] { statement } end
par_block ::= fork [ : block_identifier { block_item_declaration } ] { statement } join
task_enable ::= task_identifier [ ( expression { , expression } ] ;
system_task_enable ::= system_task_name [ ( expression { , expression } ) ] ;
system_task_name ::= $identifier     Note; The $ may not be followed by a space.
```

I.1.7　specify記述

```
specify_block ::= specify [ specify_item ] endspecify
specify_item ::=
      specparam_declaration
    | path_declaration
    | system_timing_check
specparam_declaration ::= specparam list_of_specparam_assignments ;
list_of_specparam_assignments ::= specparam_assignment { , specparam_assignment }
specparam_assignment ::=
      specparam_identifier = constant_expression
    | pulse_control_specparam
pulse_control_specparam ::=
      PATHPULSE$ = ( reject_limit_value [ , error_limit_value ] ) ;
    | PATHPULSE$specify_input_terminal_descriptor$specify_output_terminal_descriptor
      = ( reject_limit_value [ , error_limit_value ] ) ;
limit_value ::= constant_mintypmax_expression
path_declaration ::=
      simple_path_declaration ;
    | edge_sensitive_path_declaration ;
    | state-dependent_path_declaration ;
simple_path_declaration ::=
      parallel_path_decription = path_delay_value
    | full_path_description = path_delay_value
parallel_path_description ::=
    ( specify_input_terminal_descriptor [ polarity_operator ] =>
      specify_output_terminal_descriptor )
full_path_description ::=
    ( list_of_path_inputs [ polarity_operator ] *> list_of_path_outputs )
list_of_path_inputs ::=
    specify_input_terminal_descriptor { , specify_input_terminal_descriptor }
list_of_path_output ::=
    specify_output_terminal_descriptor { , specify_output_terminal_descriptor }
specify_input_terminal_descriptor ::=
      input_identifier
    | input_identifier [ constant_expression ]
    | input_identifier [ msb_constant_expression : lsb_constant_expression ]
specify_output_terminal_descriptor ::=
      output_identifier
    | output_identifier [ constant_expression ]
    | output_identifier [ msb_constant_expression : lsb_constant_expression ]
input_identifier ::= input_port_identifier | inout_port_identifier
output_identifier ::= output_port_identifier | inout_port_identifier
polarity_operator ::= + | -
```

```
path_delay_value ::=
    list_of_path_delay_expressions
  | ( list_of_path_delay_expressions )
list_of_path_delay_expressions ::=
    t_path_delay_expression
  | trise_path_delay_expression , tfall_path_delay_expression
  | trise_path_delya_expression , tfall_path_delay_expression , tz_path_delay_expression
  | t01_path_delay_expression , t10_path_delay_expression , t0z_path_delay_expression ,
    tz1_path_delay_expression , t1z_path_delay_expression , tz0_path_delay_expression
  | t01_path_delay_expression , t10_path_delay_expression , t0z_path_delay_expression ,
    tz1_path_delay_expression , t1z_path_delay_expression , tz0_path_delay_expression ,
    t0x_path_delay_expression , tx1_path_delay_expression , t1x_path_delay_expression ,
    tx0_path_delya_expression , txz_path_delay_expression , tzx_path_delay_expression ,
path_delay_expression ::= constant_mintypmax_expression
edge_sensitive_path_declaration ::=
    parallel_edge_sensitive_path_description = path_delay_value
  | full_edge_sensitive_path_description = path_delay_value
parallel_edge_sensitive_path_description ::=
    ( [ edge_identifier ] specify_input_terminal_descriptor =>
        specify_output_terminal_descriptor [ polarity_operator ]
        : data_ource_expression ) )
full_edge_sensitive_path_description ::=
    ( [ edge_identifier ] list_of_path_inputs *>
        list_of_path_outputs [ polarity_operator ] : data_source_expression ) )
data_source_expression ::= expression
edge_identifier ::= posedge | negedge
state_dependent_path_declaration ::=
    if ( conditional_expression ) simple_path_declaration
  | if ( conditional_expression ) edge_sensitive_path_declaration
  | ifnone simple_path_declaration
system_timing_check ::=
    $setup ( timing_check_event , timing_check_event ,
        timing_check_limit [ , notify_register ] ) ;
  | $hold ( timing_check_event , timing_check_event ,
        timing_check_limit [ , notify_register ] ) ;
  | $period ( controlled_timing_check_event , timing_check_limit [ , notify_register] );
  | $width ( controlled_timing_check_event , timing_check_limit ,
        constant_expression [ , notify_register ] );
  | $skew ( timing_check_event , timing_check_event ,
        timing_check_limit [ , notify_register ] ) ;
  | $recovery ( controlled_timing_check_event , timing_check_event ,
        timing_check_limit [ , notify_register ] ) ;
  | $setuphold ( timing_check_event , timing_check_event , timing_check_limit ,
        timing_check_limit [ , notify_register ] ) ;
timing_check_event ::=
    [timnig_check_event_control] specify_terminal_descriptor [&&& timing_check_condition]
specify_terminal_descriptor ::=
    specify_input_terminal_descriptor
  | specify_output_terminal_descriptor
controlled_timing_check_event ::=
    timing_check_event_control specify_terminal_descriptor [ &&& timing_check_condition]
timing_check_event_control ::=
    posedge
```

```
        | negedge
        | edge_control_specifier
edge_control_specifier ::= edge [ edge_descriptor [ , edge_descriptor ]]
edge_descriptor ::=
        01
      | 10
      | 0x
      | x1
      | 1x
      | x0
timing_check_condition ::=
        scalar_timing_check_condition
      | ( scalar_timing_check_condition )
scalar_timing_check_condition ::=
        expression
      | ~ expression
      | expression == scalar_constant
      | expression === scalar_constant
      | expression != scalar_constant
      | expression !== scalar_constant
timing_check_limit ::= expression
scalar_constant ::=
        1'b0 | 1'b1 | 1'B0 | 1'B1 | 'b0 | 'b1 | 'B0 | 'B1 | 1 | 0
notify_register ::= register_identidier
```

I.1.8 式

```
net_lvalue ::=
        net_identifier
      | net_identifier [ expression ]
      | net_identifier [ msb_constant_expression : lsb_constant_expression ]
      | net_concatenation
reg_lvalue ::=
        reg_identifier
      | reg_identifier [ expression ]
      | reg_identifier [ msb_constant_expression : lsb_constant_expression ]
      | reg_concatenation
constant_expression ::=
        constant_primary
      | unary_operator constant_primary
      | constant_expression binary_operator constant_expression
      | constant_expression ? constant_expression : constant_expression
      | string
constant_primary ::=
        number
      | parameter_identifier
      | constant_concatenation
      | constant_multiple_concatenation
constant_mintypmax_expression ::=
        constant_expression
      | constant_expression : constant_expression : constant_expression
mintypmax_expression ::=
```

```
    expression
  | expression : expression : expression
expression ::=
    prirmary
  | aunary_operator primary
  | expression binary_operator expression
  | expression ? expression : expression
  | string
unary_operator ::=
    + | - | ! | ~ | & | ~& | | | ~| | ^ | ~^ | ^~ |
binary_operator ::=
    + | - | * | / | % | == | != | === | !== | && | ||
  | < | <= | > | >= | & | | | ^ | ^~ | ~^ | >> | <<
primary ::=
    number
  | identifier
  | identifier [ expression ]
  | identifier [ msb_constant_expression : lsb_constant_expressios ]
  | concatenation
  | multiple_concatenation
  | function_call
  | ( mintypmax_expression )
number ::=
    decimal_number
  | octal_number
  | binary_number
  | hex_number
  | real_number
real_number ::=
    [ sign ] unsigned_number . unsigned_number
  | [ sign ] unsigned_number [ . unsigned_number ] e [ sign ] unsigned_number
  | [ sign ] unsigned_number [ . unsigned_number ] e [ sign ] unsigned_number
decimal_number ::=
    [ sign ] unsigned_number
  | [size] decimal_base unsigned_number
binary_number ::= [size] binary_base binary_digit { _ | binary_digit}
octal_number ::= [size] octal_base octal_digit { _ | octal_digit}
hex_number ::= [size] hex_base hex_digit { _ | hex_digit}
sign ::= + | -
size ::= unsigned_number
unsigned_number ::= decimal_digit { _ | decimal_degit }
decimal_base ::= 'd | 'D
binary_base :: 'b | 'B
octal_base ::= 'o | 'O
hex_base ::= 'h | 'H
decimal_digit ::= 0 | 1 | 2 | 3 | 4 | 5 | 6 | 7 | 8 | 9
binary_digit ::= x | X | z | Z | 0 | 1
octal_digit ::= x | X | z | Z | 0 | 1 | 2 | 3 | 4 | 5 | 6 | 7 | 8 | 9 | a | b | c |
        d | e | f | A | B | C | D | E | F
concatenation ::= { expression { , expression} }
multiple_concatenation ::= { expression { expression { , expression }} }
function_call ::=
        function_identifier ( expression { , expression } )
```

```
        | name_of_system_function [ ( expression { , expression} ) ]
name_of_system_function ::= $identifier
string ::= " { Any_ASCII_Characters_except_new_line } "
NOTES
    1)    ---Embedded space are illegal.
    2)    ---The $ in name_of_system_function may not be followed by a space.
```

I.1.9 一般事項

```
comment ::=
        short_comment
      | long_comment
short_comment ::= // comment_text \n
long_comment ::= /* comment_text */
comment_text ::= { Any_ASCII_character }
identifier ::= IDENTIFIER [ { . IDENTIFIER } ]
IDENTIFIER ::=
        simple_identifier
      | escaped_identifier
simple_identifier ::= [a-zA-Z][a-zA-Z_$]
escaped_identifier ::= \ {Any_ASCII_character_except_while_space} white_space
white_space ::= space | tab | newline
NOTE---The period in identifier may not be preceded or followed by a space.
```

I.1.10 予約語一覧

always	for	output	supply0
and	force	parameter	supply1
assign	forever	pmos	table
begin	fork	posedge	task
buf	function	primitive	time
bufif0	highz0	pull0	tran
bufif1	highz1	pull1	tranif0
case	if	pullup	tfanif1
casex	ifnone	pulldown	tri
casez	initial	rcmos	tri0
cmos	inout	real	tri1
deassign	input	realtime	triand
default	integer	reg	trior
defparam	join	release	trireg
disable	large	repeat	vectored
edge	macromodule	rnmos	wait
else	medium	rpmos	wand
end	module	rtran	weak0
endcase	nand	rtranif0	weak1
endmodule	negedge	rtranif1	while
endfunction	nmos	scalared	wire
endprimitive	nor	small	wor
endspecify	not	specify	xnor
endtable	notif0	specparam	xor
endtask	notif1	strong0	
event	or	strong1	

I.2 文法要約

I.1の補足として，Verilog HDLの文法要約を示します．ここでは，回路記述やシミュレーション記述でよく用いるものを説明します．簡略化して表現したものもあります．また各項目の中には，省略できるものもあります．

I.2.1 モジュール構造　　☞ 3.1.1, 図3.1

```
module <モジュール名> ( <ポート・リスト> ) ;
    <パラメータ宣言>
    <ポート宣言>
    <レジスタ型宣言>
    <イベント宣言>
    <ネット宣言>
    <プリミティブ・ゲート呼び出し>
    <下位モジュール呼び出し>
    <always文>
    <initial文>
    <function定義>
    <task定義>
    <継続的代入>
endmodule
```

注：モジュール内の要素(モジュール構成要素)の順序は任意．ただし，信号名やパラメータなどの識別子は使用する前に宣言しておく必要がある．

I.2.2 モジュール構成要素

●パラメータ宣言　　☞ 3.1.1, 図3.2

```
parameter <パラメータ名> = <定数式>, <パラメータ名> = <定数式>, … ;
```

●ポート宣言　　☞ 3.1.1, 図3.2

```
input   <レンジ> <信号>, <信号>, … ;
output  <レンジ> <信号>, <信号>, … ;
inout   <レンジ> <信号>, <信号>, … ;
```

　●レンジ　　☞ 3.1.4

```
[ <定数式>:<定数式> ]
```

注：[MSB:LSB]となる．

●レジスタ型宣言 ☞ 3.1.1，図3.2

<レジスタ型> <レンジ> <レジスタ信号>，<レジスタ信号>，… ;

▶ レジスタ型

〔レジスタ型〕

レジスタ名	機　　能
reg	符号なし 任意ビット
integer	符号付き 32ビット
time	符号なし 64ビット
real	実　数

▶ レジスタ信号
<信号>
<信号>　[<定数式>:<定数式>]

●イベント宣言 ☞ 7.2.7，図7.18

event <イベント名>，<イベント名>，… ;

●ネット宣言 ☞ 3.1.1，図3.2，3.1.3，図3.3

<ネット型> <レンジ> <遅延> <信号>，<信号>，… ;

▶ ネット型

〔ネット型〕

ネット名		機　　能
wire	tri	通常のネット，wireとtriは同義
wor	trior	ワイヤードORネット，worとtriorは同義
wand	triand	ワイヤードANDネット，wandとtriandは同義
tri0	tri1	プルダウン，プルアップされたネット
supply0	supply1	電源ネット
trireg		電荷蓄積ネット

▶ 遅延 ☞ 7.5.2，図7.31
#<定数式>
#(<min_typ_max定数式>)
#(<min_typ_max定数式>，<min_typ_max定数式>)
注：プリミティブ・ゲート呼び出し用．（立ち上がり，立ち下がり）の遅延を設定．

#(<min_typ_max定数式>，<min_typ_max定数式>，<min_typ_max定数式>)
注：プリミティブ・ゲート（3ステート・タイプ）呼び出し用．（立ち上がり，立ち下がり，ターンOFF）の遅延を設定．

▶ min_typ_max定数式
<定数式>:<定数式>:<定数式>

注：min:typ:maxの遅延量を設定．どの値を使用するかは，シミュレーション時に設定する．

●プリミティブ・ゲート呼び出し　☞　4.1.1，図4.1

   <ゲート・タイプ> <信号強度> <遅延> <ゲート名> (<信号>, <信号>, <信号>, …) ；

注：ゲート名は省略できる

▶ ゲート・タイプ

〔ゲート・タイプ〕

ゲート	3ステート	スイッチ		プルアップ，プルダウン
and	bufif0	nmos	tran	pullup
nand	bufif1	pmos	tranif0	pulldown
nor	notif0	cmos	tranif1	
or	notif1	rnmos	rtran	
xor		rpmos	rtranif0	
xnor		rcmos	rtranif1	
buf				
not				

▶ 信号強度
(<強度0>, <強度1>)
(<強度1>, <強度0>)

〔信号強度〕

信号強度		強度レベル
supply0	supply1	7
strong0	strong1	6
pull0	pull1	5
large0	large1	4
weak0	weak1	3
medium0	medium1	2
small0	small1	1
highz0	highz1	0

●下位モジュール呼び出し　☞　3.2.4，図3.10

   <モジュール名> <パラメータ割り当て> <インスタンス名> (ポート・リスト) ；

▶ パラメータ割り当て
#(<式>, <式>, …)

注：本文では触れなかったが，モジュール呼び出し時のパラメタライズに用いる．たとえば，m to nのデコーダ(m, nがパラメータ)モジュールを作成しておき，呼び出し時にmとnの値を設定することができる．HDLライブラリの作成に有用．パラメタライズは各種設定が必要だが，論理合成可能．

▶ ポート・リスト
<信号>, <信号>, <信号>, …
.<定義側ポート名> (<信号>), .<定義側ポート名> (<信号>), …

● always文　☞　図3.2.3，図3.7，7.1.6，図7.10，図7.11

```
always <ステートメント>
```

● initial文　☞　6.2.1，図6.3，7.1.6，図7.10

```
initial <ステートメント>
```

● function定義　☞　3.2.2，図3.6

```
function <レンジ> <ファンクション名> ;
  <タスク・ファンクション内宣言>
  <ステートメント>
endfunction
```

 ▶ タスク・ファンクション内宣言
  <パラメータ宣言>
  <ポート宣言>
  <レジスタ型宣言>
  <イベント宣言>

● task定義　☞　6.3，図6.13〜6.15，7.3，図7.20〜7.22

```
task <タスク名> ;
  <タスク・ファンクション内宣言>
  <ステートメント>
endtask
```

● 継続的代入　☞　3.2.1，図3.4

```
assign <信号強度> <遅延> <ネット型信号名> = <式>, <ネット型信号名> = <式>, … ;
<ネット型> <信号強度> <レンジ> <遅延> <ネット型信号名> = <式>,<ネット型信号名> = <式>, … ;
```

I.2.3 ステートメント

●ステートメント　☞　7.2

```
<タイミング制御><ステートメントまたは;>
<ブロッキング代入文>
<ノン・ブロッキング代入文>
<ブロック>
<if文>
<case文, casex文, casez文>
<for文>
<while文>
<repeat文>
<forever文>
<wait文>
<disable文>
<force文>
<releace文>
<タスク呼び出し>
<イベント起動>
```

●タイミング制御　☞　7.2.5, 図7.16

```
@<信号>
@( <イベント式> )
#<定数式>
#( <min_typ_max定数式> )
```

▶ イベント式
```
<式>
posedge <式>
negedge <式>
<イベント式> or <イベント式>
```

●ブロッキング代入文　☞　図5.4.3, 図5.29, コラムJ, 図J.1

```
<左辺値> = <タイミング制御> <式>;
```

▶ 左辺値
```
<レジスタ信号>
<レジスタ信号> [ <式> ]
<レジスタ信号> [ <定数式>:<定数式> ]
<連接>
```

▶ 連接
```
{ <式>, <式>, … }
{ <式1> { <式>, <式>, … } }
```

注：{ }内を式1の値だけ繰り返す．このタイプの連接は，式の中だけで使用できる．代入の左辺では使用できない．

●ノン・ブロッキング代入文　☞　コラムJ，図J.1〜J.2

```
<左辺値> <= <タイミング制御> <式>;
```

●ブロック　☞　7.2.8，図7.19

```
begin <ステートメント> end
begin : <ブロック名> <ブロック内宣言> <ステートメント> end
fork  <ステートメント> join
fork  : <ブロック名> <ブロック内宣言> <ステートメント> join
```

▶ ブロック内宣言
　＜パラメータ宣言＞
　＜レジスタ型宣言＞
　＜イベント宣言＞

●if文　☞　4.2.2，図4.11，4.3.2，図4.21，4.4.1，図4.24

```
if ( <式> ) <ステートメント>
if ( <式> ) <ステートメント> else <ステートメント>
```

●case文（casex文，casez文も同様）　☞　4.2.2，図4.12，4.3.3，図4.22，4.4.2，図4.25，4.7，図4.42

```
case ( <式> )
  <ケース・アイテム>
endcase
```

▶ ケース・アイテム（複数記述できる）
　＜式＞ : ＜ステートメント＞
　＜式＞, ＜式＞, … : ＜ステートメント＞
　default:＜ステートメント＞

●for文　☞　7.2.1，図7.12

```
for ( <代入文> ; <式> ; <代入文> ) <ステートメント>
```

●while文　☞　7.2.2，図7.13

```
while ( <式> ) <ステートメント>
```

●repeat文　☞　7.2.3，図7.14

```
repeat ( <式> ) <ステートメント>
```

●forever文　☞　7.2.4，図7.15

```
forever <ステートメント>
```

● wait文　☞　7.2.6，図7.17

```
wait( <式> ) <ステートメント>
```

● disable文　☞　4.4.3，図4.26，7.3.2，図7.24

```
disable <タスク名>;
disable <ブロック名>;
```

● force文　☞　7.5.1，図7.30

```
force <代入文>;
```

● release文　☞　7.5.1，図7.30

```
release <信号>;
```

● タスク呼び出し（システム・タスクも同様）　☞　7.3，図7.21

```
<タスク名>;
<タスク名> ( <式>, <式>, … );
```

● イベント起動　☞　7.2.7，図7.18

```
-> <イベント名>;
```

I.2.4 式

●式

```
<一次子>
<単項演算子> <一次子>
<式> <2項演算子> <式>
<式> ? <式> : <式>
<文字列>
```

▶ 演算子　☞ 3.1.5，表3.2

〔演算子〕

演算子	演算	演算子	演算
	算術演算		論理演算
+	加算，プラス符号	!	論理否定
-	減算，マイナス符号	&&	論理 AND
*	乗算	||	論理 OR
/	除算		等号演算
%	剰余	==	等しい
	ビット演算	!=	等しくない
~	NOT	===	等しい (x, zも比較)
&	AND	!==	等しくない (x, zも比較)
|	OR		関係演算
^	EX-OR	<	小
~^	EX-NOR	<=	小または等しい
	リダクション演算	>	大
&	AND	>=	大または等しい
~&	NAND		シフト演算
|	OR	<<	左シフト
~|	NOR	>>	右シフト
^	Ex-OR		その他
~^	Ex-NOR	?:	条件演算
		{}	連接

▶ 演算子の優先順位　☞ 3.1.5，表3.3

〔演算子の優先順位〕

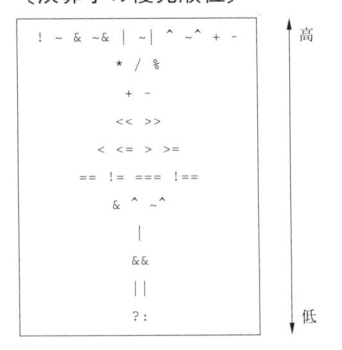

```
    ! ~ & ~& | ~| ^ ~^ + -        高
         * / %
          + -
         << >>
       < <= > >=
      == != === !==
         & ^ ~^
            |
           &&
           ||
           ?:                     低
```

● 文字列　☞　7.3.2，図 7.22

　"　"で囲われた1行に収まる文字の集まり

● 一次子

　　<数値>
　　<信号>
　　<信号>　[　<式>　]
　　<信号>　[　<定数式>：<定数式>　]
　　<連接>
　　<ファンクション呼び出し>
　　（　<式>　）

● 数値　☞　3.1.2，表 3.1

　　<10 進数値>
　　<符号なし数値>　<基数>　<符号なし数値>
　　<実数>

　　▶ 基数
　　　次のいずれか
　　　'b 'B 'o 'O 'd 'D 'h 'H

● ファンクション呼び出し　☞　3.2.2，図 3.6，7.4.4，図 7.28

　　<ファンクション名>　（　<式>，<式>，…　）
　　<システム・タスク名>　（　<式>，<式>，…　）
　　<システム・タスク名>

I.2.5　識別子

● 通常の識別子
　　● 英字もしくはアンダ・スコア(_)で始まる文字列．
　　● 文字列中には，英字，数字，アンダ・スコア(_)，ドル記号($)を含むことができる．
　　● 大文字と，小文字を区別する．

● エスケープされた識別子
　　● バック・スラッシュ(\)で始まる文字列．
　　● 任意の印字可能な ASCII 文字を含むことができる．
　　● ホワイト・スペース(スペース，タブ，改行)が識別子の区切りとなる．

Appendix II
Verilog-2001

　Verilog HDLは，1995年にIEEE 1364として標準化されましたが，2001年にさまざまな修正と拡張が行われ，IEEE 1364-2001という新しい規格になりました．おもな修正・拡張内容は，
- 30数項目の機能の追加
- IEEE 1364-1995における誤りの訂正と，あいまいな点の明確化
- VHDLの長所であるいくつかの機能の導入

などです．既存の機能もそのまま使えるように，上位互換性が維持されています．ここでは，回路の記述や検証に役立つ内容を中心に，拡張された特徴的な部分を紹介します．なお，この新しいVerilog HDLは，一般に「Verilog-2001」と呼ばれています．これに対して，従来のバージョンは「Verilog-1995」となります．

II.1　回路記述向きの拡張

II.1.1　宣言の拡張

●ANSI C形式のポート・リスト(リストII.1)
　Verilog-2001ではポート・リストとポート宣言を一括して記述することが可能となりました．ANSI Cとよく似た形式です．ポート・リストの中で宣言した場合，区切りにコンマ(,)を使用します．セミコロン(;)は使いません．また，最後のポートでは末尾にコンマを使わず，右かっことセミコロンで終わります．このスタイルは，モジュールのポート宣言だけでなくファンクションやタスクの引き数宣言でも利用可能です．

●ポート宣言にデータ型の宣言を含める(リストII.1)
　inputやoutputに続いてデータ型を記述できます．Verilog-1995では，レジスタ型の出力は，

```
output  [3:0]   dout;
reg     [3:0]   dout;
```

と，ポートとデータ型の2回の宣言を行っていました．これを1回で済ませることができます．

リストⅡ.1
ANSI C形式のポート・リスト

```
/* 2 to 1セレクタ */
module sel2to1(
input    wire         sel,
input    wire  [3:0]  d0, d1,
output   reg   [3:0]  dout
);
```
```
always @* begin
    if ( sel )
        dout <= d1;
    else
        dout <= d0;
end
endmodule
```

リストⅡ.2
デフォルト・ネット宣言のデータ型設定

```
`default_nettype none

module top( ck, rst, q );
input    wire         ck, rst;
output   wire  [6:0]  q;

/* cnt10outの宣言忘れをエラーで検知できる */

cnt10   cnt10 ( .ck(ck), .rst(rst), .q(cnt10out) );
segdec  segdec( .din(cnt10out), .dout(q) );

endmodule

module cnt10( ck, rst, q );
input           ck, rst;
output   [3:0]  q;

    /* 記述省略 ‥ 10進カウンタの本体 */

endmodule

module segdec( din, dout );
input    [3:0]  din;
output   [6:0]  dout;

    /* 記述省略 ‥ 7セグメント・デコーダの本体 */

endmodule
```

● デフォルト・ネット宣言のデータ型設定（リストⅡ.2）

Verilog-1995では，データ型の宣言を行わないネットは，デフォルトでwire型となりました．例えば，下位モジュール接続で使うネットは，データ型の宣言を行わなくてもwire型でした．Verilog-2001では，

```
`default_nettype <データ型>
```

とコンパイラ指示子で指定することで，デフォルトのネット型を指定できます．
　さらに，＜データ型＞の指定部分を，

```
`default_nettype none
```

とすると，データ型の宣言を省略した場合にエラーとすることができます．
　下位モジュール接続に使うネットは未宣言で使えました．ただし，1ビットとして扱われるので，多ビット信号を記述するとLSBしか接続されないという危険がありました．文法エラーではないので，なかなか見つけにくいバグの一つでした．
　ここでリストⅡ.2のようにデータ型をnoneにすることで，モジュール間接続信号cnt10outの宣言忘れをエラーにすることができます．これにより，

```
wire    [3:0]   cnt10out;
```

が必要であることを容易に発見できます．

Ⅱ.1.2　構文の拡張

●定数関数（リストⅡ.3）

　回路の一部をパラメータ化することにより，設計資産としてHDLライブラリを構築することができます．しかし，Verilog-1995では限界がありました．例えばN進カウンタのライブラリを作成した場合，必要なビット幅を算出する完全な方法がありませんでした．parameter宣言において右辺に定数式を記述できますが，1行の式で記述できる内容に限界があったためです．
　Verilog-2001では「定数関数」という概念が導入されました．形式は通常のfunctionですが，コンパイル時に値が決まる関数であれば[注]，定数式を記述できる場所で呼び出せます．リストⅡ.3のように，Nの値を表すために必要なビット幅を算出する関数widthを定義し，出力ポートのビット幅宣言時に呼び出しています．
　定数関数は，定式だけが許される場所，つまり，
- ビット幅
- 配列の範囲
- 連接演算における繰り返し回数
- 遅延

などで呼び出し可能です．

注：定数関数に対応するのが，「実行時に値が決まる関数」である．例えば，デコーダをfunctionで記述した場合，入力に応じた戻り値になるため，定数関数とはならない．記述した時点で入力値が決まり，戻り値も決まっているのが定数関数である．

リストⅡ.3
定数関数

```verilog
/* N進カウンタ（Nは2以上） */
module ncount( clk, rst, q );
parameter N = 16;
input    wire    clk, rst;
output   reg   [width(N)-1:0] q;

/* ビット幅を算出する定数関数 */
function integer width;
input    cntmax;
integer i;
begin
    for (i=1; 2**i<cntmax; i=i+1) begin end
    width = i;
end
endfunction

/* カウンタ本体 */
always @(posedge clk, posedge rst) begin
    if ( rst )
        q <= 0;
    else if ( q == N-1)
        q <= 0;
    else
        q <= q + 1;
end

endmodule
```

リストⅡ.4
名まえによるパラメータの値付け

```verilog
/* カウンタの呼び出し側 */
module count25( clk, rst, q );
input         clk, rst;
output  [4:0]    q;

ncount #(.N(25)) ncount ( clk, rst, q );

endmodule
```

● 名まえによるパラメータの値付け（リストⅡ.4）

下位モジュール接続のポート・リストには，名まえによる接続方法がありました．これと同様に，パラメータに対して名まえによる値付けが可能です．リストⅡ.4では，リストⅡ.3のN進カウンタを呼び出し，Nに25を与えて25進カウンタにしています．

● generate（リストⅡ.5，Ⅱ.6）

Verilog-2001では，VHDLが備えているいくつかの機能を取り入れています．generateもその一つです．コンパイル時に記述を選択したり，繰り返すことができます．

リストⅡ.5では，二つの方式（always文と条件演算子）によるセレクタをコンパイル時に切り替え

リストⅡ.5
generateブロックとif文

```
/* generateによるセレクタの切り替え */
module sel2to1_2(
input         sel,
input   [3:0] d0, d1,
output  [3:0] dout
);

parameter sel_type = 1;

generate
if (sel_type==1)
begin: sel_always
    /* always文によるセレクタ */
    reg    [3:0]  dout;_reg
    always @* begin
        if ( sel )
            dout_reg <= d1;
        else
            dout_reg <= d0;
    end
    assign dout = (sel==1'b1) ? d1: d0;
end
else if (sel_type==2)
begin: sel_cond
    /* 条件演算子によるセレクタ */
    wire   [3:0]  dout;
    assign dout = (sel==1'b1) ? d1: d0;
end
endgenerate

endmodule
```

ています．generate〜endgenerateの中にif〜elseを記述し，条件によってデータ型の宣言と動作の記述を切り替えています．それぞれの記述はbegin〜endで囲い，ラベルを付加しています．ここでは2方向分岐を行っていますが，多方向に分岐する場合はcase〜endcaseを使えます．

　リストⅡ.6はforによる繰り返しです．generate内で有効な変数をgenvarで宣言し，ビット幅分フル・アダーを接続しています．けた上げ信号coutに対するビット選択をくふうすることで，上位ビットへの接続を行っています．

　generateによる回路生成は，コンパイラ指示子による条件コンパイルと似ていますが，
- モジュールの中で記述可能
- if〜elseのほかに，caseによる多方向分岐やforによる繰り返しが可能
- generate内で有効な変数が可能

などの点が異なります．

●センシティビティ・リスト
　always文で@以降に記述するセンシティビティ・リストが拡張されました．従来，センシティビ

リストⅡ.6
generateブロックと
for文

```
/* generateによるフル・アダーの繰り返し */
module adder( a, b, q );
parameter width = 4;
input    [width-1:0]  a, b;
output   [width-1:0]  q;

wire     [width:0] cout;
assign cout[0] = 1'b0;

generate
genvar i;
for (i=0; i<width; i=i+1 )
begin: adder_generate
    /* フル・アダー呼び出し */
    fulladd add0( a[i], b[i], cout[i], q[i], cout[i+1] );
end
endgenerate

endmodule
```

ティ・リストの区切りはorでしたが，Verilog-2001ではコンマ(,)も使用できるようになりました．すでに**リストⅡ.3**で示したように，

```
@(posedge clk, posedge rst)
```

と，検出する信号をコンマで区切ることができます．また，ワイルド・カードの*を使うことで(**リストⅡ.1**)，

```
always @* begin
    if ( sel )
        dout <= d1;
    else
        dout <= d0;
end
```

のように，入力に相当するすべての信号の変化を検出することができます．この記述は，

```
@( sel, d0, d1 )
```

を簡略化したことになります．

なお，@以降の記述はalways文のセンシティビティ・リスト専用ではなく，遅延を作る記述なので，initial文やtaskの中でも同様の記述を行えます．

II.1.3　配列や演算の拡張

●レジスタ型の名称を「変数(variable)」に

　Verilog-1995では文法上「変数」はなく，regやintegerは「レジスタ型」と呼んでいました．ハードウェア設計者にとって，レジスタということばはフリップフロップなどの記憶素子を連想させます．「レジスタ型のregを用いて組み合わせ回路を記述する」など，誤解しやすい表現を使う必要がありました．

　そこでVerilog-2001では，「レジスタ型(register type)」の名称を「変数(variable)」に変更しました．以下のデータ型を「変数」と呼ぶことになりました．

- reg
- integer
- time
- real
- realtime

●多次元配列と要素の選択(リストⅡ.7)

　Verilog-1995の配列には以下のような多くの制限がありました．

- 1次元まで
- ネット型は配列不可
- 配列のビット選択は行えない

　なお，ビット幅の定義は配列とはみなしません．

　Verilog-2001ではこれらの制限が解消され，プログラミング言語の「配列」並みの扱いが可能になりました．リストⅡ.7では，ネット型で各要素が8ビットの2次元配列memを宣言しています．8ビット単位のアクセスに加えて，ビット単位のアクセスが可能となりました．

●式を用いた部分選択(リストⅡ.8)

　Verilog-1995では，多ビット信号について，ビット選択や部分選択を行えました．ビット選択信号に式を使うことでセレクタなどを簡単に記述できましたが，部分選択には定数式しか使えませんでした．Verilog-2001では，新たな記述方法を追加して，部分選択に式を使うことが可能となりました．

　リストⅡ.8は，32ビットの信号wordを8ビット単位に切り出し，byteに代入しています．切り出す位置はposで指定しています．つまり，

リストⅡ.7
多次元配列

```
wire    [7:0]   mem[0:15][0:255];
wire    [7:0]   byte;
wire            bit;

assign byte = mem[0][255];
assign  bit = mem[0][255][5];
```

リストⅡ.8
式を用いた部分選択

```
wire     [7:0]    byte;
wire     [31:0]   word;
reg      [1:0]    pos;

assign byte = word[ pos*8 +: 8 ];
```

```
pos=0 … word[7:0]
pos=1 … word[15:8]
pos=2 … word[23:16]
pos=3 … word[31:24]
```

となります．構文は，以下のようになります．

```
[ <開始ビット> +: <ビット幅> ]
[ <開始ビット> -: <ビット幅> ]
```

　<開始ビット>から<ビット幅>分を選ぶことができ，+:は<開始ビット>からビット位置が増える方向に，-:はビット位置が減る方向に選択します．<開始ビット>には式が使えますが，<ビット幅>は定数式のみで固定となります．
　部分選択によってビットの並びが反転することはありません．**リストⅡ.8**の例で，pos=0のときはword[0 +: 8]となり，ビット0から8ビット分，つまりword[7:0]を選択したことになります．

● 32ビットを越える定数
　ビット幅指定のない定数は，32ビットとして扱われます．これはVerilog-2001でも変わりませんが，32ビットを超えた定数に対するx，zの自動拡張がきちんと定義されました．
　例えば64ビットの信号dbusに対して，

```
wire [63:0] dbus = 'hz;
```

の代入があった場合，Verilog-2001では，

```
dbus === 64'hzzzz_zzzz_zzzz_zzzz;
```

となりますが，Verilog-1995では，

```
dbus === 64'h0000_0000_zzzz_zzzz;
```

となってしまいました．これは，xやzに対する自動拡張が32ビットまでで，そこから上は0が拡張

されてしまったからです．中途半端な文法でしたが，Verilog-2001では改善されました．
　ちなみに，

```
wire [63:0] dbus1 = 'b0;
wire [63:0] dbus2 = 'b1;
```

とした場合には，上位側はすべて0が拡張されます．これはVerilog-1995と変わりません．

●累乗演算

Verilog-2001では演算も拡張されました．その一つが累乗演算です．**リストⅡ.3**(for文内)に示したように，演算子**によって累乗演算を利用できます．

●符号付き変数や演算

VHDLにあってVerilog HDLにないものの一つが符号付き数値の取り扱いでした．符号を取り扱うことができるようにするためには，関連するいくつかの文法事項が必要になります．Verilog-2001で符号付き数値が利用可能となったため，これから解説するいくつかの事項も使用できるようになりました．

(1) 符号付きのデータ型

```
wire signed [31:0] long;
reg  signed [7:0]  byte;
```

のように，ネット型でも変数でも符号付きで宣言できます．これらを用いると，符号を含めて演算や代入が行われます．例えば，乗除算の符号の演算や代入時の符号拡張などが行われます．
　なお，signedを省略すると符号なしになりますが，符号なしを明示したい場合はunsignedを使います．

(2) 関数における符号付きの戻り値

```
function signed [31:0] alu;
    ...
endfunction
```

のように関数の戻り値にも符号付きを指定できます．

(3) 符号付きの定数

図Ⅱ.1に示すように，基数を示す文字の前にsを付けることで，符号付きの定数表現が可能となり

図Ⅱ.1
符号付きの定数

```
<ビット幅>'sb<値>   ‥  符号付き2進数    (例) 4'sb1010  → 1010
<ビット幅>'so<値>   ‥  符号付き8進数    (例) 8'so177   → 0111_1111
<ビット幅>'sd<値>   ‥  符号付き10進数   (例) 8'sd29    → 0001_1101
<ビット幅>'sh<値>   ‥  符号付き16進数   (例) 16'sh123  → 0000_0001_0010_0011
```

ました．符号付きの定数は，ビット幅の異なる信号への代入や演算において，符号拡張が行われます．

(4) 算術シフト演算子

符号を保持してシフトする算術シフト演算が追加されました．

```
<<<  …  左シフト
>>>  …  右シフト
```

となります．

(5) 型変換のシステム・タスク

符号付き数値と符号なし数値の間で型を変換するシステム・タスクが追加されました．

```
$signed()    …  符号付きへの変換
$unsigned()  …  符号なしへの変換
```

Ⅱ.2 テストベンチ向きの拡張

● 変数宣言時の初期値設定

```
integer   i = 0;
reg [7:0] count = 8'hff;
```

などのように，変数宣言時に初期値を与えることが可能となりました．initial文の中で初期化を行う手間が省けます．

　初期値設定は論理合成も対応しつつありますが，回路記述には使用しない方が無難です．順序回路の初期値は不定値であり，初期化は動的に行うべきでしょう．つまり，リセット信号をアクティブにして初期化するべきです．

● コンフィグレーション（リストⅡ.9）

　これもVHDLの特徴である機能を取り入れたものです．下位モジュールの接続において，接続対象をコンフィグレーションによって選択することができます．例えば，

リストⅡ.9
コンフィグレーションの
記述例

```
/***** ファイル：rtl/sel2to1.v *****/

/* always文によるセレクタ */
module sel2to1( sel, d0, d1, dout );
input         sel;
input   [3:0] d0, d1;
output  [3:0] dout;

reg     [3:0] dout;

always @(sel or d0 or d1) begin
    if ( sel )
        dout <= d1;
    else
        dout <= d0;
end

endmodule


/***** ファイル：rtl_2nd/sel2to1.v *****/

/* 条件演算子によるセレクタ */
module sel2to1( sel, d0, d1, dout );
input         sel;
input   [3:0] d0, d1;
output  [3:0] dout;

assign dout = (sel==1'b1) ? d1: d0;

endmodule


/***** ファイル：testbench/sel2to1_test.v *****/

/* ライブラリ指定 */
library rtl_lib      "../rtl/*.v";
library rtl_2nd_lib  "../rtl_2nd/*.v";
library testbench    "./*.v";


/* テストベンチ */
module sel2to1_test;
reg           sel;
reg     [3:0] d0, d1;
wire    [3:0] dout1, dout2;

sel2to1 s1 ( sel, d0, d1, dout1 );
sel2to1 s2 ( sel, d0, d1, dout2 );

initial begin
    sel = 0; d0 = 4'hd; d1 = 4'h3;
    #1000 sel = 1;
    #1000 sel = 0;
    #1000 sel = 1;
end

endmodule
```

リストⅡ.9
コンフィグレーションの
記述例（つづき）

```
/* コンフィグレーション */
config cfg_sel2to1_test;
    design testbench.sel2to1_test;
    default liblist rtl_lib;
    instance sel2to1_test.s2 liblist rtl_2nd_lib;
endconfig
```

- アーキテクチャの異なる複数のモジュールから一つを選択して検証する
- RTL記述と論理合成後のゲート回路があり，同じテストベンチの中から選択して検証する

などを，文法的にサポートしたものがコンフィグレーションです．

リストⅡ.9に記述例を示します．ここでは同じ動作を行う二つのセレクタがあり，それぞれ別のファイル，別のディレクトリに保存しているものとします．さらにテストベンチでは，これらを呼び出して接続しています．ただし，どちらの回路を用いるかは指定していません．

回路記述やテストベンチは，以下のように配置しているものとします．

```
rtlディレクトリ          … 回路記述
rtl_2ndディレクトリ      … 別記述の回路
カレント・ディレクトリ    … テストベンチ
```

これらがライブラリに格納されていると考えて，以下のようにlibraryを用いて格納場所を指定します．

```
library <ライブラリ名> <ファイルのパス>;
```

次にconfig～endconfigの中でテストベンチで用いるモジュールを指定しています．まず最初に，

```
design <ライブラリ名>.<最上位モジュール名>;
```

の形式で，コンフィグレーションの対象となるテストベンチの階層を指定します．次に，

```
default liblist <ライブラリ名>, <ライブラリ名>, ... ;
```

のように，接続する下位モジュールを含むライブラリを検索順に記述します．最後に，

```
instance <最上位モジュールからのパス> liblist <ライブラリ名>, <ライブラリ名>, ...;
```

と記述することで，特定のインスタンスを特定のライブラリ内から選択することができます．ここで

図Ⅱ.2
ファイル読み込みのシステム・タスク

`$fgetc(fd)`	ストリームから1文字読み込む
`$ungetc(c, fd)`	ストリームに1文字戻す
`$fgets(str, fd)`	ストリームから1行読み込む
`$fscanf(fd, format, arguments)`	ストリームから書式付きで読み込む
`$sscanf(str, format, arguments)`	指定文字列変数から書式付きで読み込む
`$fread(variable, fd)`	ストリームから指定した数だけ読み込む
`$ftell(fd)`	ストリームの現在のファイル・ポインタを得る
`$fseek(fd, offset, operation)`	ストリームのファイル・ポインタを設定する
`$rewind(fd)`	ストリームのファイル・ポインタを0にする
`$ferror(fd, str)`	ストリームのエラー状態を得る
`$fflush(fd)`	ストリームのためのバッファ内容をすべてファイルに書き出す

リストⅡ.10
再帰可能なファンクション

```
/* 再帰を用いた階乗算出関数 */
function automatic [63:0] fact;
input [5:0] n;
begin
    if ( n<=1 )
        fact = 1;
    else
        fact = n * fact(n-1);
end
endfunction
```

＜最上位モジュールからのパス＞は，階層アクセスと同じくドット（.）で区切ることによって，最上位モジュールから対象のインスタンスまでのパスを記述できます．

結局，リストⅡ.9の例ではテストベンチの中で，

- s1 … always文によるセレクタ
- s2 … 条件演算子によるセレクタ

を接続していることになります．

● ファイル読み込みのシステム・タスク

ファイルの読み込みに関して，多くのシステム・タスクが追加されました．動作はC言語のライブラリ関数と同じです（図Ⅱ.2）．

● 再帰可能なファンクションと再入可能なタスク

C言語などのプログラミング言語と同様の機能がファンクションとタスクに備わりました．プログラミング言語では「サブルーチン」の引き数や内部変数がスタックに生成されることを前提にしており，

- 再帰（リカーシブ）
- 再入（リエントラント）

が可能です．Verilog-2001では予約語のautomaticを付加することで，これらを利用できるようになりました．

リストⅡ.10は，再帰を用いて階乗を求めるファンクションです．リストⅡ.11および図Ⅱ.3では，タスクに再入しても（終了しないうちに再び呼び出されても），引き数の値が上書きされず，保持して

リスト II.11　再入可能なタスク

```
module test;

task automatic disp;
input integer n;
begin
        $display( "time=%0d  n=%0d", $stime, n );
    #1000 $display( "time=%0d n=%0d",  $stime, n );
end
endtask

initial begin
    #100 disp(1364);
end

initial begin
    #500 disp(2001);
end

endmodule
```

図 II.3
シミュレーション結果

```
time=100   n=1364
time=500   n=2001
time=1100  n=1364
time=1500  n=2001
```

図 II.4
コンパイラ指示子

```
`ifndef  …  `ifdefと論理が逆
`elsif   …  ネスティング時の`endifを少なくできる
`undef   …  `defineで定義したテキスト・マクロをキャンセル
```

います．

II.3　コンパイル時の拡張

●条件コンパイルの拡張
　図 II.4に示すような条件コンパイルに関するコンパイラ指示子が追加されました．`elsifは，`ifdefのネスティングが深くなったときに`endifの連続を省略できるので便利です．

●アトリビュート
　ツールへの指示を記述中に埋め込む場合などに使います．従来はコメントの形で記述する場合が多く，記述の妥当性のチェックが困難でした．

```
  (* full_case, parallel_case *)
```

のように(*〜*)で囲い，複数あるときはコンマで区切って記述します．この例はcase文を論理合成する際の，論理合成ツールへの指示です．

参考文献

1) IEEE Standard Hardware Description Language Based on the Verilog Hardware Description Language 1995，IEEE，1995．
2) Stuart Sutherland；*VERILOG HDL QUICK REFERENCE GUIDE*，Sutherland HDL Consulting，1995．
3) IEEE Standard for Verilog Hardware Description Language 2001，IEEE，2001．
4) Stuart Sutherland；*Verilog HDL Quick Reference Guide based on the Verilog-2001 standard*，Sutherland HDL，2001．
5) 半導体理工学研究センター，エッチ・ディー・ラボ；設計スタイルガイド 2002 Verilog-HDL，エッチ・ディー・ラボ，2002年．
6) Donald E. Thomas, Philip Moorby（飯塚哲哉，浅田邦博 訳）；設計言語Verilog-HDL入門，培風館，1995年．
7) 鳥海佳孝，田原迫仁治，横溝憲治；実用HDLサンプル記述集，CQ出版，2002年．
8) Jayaram Bhasker（佐々木尚 訳）；Verilog HDL論理合成入門，CQ出版，2001年．
9) 木村真也；実習Verilog-HDL論理回路設計，CQ出版，2001年．
10) 桜井至；HDLによるデジタル設計の基礎，テクノプレス，1997年．
11) 並木秀明，前田智美，宮尾正大；実用入門ディジタル回路とVerilog-HDL，技術評論社，1996年．

索 引

■ア行■

アーキテクチャ・レベル……………………18
アップ/ダウン・カウンタ…………………113
アトリビュート………………………………248
アドレス・カウンタ…………………………146
暗証番号…………………………………47, 49
一次子…………………………………………235
一致比較回路…………………………………97
イネーブル……………………………28, 111
イベント……………………………65, 160, 165
イベント型変数………………………………166
イベント起動……………………………165, 233
イベント式……………………104, 111, 165, 231
イベント宣言……………………………165, 228
イベント・リスト……………………………160
イモヅル式……………………………………120
入れ子構造……………………………………80
インスタンス名……………………………24, 73
インバータ……………………………………75
エスケープされた識別子……………………235
エッジ限定…………………………………65, 104
エッジ・センシティブ………………………105
エンコーダ……………………………………87
演算子………………………………………62, 234
演算優先順位………………………………62, 234

■カ行■

下位階層信号アクセス………………………154
改行………………………………21, 173, 174
階層……………………………………………45
階層アクセス………………………………154, 178
下位モジュール……………………………24, 32
下位モジュール呼び出し…………………57, 229
概略設計………………………………………17
回路記述………………………………………69
回路図エディタ………………………………25
回路図入力…………………………………16, 140
カウンタ……………………………………26, 113
カウンタ・ユニット…………………………28
カウント・アップ……………………………113
カウント・ダウン……………………………113
書き込み遅延…………………………………145
加算演算子……………………………………19
加算回路……………………………………19, 92
カスケード接続………………………………92
画像データ……………………………………146
画素数…………………………………………147
型宣言………………………………………58, 59
型変換…………………………………………245
仮引き数………………………………………43

カルノー図……………………………………16
関係演算……………………………………64, 85
関係演算子……………………………………43
関数……………………………………………43
偽…………………………………………27, 69
記述の順番……………………………………126
記述レベル……………………………………18
基数……………………………………24, 58, 235
機能記述………………………………………19
基本ゲート回路………………………………75
キャリ(＝けた上げ)…………………………22
強制終了………………………………………91
強制代入………………………………………177
空白文字…………………………………21, 173
組み合わせ回路…………………19, 38, 69, 70, 75
グラフ化………………………………………148
グレイ・コード・カウンタ…………………114
クロック生成………………………………184, 203
警告…………………………………………59, 148
継続的代入…………………………………69, 230
ゲート回路……………………………………75
ゲート・タイプ………………………………229
ゲート・レベル………………………………18
ゲート・レベル・シミュレーション………159
けた上げ………………………………………22
けた上げ出力………………………………28, 92
けた上げ入力…………………………………92
けた下げ出力…………………………………93
けた下げ入力…………………………………93
減算回路………………………………………93
検証精度……………………………………16, 140
検証用トップ・モジュール…………………153
合成用ライブラリ…………………………16, 31
構造記述………………………………………19
固定回数のループ……………………………164
コメント……………………………………19, 180
コンパイラ指示子…………………………30, 179
コンパイルド・セル…………………………97
コンフィグレーション………………………245

■サ行■

再帰……………………………………………248
最小書き込みパルス幅………………………145
最適化…………………………………………112
再入……………………………………………248
サブトラクタ(＝減算回路)…………………94
左辺値…………………………………………231
算術シフト演算………………………………245
シーケンサ……………………………………128
式……………………………………………62, 234
識別子…………………………………………235

システム・タスク	32, 172
システム・ファンクション	176
システム・レベル検証	17
実時間	180
実引き数	44, 71
シフト演算	120, 122, 126
シフト演算子	96
シフト回路	96
シフト・レジスタ	47, 122
シミュレーション記述	20, 30, 154
シミュレーション結果	157
シミュレーション時刻	176
シミュレーション・モデル	17, 140
シミュレーション・ユニット	31
シミュレーション・ライブラリ	31
終了	176
出力信号	20
順次処理ブロック	81, 167
順序回路	33, 69, 71, 103, 113, 137
順番による接続	24, 73
上位モジュール	21
条件演算子	78, 80
条件式	27
条件分岐	70
乗算演算子	96
乗算回路	18, 96
定数	24, 58
定数加算回路	95
定数関数	238
定数式	164, 227
状態	128, 193
状態遷移	129, 193
初期値	35
ジョンソン・カウンタ	117
シリアル・パラレル変換	122
真	27, 64
信号	58, 227
信号強度	58, 229
信号名	23
真理値表	87
スイッチ・レベル	18
数値	58, 235
スカラ信号	62
ステート生成回路	130, 195
ステート・マシン	128
ステート名	131, 205
ステートメント	160, 163, 231
ステート・レジスタ	131, 195
スペース	21, 173
制御系	128
制御論理回路	128
制約条件	37
セグメント	183
設計期間	16, 150
設計資産	16
設計対象	17
セットアップ時間	145, 146, 148
セル	15
セル・ライブラリ	25
セレクタ	77
センシティビティ・リスト	240
双方向端子	101
双方向バッファ	99

■タ行■

大小比較回路	97
ダイナミック点灯	184
代入文	156
タイミング制御	231
対話モード	176
多次元配列	62
たすきラッチ	103
タスク	150, 151, 157, 167
タスク定義	154
タスクによる戻り値	169
タスク・ファンクション内宣言	230
タスク呼び出し	154, 157
立ち上がり	27, 165
立ち下がり	165
多ビット信号	60
タブ	21, 173, 174
単位付け	180
単項演算子	50
端子名	57
単相クロック	161
単相同期回路	17
遅延	31, 177, 228, 238
チャタリング	46, 47
抽象データ型	165
中断	176
筒抜け	104
定義側ポート名	73
ディジタル・ウォッチ	128
ディバイダ(分周回路)	120
データ型	27, 58
データパス系	128
テキスト置換	179
デコーダ	85
デコード方式	130
テスト対象	34
テストベンチ	203, 245
手続き型代入	69
手抜きグレイ・コード・カウンタ	116
電子サイコロ	40
電子錠	46
同期カウンタ	28
同期型	108
同期設計	40, 111
等号演算	64, 79
動作保証	118
特殊文字	174
トランジスタ	18
トリガFF	108

■ナ行■

- 内部信号 …………………………………… 23, 45
- 内部レジスタ …………………………… 151, 167
- 名まえ付きブロック ………………………… 91
- 名まえによる接続 ………………………… 24, 75
- 入力信号 ……………………………………… 20
- 入力信号印加 ……………………………… 154
- 入力パターン・ファイル ………………… 156
- ネスティング ………………………………… 80
- ネット型 ………………………………… 23, 58, 228
- ネット宣言 …………………………… 57, 59, 65, 228
- ネットリスト ………………………………… 15
- ノン・ブロッキング代入 ………… 28, 124, 125, 167, 232

■ハ行■

- ハードウェア記述言語 ……………………… 14
- ハイ・インピーダンス ………………… 58, 101
- 配線 …………………………………………… 23
- バイナリ・カウンタ ……………………… 26, 113
- バイナリ・コード ………………………… 116
- 配列 ………………………………………… 242
- 波形表示 …………………………………… 34
- バック・クォート(→`) …………………… 179
- バック・スラッシュ(→\) ………………… 174
- パラメータ宣言 ………………………… 57, 227
- パラメータ割り当て ……………………… 229
- パラレル・シリアル変換 ………………… 122
- バレル・シフタ …………………………… 98
- 範囲外 ……………………………………… 61
- 比較回路 …………………………………… 97
- 引き数 ………………………………… 43, 67, 151
- ひげ ………………………………………… 114
- 左詰め …………………………………… 174
- ビット選択 ……………………………… 61, 82
- ビット幅 ……………………………… 24, 58, 59, 238
- ビットAND演算(→&) …………………… 22
- ビットEX-OR演算(→^) ………………… 22
- ビットNOT演算(→~) …………………… 29
- ビットOR演算(→|) ……………………… 22
- 非同期カウンタ ………………………… 120
- 非同期型 ………………………………… 103
- ビヘイビア・レベル ……………………… 18, 19
- ファイル・アクセス ……………………… 146
- ファイル出力システム・タスク ……… 175
- ファイル変数 ………………………… 150, 175
- ファイル末尾 …………………………… 171
- ファンクション …………………………… 43
- ファンクション呼び出し ………………… 235
- フェイル・セーフ ………………………… 130
- フォーマットされた出力 ………………… 33
- フォーマット指定 ……………………… 33, 174
- 復号化 ……………………………………… 17
- 複合ゲート ……………………………… 76
- 複文 ……………………………………… 81, 167
- 不正ループ ……………………………… 118
- 物理データ型 ………………………… 165

- 不定値 ……………………………… 35, 58, 79
- 負の数 ……………………………………… 95
- 部分選択 …………………………………… 61
- プライオリティ・エンコーダ …………… 87
- フラグ …………………………………… 149
- フリー・フォーマット ………………… 21, 173
- フリップフロップ ……………………… 26, 71
- プリミティブ・ゲート …………………… 75
- プリミティブ・ゲート呼び出し ……… 229
- フル・アダー ……………………………… 21
- ブロッキング代入 …………… 28, 123, 124, 231
- ブロック ………………………………… 232
- ブロック記述 …………………………… 19
- ブロック内宣言 ………………………… 232
- ブロック名 ……………………………… 89, 172
- 分周回路 ………………………………… 120
- 文法エラー …………………… 24, 59, 60, 61, 62
- 並列処理ブロック ……………………… 167
- ベクタ信号 ……………………………… 62
- 変数 ……………………………………… 58, 242
- ベンダ・フリー …………………………… 16
- ポート接続 ……………………………… 73
- ポート宣言 ……………………………… 57, 227
- ポート・リスト ………………………… 21, 57, 229
- ボード・レベル・シミュレーション …… 16
- ホールド時間 …………………………… 146

■マ行■

- マルチプレクサ ………………………… 77
- 丸め精度 ………………………………… 180
- ミックスト・レベル・シミュレーション … 17
- 無限ループ ……………………………… 164
- モジュール ……………………………… 20, 56
- モジュール・アイテム ………………… 160
- モジュール間伝播遅延 ………………… 178
- モジュール構成要素 ………………… 78, 227
- モジュール構造 ……………………… 56, 227
- モジュール名 ……………………… 56, 73, 227
- モジュール呼び出し ………………… 72, 73
- 文字列 …………………………………… 235
- 文字列定数 ……………………………… 170
- 文字列の連結 …………………………… 170
- 文字列引き数 …………………………… 170
- 戻り値 …………………………………… 43, 71

■ヤ行■

- 優先順位 ………………………………… 87
- 呼び出し(タスク) ……………… 152, 164, 233
- 呼び出し(ファンクション) …………… 71
- 呼び出し(下位モジュール) …………… 72
- 読み出し遅延 …………………………… 143

■ラ行■

- ライブラリ ……………………………… 31
- ラッチ ………………………………… 27, 71, 104
- 乱数 …………………………………… 170, 176
- リダクション演算 ……………………… 50, 66

索引

リプル・キャリ … 21
リング・カウンタ … 119
ループ変数 … 91
累乗演算 … 244
レジスタ型 … 27, 58, 59, 228
レジスタ型宣言 … 228
レジスタ信号 … 228
レジスタ宣言 … 27, 57
レジスタ選択 … 128
レジスタ・トランスファ・レベル(→RTL) … 18
レジスタ配列 … 49, 61, 127
レジスタ・ファイル … 49, 127
レベル・センシティブ … 104, 165
レンジ … 227
連接 … 64, 65, 231, 235, 238
ローカル変数 … 149
ロード … 109, 111
論理演算 … 76
論理合成 … 37, 212
論理合成後のシミュレーション … 159
論理合成ツール … 15, 16
論理式 … 76

■ワ行■

ワイルド・カード … 241
ワイヤ … 23
ワード単位 … 61
ワン・ホット方式 … 130

■英字■

A-D変換シミュレーション・モデル … 146
always … 27, 57, 67, 69, 72, 74, 92, 117, 160, 231
and … 75
AND-NORゲート … 76
AND-ORゲート … 78
ASIC … 15
assign … 20, 57, 69, 230
begin ~ end … 32, 167, 232
break … 44, 171
C言語 … 15
case … 43, 79, 81, 86, 87, 232
casex … 84, 88, 232
casez … 84, 232
config … 247
continue … 171
Dフリップフロップ … 105, 109
Dラッチ … 104
D-A変換シミュレーション・モデル … 148
default … 87, 136, 232, 247
design … 247
disable … 91, 172, 233
don't care … 84, 85
else … 42
endcase … 44
endconfig … 247
endfunction … 44
endgenerate … 240

endmodule … 56, 216, 227
endtask … 151
event … 166, 228
FF(→フリップフロップ) … 26, 71
for … 88, 163
force … 177, 233
forever … 164, 232
fork ~ join … 167, 232
FPGA … 15, 183, 210
fs … 180
function … 43, 57, 67, 230
generate … 239
genvar … 240
HDL … 14
HDLライブラリ … 31
HEXフォーマット … 98
IEEE 1076 … 15
IEEE 1364 … 15, 216, 236
if … 27, 78, 80, 83, 85, 87, 232
initial … 32, 143, 160, 230
inout … 101
input … 20, 60
instance … 247
integer … 89, 166, 242
JKフリップフロップ … 107, 110
liblist … 247
library … 246
LSB … 24, 61
MCD(Multi Channel Descriptor→ファイル変数)
  … 150, 175
module … 20, 56, 216, 227
ms … 180
MSB … 24, 61
negedge … 105, 165, 231
ns … 180
or(イベント式の論理和) … 27, 104, 165
output … 20
parameter … 31, 95, 166, 227
Pascal … 43
posedge … 27, 165
ps … 180
RAM … 18
RAMシミュレーション・モデル … 144
real … 166, 242
realtime … 242
reg … 27, 49, 242
releace … 177, 233
repeat … 164, 232
ROM … 18, 97
ROMシミュレーション・モデル … 143
s … 180
specify … 146, 222
specparam … 148
SRフリップフロップ … 103, 108
Tフリップフロップ … 108, 111
task(→タスク) … 151, 230
time … 166, 242

| us ……………………………………………180
| variable ……………………………………242
| wait ……………………………149, 165, 233
| while …………………………………163, 232
| wire ………………………………23, 27, 58
| x（→不定値）……………………58, 64, 84
| z（＝ハイ・インピーダンス）…………58, 64

■数字■

| 16進数 …………………………………………27
| 2進数 …………………………………………24
| 2相クロック …………………………………162
| 2の補数 ………………………………………95
| 3ステート信号 ………………………………99
| 3ステート・バッファ ………………………99
| 7セグメント・デコーダ…………………200

■記号■

| |〜| ……………………………………64, 216
| // ………………………………19, 20, 181
| /*〜*/ ……………………………20, 181
| ; …………………………………………………20
| ^ …………………………………………………22
| ' ……………………………………………49, 58
| ! ……………………………………………22, 50
| & …………………………………………………22
| . ……………………………24, 45, 178, 216
| , ………………………………………73, 241
| (*〜*) ……………………………………249
| * ……………………………………………241
| ** …………………………………………244
| @ …………………………29, 164, 168, 173
| > ……………………………………………43
| >>> …………………………………………245
| >= ……………………………………………43
| < ……………………………………………43
| <<< …………………………………………245
| <= ………………………………28, 43, 123
| ? ……………………………………80, 85, 97
| != …………………………………………43, 63
| !== …………………………………………63, 171
| = ………………………………28, 43, 123
| == ……………………………………………43
| === ………………………………………63, 171
| ~ ……………………………………………29
| # ……………………………32, 156, 164, 177, 228
| $ ……………………………………………172
| $display ………………………………158
| $fclose ………………………………150, 175
| $fdisplay ……………………150, 173, 175
| $ferror …………………………………248
| $fflush …………………………………248
| $fgetc …………………………………248
| $fgets …………………………………248

| $finish ……………………………32, 175
| $fmonitor ……………………………175
| $fopen ……………………………150, 175
| $fread ……………………………………248
| $fscanf …………………………………248
| $fseek ……………………………………248
| $fstrobe ………………………………175
| $ftell ……………………………………248
| $fwrite …………………………………175
| $hold ……………………………………148
| $monitor ……………………………33, 174
| $random ……………………………170, 176
| $readmemb ……………………………156, 172
| $readmemh ……………………………146, 172
| $rewind …………………………………248
| $setup ……………………………………148
| $signed …………………………………245
| $sscanf …………………………………248
| $stime …………………………………33, 176
| $stop ……………………………………176
| $strobe …………………………………174
| $time ……………………………………176
| $ungetc …………………………………248
| $unsigned ……………………………245
| $write ……………………………………174
| $writememb ……………………………172
| $writememh ……………………146, 172
| % ……………………………………………174
| %b ……………………………………………174
| %c ……………………………………………174
| %d ……………………………………………174
| %h ………………………………………33, 174
| %m ……………………………………………174
| %o ……………………………………………174
| %s ……………………………………………174
| %t ……………………………………………174
| %v ……………………………………………174
| %0d …………………………………………174
| ` …………………………………………………179
| `define …………………………………179
| `default_nettype ……………………238
| `else ……………………………………180
| `elsif ……………………………………248
| `endif ……………………………………180
| `ifdef ……………………………………180
| `include ………………………………179
| `timescale ……………………………30, 179
| _ ……………………………………49, 57, 58
| \ ……………………………………………174
| \ddd ………………………………………174
| \n ……………………………………………174
| \t ……………………………………………174
| \\ ……………………………………………174
| \" ……………………………………………174

著者略歴

1981年　山梨大学工学部電子工学科卒業.
1981年　カシオ計算機入社.
　　　　時計LSI開発，画像処理研究開発を経て，WindowsCEマシンやPHSの開発などに関わる.
1996年　(株)エッチ・ディー・ラボ設立に参加.
　　　　各種セミナの企画，開発，講師，eラーニング・システム「HDL Endeavor」シリーズの開発などに従事.

HDL歴：1991年末からVerilog HDLに関わるが，いきなり画像処理チップ開発に利用して失敗．しかし，開発過程で得た数多くの経験をその後の業務に生かすことができ，会社設立の原動力にもなった．

著作　：『ハイクラスC言語　～コンパイラ＆インタプリタ～』（共著，技術評論社，1993年）．雑誌『インターフェース』，『デザインウェーブマガジン』での執筆多数．

趣味　：マラソン，波乗り（ボディ・ボード），生サッカー観戦，DVD鑑賞＆作成など．

●本書掲載記事の利用についてのご注意── 本書掲載記事は著作権法により保護され，また産業財産権が確立されている場合があります．したがって，個人で利用される場合以外は著作権者および産業財産権者の許可が必要です．また，掲載された回路，技術，プログラムを利用して生じたトラブル等については，小社ならびに著作権者は責任を負いかねますのでご了承ください．
●本書記載の社名，製品名について── 本書に記載されている社名，および製品名は，一般に開発メーカの登録商標または商標です．なお，本文中ではTM，®，©の各表示を明記していません．
●本書に関するご質問について── 文章，数式等の記述上で不明な点についてのご質問は，必ず往復はがきか返信用封筒を同封した封書でお願いいたします．ご質問は著者に回送し直接回答していただきますので，多少時間がかかります．また，本書の範囲を越えるご質問には応じられませんので，ご了承ください．
●本書の複製等について── 本書のコピー，スキャン，デジタル化等の無断複製は著作権法上での例外を除き禁じられています．本書を代行業者等の第三者に依頼してスキャンやデジタル化することは，たとえ個人や家庭内の利用でも認められておりません．

JCOPY〈出版者著作権管理機構委託出版物〉
本書の全部または一部を無断で複写複製（コピー）することは，著作権法上での例外を除き，禁じられています．本書からの複製を希望される場合は，出版者著作権管理機構（☎03-5244-5088）にご連絡ください．

改訂・入門Verilog HDL記述

1996年7月1日　　初　版　発　行
2004年6月1日　　改訂　第1版発行
2022年12月1日　改訂　第15版発行

著　者　小林　　優
発行人　櫻田　洋一
発行所　CQ出版株式会社
〒112-8619　東京都文京区千石4-29-14
　　　電　話　03-5395-2122（編集）
　　　　　　　03-5395-2141（販売）

Copyright © 1996-2007 by Masaru Kobayashi

ISBN978-4-7898-3398-1
（無断転載を禁じます）

（定価はカバーに表示してあります）
乱丁，落丁本はお取り替えします．

DTP　　（有）みやこワードシステム
印刷・製本　三共グラフィック(株)
Printed in Japan